竹材科学技术丛书

竹 材 力 学

费本华　马欣欣　等　编著

科学出版社

北　京

内 容 简 介

本书简要介绍了竹材资源与利用现状、竹材力学的主要研究内容和应用方向，重点阐述了竹材拉伸、压缩、弯曲、剪切、硬度、蠕变、疲劳、冲击韧性与断裂韧性等性能的测试方法和研究成果，以及其基本原理和通用技术。

本书的出版对促进竹材力学基础理论和测试技术的发展有重要作用，为竹产业高质量发展、竹材大规模应用等相关领域的研究提供了重要的基础资料，适合木材科学与技术、林产化工等与林业工程相关的科研人员和企事业单位工作人员，以及相关专业的高等院校师生参考。

图书在版编目(CIP)数据

竹材力学/费本华等编著. —北京：科学出版社，2024.6
（竹材科学技术丛书）
ISBN 978-7-03-077384-5

Ⅰ. ①竹… Ⅱ. ①费… Ⅲ. ①竹材-材料力学 Ⅳ. ①S781.9

中国国家版本馆 CIP 数据核字(2024)第 002224 号

责任编辑：张会格/责任校对：张小霞
责任印制：肖　兴/封面设计：刘新新

科 学 出 版 社 出版
北京东黄城根北街 16 号
邮政编码：100717
http://www.sciencep.com
河北鑫玉鸿程印刷有限公司印刷
科学出版社发行　各地新华书店经销
*
2024 年 6 月第 一 版　开本：720×1000　1/16
2024 年 6 月第一次印刷　印张：13 1/2
字数：272 000
定价：248.00 元
（如有印装质量问题，我社负责调换）

《竹材力学》编著者名单

主要编著者：费本华　国际竹藤中心

马欣欣　国际竹藤中心

其他编著者（按姓氏音序排列）：

陈美玲　南京林业大学

陈　琦　四川农业大学

刘焕荣　国际竹藤中心

孙丰波　国际竹藤中心

王福利　安徽农业大学

王雪花　南京林业大学

前　　言

竹类植物属禾本科，其种类繁多，资源量大，具有生长速度快、生长周期短、一次种植永续利用等特点，生态、社会和经济效益明显。竹材作为一种天然生物质材料，强度高、韧性好，具有广阔的应用空间和发展潜力。我国是世界上竹资源最为丰富、品种最多的国家，竹产业发展历史悠久，文化底蕴深厚。2021年国家十部委联合发布了《关于加快推进竹产业创新发展的意见》（林改发〔2021〕104号），这为竹产业创新发展、乡村振兴战略带来了新的契机。

竹材一般是指竹杆部分，圆筒状、中空结构、有尖削度，主要由维管束和薄壁组织构成，在径向上维管束从竹黄到竹青呈梯度递增趋势，这种典型梯度结构使竹材兼具高强高韧的优良力学性能，在家具、建筑、交通，以及管道等方面得以大量推广应用，是人类赖以生存的重要生产资料和生活资料。但是，竹材属非均质结构，且含有大量淀粉、糖类、蛋白质等营养物质，在使用过程中容易开裂变形，出现虫蛀和霉腐。因此，开展竹材力学研究，揭示竹材在不同环境中的承载规律，对竹材的高质、长效、大规模产业化发展，创造更高的经济效益、社会效益和生态效益具有重要意义。

《竹材力学》一书，针对行业遇到的力学性能变异性大等技术问题，从揭示竹材力学性能和承载机理出发，系统总结了竹材拉伸、压缩、弯曲、剪切、硬度、蠕变、疲劳、冲击韧性和断裂韧性等方面研究的经验、技术和成果，阐述了竹材力学的基本原理、研究方法和通用技术，为基础研究提供依据，为生产实践提供服务。全书由费本华、马欣欣统稿。第一章绪论，由费本华、马欣欣撰写；第二章竹材拉伸性能，由马欣欣撰写；第三章竹材压缩性能，由费本华、陈琦撰写；第四章竹材弯曲性能，由费本华、陈美玲撰写；第五章竹材剪切性能，由刘焕荣撰写；第六章竹材硬度，由王雪花撰写；第七章竹材蠕变性能，由马欣欣撰写；第八章竹材冲击韧性，由孙丰波撰写；第九章竹材疲劳性能，由马欣欣撰写；第十章竹材断裂韧性，由王福利撰写。在撰写过程中，方长华、张秀标、张方达、张淑琴、宋伟等专家提供了支持，在此一并致谢。本书集学术性、科普性于一体，可为相关领域的科研人员、高校师生、企事业单位工作人员提供参考。

由于编著者水平有限，书中不足之处在所难免，恳请读者批评指正。

费本华

2023 年 3 月

目　　录

第一章 绪 论

竹类植物生长迅速，成材率高，一次性种植，永续利用，被认为是巨大的、绿色的、可再生的资源库和能源库。据 2016 年出版的 *World Checklist of Bamboos and Rattans*（Vorontsova et al., 2016），全球竹类植物 88 属 1642 种，面积为 4000 多万公顷。中国竹类植物 39 属 837 种，竹林面积 701 万 hm^2。相同面积的建筑物，竹材的能耗是混凝土能耗的 1/8，钢铁能耗的 1/50，木材能耗的 1/3。竹材成功应用于建筑、家具、桥梁等诸多领域，成为集生态学特性、材料学特性和文化旅游于一体的环境友好材料。

竹材中空有节，没有沿径向排列的射线细胞，节间细胞严格按轴向排列。竹材主要由维管束和基本薄壁组织构成，其中维管束起承载作用，薄壁细胞起连接作用并传递载荷。维管束沿竹壁方向呈梯度分布，从外向内逐渐减少，属于天然的功能梯度材料。竹材梯度结构是竹材经过几千万年的自然选择和进化后形成的，能很好地体现"功能适应性原则"，力学性能极为独特。

作为再生结构材料中优良的生物质材料，竹材具有强度高、韧性好的多重优点，但也存在变异性和离散性大等缺点。与混凝土、钢材等均质材料不同，竹材力学性能会受竹种、生长期、生长环境、含水率，甚至竹杆部位等因素影响，从而产生较大的变异性。除此之外，独特的梯度结构决定了竹材力学的复杂性，其宏观性能随维管束在空间分布上的变化而变化，研究人员除了通过实验评估竹材的宏观力学，还需要深入研究竹材组成结构的渐变性，才能获得竹材的强度、韧性、蠕变及疲劳强度等在空间上的非均匀分布规律。本书的主要内容有两方面：一是系统介绍竹材在不同尺度上的力学性能测试方法及研究进展；二是介绍竹材力学的影响因素，为竹材在加工领域的应用提供理论基础。

第一节 竹材多尺度结构

生物材料在适应外界环境和满足自身生理活动需要的过程中会形成独特的分级结构，并呈现不同的结构特点。竹材就是这样一种典型的多尺度生物材料，从宏观到纳米尺度有一套精巧的分级结构（图 1.1）。

宏观尺度上，竹材表现为横向增强的中空筒状结构，这种结构使其具有优良的弯曲韧性，在生长阶段经受风吹雪压时，即使弯曲成 1/4 圆也不会受到破坏。

细观尺度上，竹材由维管束和薄壁组织双重组分构成。竹材是一种典型的长纤维增强复合材料，增强相是维管束，基体是薄壁组织。维管束在径向上呈显著的梯度分布趋势，沿径向（厚度方向）由外（竹青）向内（竹黄）逐渐减小。这种结构导致竹材的比强度非常高，高强度铝合金的比强度仅为竹材最高比强度的1/3。

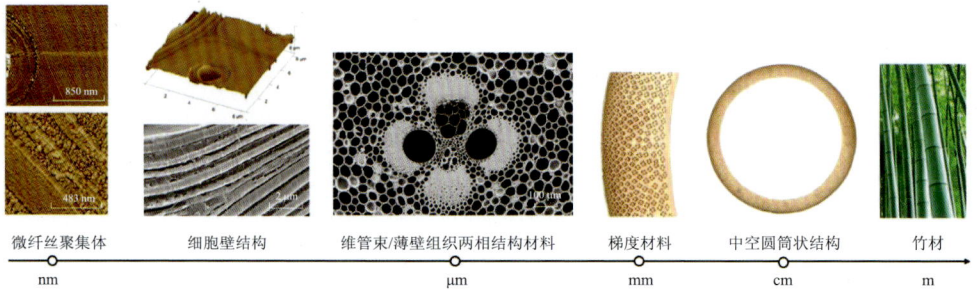

图 1.1 竹材的分级结构

微观尺度上，维管束由纤维鞘、输导组织和少量薄壁细胞构成，分布在柔性均匀的薄壁组织中，形成两相结构的复合材料。

微纳米尺度上，竹纤维分布在维管束的木质部导管附近和韧皮部附近，约占竹材体积的40%。纤维以纤维鞘或分离的纤维束的形式存在于茎中，纵向表面光滑，横截面接近圆形。其细胞壁层结构由初生壁和厚薄交替的多层次生壁复合形成微纳米结构。微纤丝聚集体是竹纤维细胞壁的主要组成单元，以一定角度按螺旋方式排布，其中，厚层的微纤丝以近平行于纤维轴向的方式排列，薄层则一般呈大角度排列。薄壁细胞也呈多层结构，且壁层数量比竹纤维细胞壁多。

这种"自下而上"的自组装技术使竹材形成了从纳米到宏观的多尺度分级结构，从而获得独特的抵抗外力的能力。将弹性模量和工作应力与材料密度之比分别定义为材料的刚度效率和强度效率，竹材的刚度效率和强度效率分别是混凝土材料的3.3倍和5.7倍。此外，竹子的纵向刚度是木材的2倍，比强度是优质钢的2~3倍，断裂韧性是云杉的7倍，弯曲曲率是云杉的3.5倍。从力学角度看，竹子是一种堪称完美的生物质材料，蕴藏了深刻的力学原理，非常值得我们深入探讨和研究。

第二节 竹材力学特性

材料力学行为的主要评价参数是应力和应变，还有一些以应力场或位移场的场量来评价缺口、裂纹等问题的方法（许金泉，2009）。一般而言，将对应于评价参数为应力或应变（包括其扩展形式）时的响应特性，称为材料的基本力学行为；用来描述其基本力学行为的性能常数称为材料的基本力学性能。基本力学性能是材料固有的，可以分为变形特性类、强度特性类、综合特性类和耦合特性类。变形特性类用于表征材料在力的作用下整体的变形或抵抗变形的能力，如杨氏模量、泊松比等；强度特性类用于表征材料在发生破坏或失效前承受外载的极限能力，如强度、韧性等；综合特性类用于表征材料变形和强度特性的综合指标，如硬度、冲击韧性等；耦合特性类用于表征材料在多场作用下各种响应之间的耦合影响，如压电系数、热膨胀系数等。本书主要讨论竹材的变形特性类、强度特性类和综合特性类的力学指标，耦合特性类指标不作过多讨论。

典型材料的应力-应变关系如图 1.2 所示。在拉伸破坏前没有明显塑性变形的材料称为脆性材料；在拉伸破坏前产生明显塑性变形的材料，称为韧性材料。而伸长率超过 20% 的材料被称为延性材料。对于脆性材料，把应力卸除后变形可瞬时恢复到零，这种变形被称为弹性变形，因此，脆性材料的应力-应变关系仅用弹性本构关系表示即可。对于韧性材料，把应力卸除后，一部分变形瞬时回复，一部分变形不可回复，这部分不可回复到零的变形称为塑性变形，因此，韧性材料的应力-应变关系需要用弹性和塑性两部分来描述。对于高分子材料，其应力-应变曲线与时间相关，外载作用下的响应不是瞬时完成；应力卸除后，随时间变化而逐渐恢复的变形被称为黏弹性变形，而完全不可恢复的变形被称为黏性变形。竹材属于典型的黏弹性材料，变形随时间变化而变化。

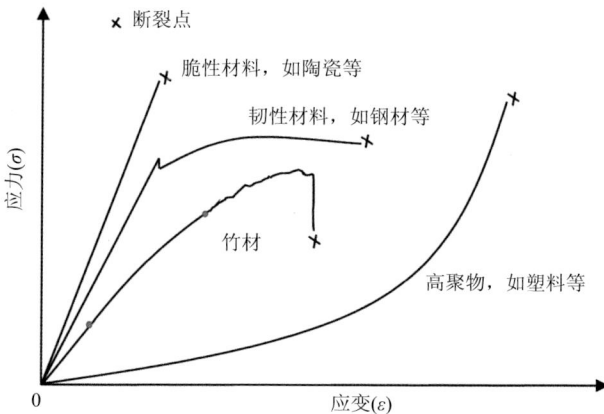

图 1.2 典型材料的应力-应变曲线

材料的强度特性表示材料抵抗外力或变形的极限承载力。强度特性取决于材料的失效形式，其分类对应于各种失效形式下的材料极限承载能力。工程构件的失效形式主要有断裂、屈服、过大变形和失稳 4 种，目前竹材领域主要讨论的是断裂失效。断裂可以分为脆性断裂和韧性断裂，竹材断裂属于多种损伤模式相互作用的韧性断裂，大致包括基本组织开裂、界面分层、竹纤维束断裂、竹纤维束拔出等，不同组织结构在损伤演化过程中会因不同的能耗而具有不同的增韧贡献，对这些组成结构的力学性能模型化，即可找出竹材的强韧机制（邵卓平，2012）。本书主要介绍对应于断裂失效形式的竹材强度特性，包括抗弯强度、抗拉强度、抗压强度、抗剪强度等，并在有明显屈服阶段的力学行为中探讨竹材的屈服现象。

　　硬度和冲击韧性属于综合特性类力学指标，表征材料变形和强度特性的综合性能。直观上看，硬度表示材料的软硬程度，用来衡量材料的耐磨性；冲击韧性表示材料抵抗冲击荷载所需要的能量。但这些指标实际上受到材料的弹性、塑性变形特性，以及强度、韧性等因素的综合影响，是人们为了方便描述材料的某一综合性能而引入的指标，与应力、应变等力学参量不能明确对应。除了上述两个指标外，《木材学》一书中提到过韧曲性（flexibility）这一特征，将其定义为材料具有自由弯曲并能恢复原形的能力，认为韧曲性是木材无破坏或产生潜在缺点前的最大弯曲能力，水曲柳、白蜡树等都是韧曲性较为显著的木材（成俊卿，1985）。"韧曲性"这一特性在一些文献中也被解读为"柔韧性"，这一特征在竹子中体现得尤为明显。20 世纪 50 年代以前，竹子曾作为撑竿跳运动中的跳竿在体育器材中使用，这类应用就属于"韧曲性"的具体表现形式。笔者认为这一特性也属于综合特性类力学指标。研究这一性能，有助于综合评价竹材的高强高韧特性。

第三节　竹材力学测试方法

　　我国对竹材力学的研究始于 20 世纪中叶，在测试方法及标准等方面进行了一系列的研究与完善。梁希和周光荣（1944）首先发表了《竹材之物理性质及力学性质初步试验报告》，详细介绍了竹材的力学实验方法；张维和郭日修（1948）对竹材抗拉、抗压、抗剪等力学指标进行测试，对比了竹材与木材的应力-应变图；江作昭和潘增源（1958）编制《竹材（毛竹）物理力学试验及试材采集方法》草案；20 世纪 80 年代，中国林业科学研究院木材工业研究所开始制定竹材物理力学性能检测用标准，参考借鉴国外同类型标准对 7 种竹材物理力学性质进行系统研究，并发布《竹材物理力学性质试验方法》（GB/T 15780—1995）；樊承谋等于 2007 年对竹材抗压、抗拉、抗弯、抗剪等 8 个力学指标进行测试，并领衔起草《建筑用竹材物理力学性能试验方法》（JG/T 199—2007）。

　　国际标准化组织（International Organization for Standardization，ISO）先后制定了竹结构材设计标准（ISO 2004a）、竹材力学标准（ISO2004c；ISO2004b）、圆竹物理力学标准（ISO 22157）等，对全竹抗压、轴向抗拉、纵向剪切和抗弯测试等都进行了规范性指导。此外，Harries 等（2012）基于不同场合的应用，对竹材进行了其他类型的力学测试（图 1.3）。例如，用于评估平行或垂直于竹杆的贯穿厚度方向的层间剪切测试，剪切试件为"S"形，剪切面位于试件中部，当试件受拉加载时，受纯剪切作用；用于考察垂直于纤维层剪切强度的短梁剪测试；用于考察连接作用时的螺栓剪切和抗劈力测试等。

　　最常见的竹材破坏模式是纵向劈裂，这种破坏是竹材应用的最大障碍之一。这种由外部施加或环境条件变化而引起的横向张力与剪切力导致沿竹材顺纹方向开裂的性质属于竹材断裂力学研究的范畴。一般认为，圆竹在弯曲载荷下的断裂属于 II 型断裂模式，但是，当圆竹作为梁使用时，垂直切应变会导致 I 型断裂的

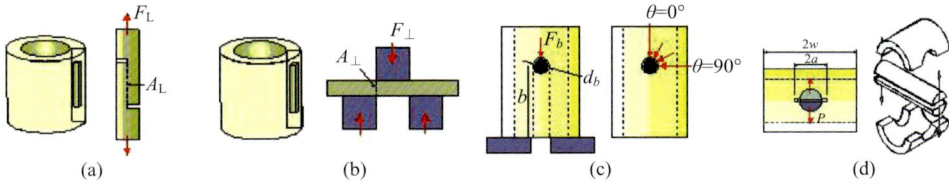

图 1.3　竹材的各种力学测试方法

(a) 层间剪切试件；(b) 短梁剪切试件；(c) 螺栓剪切试件；(d) 抗劈裂试件

F, 载荷；A, 面积；L, 纵向；d_b, b 点的直径；b, 距离；θ, 螺栓加载角度；$2w$, 长度；$2a$, 孔直径；P, 载荷

产生，从而减少 II 型断裂。有研究人员进行了多种竹材断裂的测试，获得 I 型断裂强度因子 K_1。然而，也有学者认为应力强度因子法不适用于竹材这种纤维复合材料，并基于能量原理测定了毛竹顺纹方向的 I 型和 II 型层间断裂韧性，I 型断裂裂纹扩展沿轴向发生，纤维光滑、基体平整，表明竹纤维/薄壁组织间的界面强度较弱；II 型断裂裂纹扩展区域中，薄壁组织出现锯齿形断裂，并产生较大的剪切变形（Janssen et al., 1981; Mitch et al., 2010; 邵卓平，2012）。

　　总体而言，上述力学测试方法及标准的形成与制定开启了竹材标准化应用的新起点。但是，与钢材、混凝土等材料不同，圆竹在建筑领域应用时仍会存在不确定的连续诱导式劈裂或其他无法忽略的极限状态，这种复杂的应力状态促使我们必须提供明确的设计指标与设计值，以及能够在现场快速测试的有效方法。Harries 等（2012）提出一种假设，是否存在一个因子 Q_d，同时包含了压缩、拉伸、剪切、抗劈裂等力学的综合性质，即一个简单的设计方程：

$$Q_{\mathrm{d}} \leqslant \varphi_i \cdot F_i \cdot [C_1 \times C_2 \times \cdots \times C_k] \tag{1.1}$$

式中，Q_d 是指结构设计值；F_i 是指为满足 Q_d 所涉及的材料属性（如压缩、拉伸、剪切、劈裂等）；φ_i 是指与 F_i 对应的材料系数；$C_1 \sim C_k$ 是指影响 F_i 的因子，有可能包含如直径、环境因素、对圆竹的制备与处理、连接件的几何形状等。

　　我国关于竹材的建筑标准（JG/T 199—2007）也考虑了相关问题，包括结构设计的安全性和可靠性问题、关于桁架及竹构件接头的计算、竹材建筑构件柱或者梁的尺寸范围、以测试数据和材料性质为基础确定系统结构设计安全系数、竹材的耐久性和防腐处理、竹材在碱性混凝土环境中的生命周期和干缩性、竹材的分类等级、竹结构抗飓风和抗地震性能的评价。相比较而言，这一标准对建筑用竹的测试方法较完善，针对性更强，对推动竹材在建筑结构中的应用有重要的价值。2022 年，国际标准化组织（ISO）发布了由国际竹藤组织全球竹建筑专家组（INBAR TFC）负责制定的工程竹结构相关国际标准《竹结构-工程竹产品物理力学性能试验方法》（ISO 23478:2022）。这是全球首部有关结构用工程竹材的国际标准，该标准提供了工程竹材物理和机械性能试验方法，为竹结构的设计和施工提供依据。

第四节 竹材的应用

竹材优异的力学性能使其在距今 7000 年前的河姆渡新石器时代就出现了加工及应用的记载。至宋朝时,《营造法式》中专列"竹作"篇,竹材在房屋楼馆等建筑中相继出现并大量应用。至现代后,绿色环保型建筑用材逐渐盛行,竹加工技术也稳步提高,竹材逐渐在我国建筑、家具、桥梁等领域崭露头角。

一、竹材在家具领域的应用

竹材由于具有优异的弹性力学和弯曲韧性,在家具领域的应用历史非常久远。竹家具按照原材料可以分为圆竹家具、竹集成材家具和重组竹家具等。圆竹家具(图 1.4)属于传统家具,造型流畅而多变。腿足一般为圆竹的竹杆部分,利用了竹材抗压性能;座面和靠背多为竹篾编织,利用了竹材的优异弹性,可缓冲肢体压力;扶手部分利用了竹材良好的塑性变形,与木制家具相比,造型更加流畅,可塑性更强。

图 1.4 圆竹家具

现代竹家具的面层材料还常常使用竹集成材、重组竹等。与实木家具的框架结构不同,竹集成材和重组竹的力学性能相对较好,可以直接使用整块的竹板料构成,类似于板式家具。竹集成材具有幅面大、变形小、耐磨损等优点,在家具造型设计上多采用直线、简洁的线条,可实现家具的可拆卸设计,主要利用竹材优良的抗弯性能、抗压性能和抗拉性能等。重组竹家具的造型设计偏新中式,可满足传统明清式家具的生产加工要求。重组竹力学优势显著,强度高、硬度大,顺纹抗拉抗压强度高于杉木、落叶松等常见木材,横纹抗压强度高 2～5 倍,除适合于板式家具外,其材料特性也更符合框式家具的要求。

二、竹材在建筑和桥梁领域的应用

竹材用于建筑和桥梁领域时,分为多种结构类型,如梁架结构、编织结构、拱结构、穹顶结构、空间结构、拉索结构等。其中,除了编织结构,其他结构多具有抗压或抗拉力学性能。

梁架结构是一种简支结构,竖向杆件主要承受压力,横向杆件的节点处主要承受剪切力。这种结构属于最简易的结构形式,适用于跨度较小的建筑。

拱结构可以用于跨度较大的建筑,竹构件主要承受压力,几乎不受剪切力的影响。例如,昆明市建筑工程管理局在德国恩茨河上建造的竹桥就是双拱吊桥。四川宜宾国际竹产品交易中心也是目前竹拱单拱跨度最大的竹建筑。

穹顶结构由拱形结构沿圆周旋转而成,2010年上海世界博览会印度馆就属于竹制穹顶结构,直径35m,高18m,共计用了500根圆竹。穹顶结构的受力情况与拱结构相似,受力合理,能创造出大跨度空间。

桁架结构和网架结构都属于空间结构,由杆件连接而成,承受轴向拉力和压力,结构形式较现代化,可以用较小的竹材单元建构大尺度的空间。哥伦比亚竹桥、竹制埃菲尔塔复制品,都属于空间结构。

拉索结构以拉力为主,能很好地发挥竹材良好的抗拉性质,常用于桥梁和建筑设计中,是一种轻型结构,可以做拉索桥等。

竹材在建筑或桥梁领域的受力体系研究较少。竹材在不同竹结构中的受力情况不同,受力具有多样性,较为复杂。受力单元一般是多根圆竹,与单根圆竹的受力情况存在很大差异。研究人员对圆竹柱受压时的屈曲破坏开展试验研究,发现天然圆竹的自然曲度影响单根竹柱的承载力;而多根圆竹柱受压时,表观弹性模量接近所有单根圆竹的抗弯模量之和,屈曲强度与圆竹数量有关,当某一根圆竹破坏后,应力会在截面重新分布,整体结构不易发生破坏(Richard and Harries,2012)。

三、竹材在管道工程领域的应用

竹缠绕复合材料是新兴的管道或管廊材料,以竹篾为基本单元,结合缠绕技术加工而成。与传统平面层压法制备的竹材人造板不同,竹缠绕复合管是采用编织、缠绕及曲面层压等方式制得的异型工程构件,完美地发挥了竹材优良的柔韧性。成型后的复合管质量轻,方便运输;抗变形能力强,具有较高的环刚度和抗内压能力。竹缠绕技术发挥了竹材纵向拉伸性能好、柔韧性好等优点。但是当这种缠绕技术应用于房屋建筑时,出现了稳定性不足等缺点,尤其是大比例的开窗、开洞等行为容易造成结构损坏,这也是竹材自身易开裂缺陷的直接体现,需要进行非连续界面的设计研究等。

第二章　竹材拉伸性能

　　自然界的生物质材料与金属等均质材料不同，如竹材在长期的物竞天择过程中筛选出最优的生长结构，达到了功能的最大化利用。这种结构往往呈现多尺度、梯度等非均质特征，在承受不同加载方向的应力时呈现不同的应变规律。例如，在拉伸应力下，竹材在顺纹方向上的力学性能非常优良，平均抗拉强度在 100～250MPa，是木材抗拉强度的 1.5～2 倍，为同比重下钢材抗拉强度的 3～4 倍；但是横纹方向的抗拉强度则非常小。因此，研究竹材的拉伸性质对竹材加工应用有重要的理论价值。

　　拉伸力学是竹材力学领域研究较为深入的一部分。宏观拉伸力学从测试标准、应力-应变曲线到破坏模式等均有系统的认知，基础理论体系已可以支撑相关的竹材加工应用领域；微观拉伸力学则涉及组织层面的纤维鞘和薄壁组织的拉伸性能，以及微观层面的竹纤维拉伸性能等。多尺度拉伸力学的研究丰富了人们对竹材这种生物质多级结构的认识，也进一步阐明了多级结构在拉伸破坏中的复杂机理。

第一节　拉伸性能基本原理

一、基本概念

　　拉伸性质是指由大小相等、方向相反、作用线与物体中线重合的　对力引起，表现为试件长度伸长的性质。不同性质的材料在承受拉伸应力时呈现不同的变形过程，以低碳钢和高碳钢为例，低碳钢在承受拉伸应力时，有明显的弹性阶段、屈服阶段、强化阶段和局部变形阶段；高碳钢 T104 则没有屈服阶段和局部变形阶段。而竹材的拉伸曲线没有明显的屈服阶段，一般呈现典型的线性，拉伸强度随维管束的增加而增大；有时也会出现非线性曲线，包含弹性段和塑性段，这主要取决于拉伸试件的取材位置。

二、研究方法

　　材料不同，拉伸力学的研究方法也有所差异。例如，金属材料属于均质材料，有较好的延展性，呈现出的整体性能大部分相同，力学研究方法相对成熟，一般依据国家标准《金属材料　拉伸试验　第 1 部分：室温试验方法》（GB/T 228.1—2021）获得拉伸强度、屈服强度、伸长率、弹性模量、比例极限、断面伸缩率等指标。该标准规定，测试时可以根据金属应变速率和应力速率的变化完成测试，实际操作中，根据材料的特点及测试方法选择合适的速率控制方法。金属拉伸试验中必须能够输出三条曲线：①应力-应变曲线：反映金属材料的本构关系；②通过应力速率控制模式，输出相应的载荷-时间曲线：屈服点前要求加载速度保持恒定，并根据材料的弹性模量 E 值不同而取值；③通过应变速率控制，输出相应的应变-时间曲线：该曲线分为屈服阶段和断裂阶段，速率也有所限定。因此，对于金属材料而言，拉伸试验方法的关键问题是应力速率和应变速率的控制。

而对于木材这种非均质材料，则分为《木材顺纹抗拉强度试验方法》（GB/T 1938—2009）和《木材横纹抗拉强度试验方法》（GB/T 14017—2009）。前者是沿试件顺纹方向施加拉力，后者是沿试件横纹方向施加拉力。竹材与木材均属于非均质材料，不同的是，竹材各向异性更加显著，纵向有维管束组织，纹理较为一致；但没有横向射线组织，导致竹材纵向强度大，横向强度小，纵横两个方向的强度比约为 20：1，因此，竹材一般只测试顺纹拉伸力学，较少测试横纹拉伸力学。

第二节　竹材拉伸特性

一、测试方法

（一）顺纹抗拉强度

根据国家标准《竹材物理力学性质试验方法》（GB/T 15780—1995），沿竹材试件的顺纹方向，以均匀速度施加拉力至破坏，获得的最大破坏强度即竹材的顺纹抗拉强度。竹材顺纹受拉时，在比例极限应力内，按荷载与变形的关系，获得的弹性模量即竹材的顺纹抗拉弹性模量。

顺纹抗拉试验的试件形状及尺寸如图 2.1 所示，拉伸试件的形状为哑铃形，两头宽、厚，中间窄、薄，用圆弧过渡，目的是使试件的中部局部削弱，确保试件产生拉伸破坏。

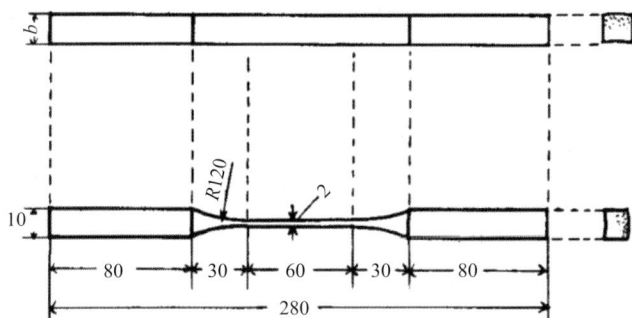

图 2.1　顺纹抗拉试件形状及尺寸

b，试件有效部分宽度（竹壁厚）；R，半径；图中所有数据的单位都是 mm

沿竹材试件顺纹方向以均匀速度施加荷载直至试件发生破坏，然后计算竹材的顺纹抗拉强度，计算公式如下：

$$f_{t,w} = \frac{P_{\max}}{bt} \qquad (2.1)$$

式中，$f_{t,w}$ 为顺纹抗拉强度（N/mm²）；$P_{\max}$ 为破坏荷载（N）；b 为试件宽度（mm）；t 为试件厚度（mm）。

该试验的强度计算值均为竹材截面的平均强度，试件在试验后测定含水率，所有强度值按规定转化为含水率为 12%时的顺纹抗拉强度，以消除含水率差异的影响，计算公式如下：

$$f_{t,12} = K_{f_{t,w}} f_{t,w} \qquad (2.2)$$

式中，$f_{t,12}$ 为含水率为 12%时的顺纹抗拉强度；w 为试件的含水率；$K_{f_{t,w}}$ 为竹材顺纹抗拉强度含水率修正系数。

（二）顺纹抗拉弹性模量

竹材的顺纹抗拉弹性模量可以参照行业标准《建筑用竹材物理力学性能试验方法》（JG/T 199—2007），一般采用如下公式进行计算：

$$E_{t,w} = \frac{20\Delta P}{bt\Delta l} \qquad (2.3)$$

式中，$E_{t,w}$ 为顺纹抗拉弹性模量（N/mm²）；ΔP 为下、上限荷载之差（N）；Δl 为下、上限荷载下试件变形值之差（mm）；b 为试件有效部分的宽度（mm）；t 为试件有效部分的厚度（mm）。

（三）泊松比

物体的弹性应变在产生应力主轴方向收缩（拉伸）的同时还往往伴随有垂直于主轴方向的横向应变，将横向应变与轴向应变之比称为泊松比，用 μ 表示。

$$\mu = -\frac{\varepsilon'}{\varepsilon} \qquad (2.4)$$

式中，ε' 为横向应变；ε 为轴向应变；μ 为泊松比。公式右侧的"–"表示 ε' 和 ε 的正负方向相反。

不含竹节的毛竹试件泊松比为–0.292，含竹节的毛竹试件泊松比为–0.325。

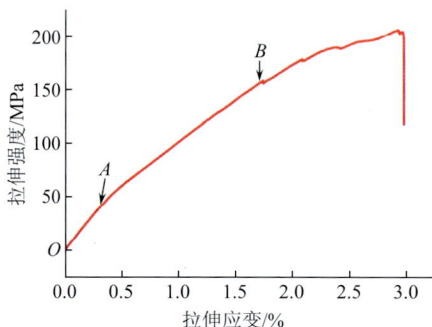

图 2.2　竹材典型的拉伸力学曲线

二、变形特征

（一）应力–应变曲线

竹材在拉伸过程中的应力–应变曲线如图 2.2 所示。该曲线有如下特征：OA 为明显的直线段，即应力–应变呈正相关，这一阶段为弹性区域；AB 为光滑的非线性段，且曲线斜率有所下降，表明这一阶段开始发生塑性变形，微观裂纹萌生，但宏观上尚未显现；B 点之后，曲线出现明显的波折，不再是光滑状，且经过一段时间后迅速发生破坏，表明这一阶段已出现明显的宏观裂纹，随着裂纹扩展越来越大，最终发生破坏。拉伸强度、模量、断裂伸长率等指标均可由此获得。4 年生毛竹的拉伸强度均值约为（151±37.68）MPa，弹性模量均值为（10.2±2.18）GPa，断裂伸长率均值为 2.34%±0.72%（安晓静，2013）。

（二）破坏模式

如图 2.3 所示，拉伸破坏的过程中，试件首先在竹黄部分出现横向裂纹，裂纹随载荷的增加而逐渐扩展，当到达纤维和薄壁细胞的界面时，由于层间剪切应力的存在，裂纹沿弱界面发生偏转，沿纤维方向破坏；一段时间后，裂纹继续沿横向扩展，直至薄壁组织区域，如此反复，裂纹呈现多级阶梯状扩展模式，直至试件完全破坏。

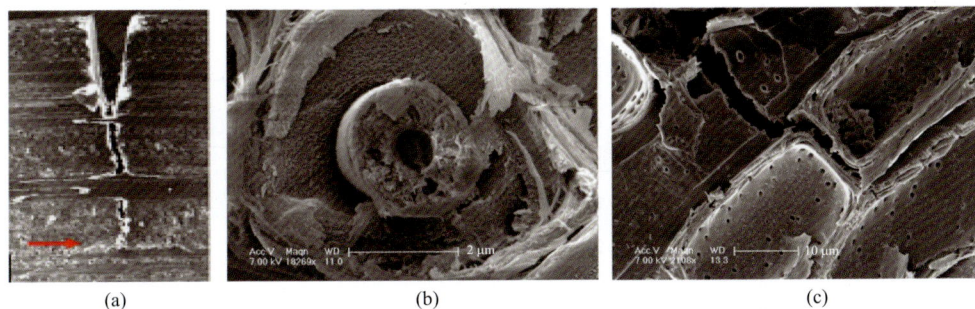

图 2.3　拉伸破坏模式

（a）裂纹扩展模式，箭头示裂纹扩展方向；（b）纤维断裂截面；（c）薄壁细胞破坏模式

这种破坏模式取决于竹材典型的梯度结构。在受拉过程中，竹黄部位的纤维少，抗拉强度小，最先被拉断；随纤维含量的增加，从竹黄到竹青，抗拉强度不断增大，横向扩展的裂纹难以继续，就会寻找相对薄弱的层间进行扩展，从而发生裂纹转向。这种破坏模式耗散了主裂纹的扩展能量，促进了微裂纹的延伸，并且导致局部的剪切变形，显著增强了竹材的韧性。其中，薄壁组织区域的断裂面较光滑整齐，纤维鞘区域则有明显的拔出痕迹（Liu et al., 2015）。

竹材是圆锥形空心结构，每隔一段有竹节相连，并由横隔板分隔。竹节部位的纤维方向不与纵轴平行，但环箍和横隔板加强了竹节部位的承载能力。所以，竹节对竹材的整体力学性能也有很大影响。

由于竹节的影响，竹材在受到拉应力时，会出现两种破坏模式：节间断裂和节部断裂。破坏点主要集中在试件的中部或竹节两侧。节间断裂的断口呈现纵向、参差不齐的劈裂现象；节部断裂的断口则比较平齐。节间断裂模式下的抗拉弹性模量略大于脆性断裂模式下的抗拉弹性模量。这主要是节间与竹节部位的差异性导致。竹节部位的纤维含量少，维管束形状和排列方式与节间不同。节间维管束呈垂直、有序排列，节部维管束中具有弯曲、交叉排列的维管束，且节隔的基本组织中大部分细胞增厚变硬。

第三节　维管束拉伸特性

一、测试方法

（一）维管束制取方法

选取最小长度为 100mm 的竹条，按 1/3 竹壁厚度分成内、中、外三部分，在 100℃下加热 4h，冷却；再加热 4h，冷却；如此反复 5 次，完成软化过程。然后将软化好的薄片沿宽度方向劈成若干片，每片从端面观察至少要包含一个完整的维管束，最后在显微镜下剥取单根维管束。

（二）维管束拉伸试验方法

选取 1mm 厚的杨木单板作为加强片。将维管束相对平行的面贴于底板上，放置阴凉处干燥固化。拉伸试件见图 2.4。按照视频引伸计测模量的规定标定试件测量点，模量测量点间的距离为 25mm。微力学试验机的载荷传感器为 500N，精度为±5N，速度为 1.5mm/min。拉伸形变用视频引伸计测量。

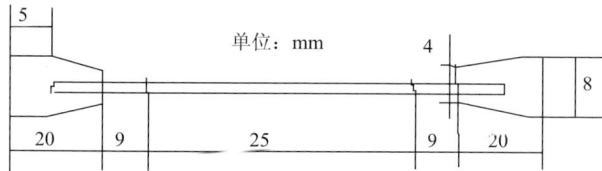

图 2.4　维管束拉伸样品

二、变形特征

竹材主要由维管束和薄壁组织构成，其中维管束是重要的承载组成部分，包含纤维鞘、导管、初生韧皮部及薄壁细胞区，径向和弦向轴的比值沿竹壁变化而变化，其中，内层维管束的径向和弦向轴长几乎相等，中层维管束的径向轴长大于弦向轴长，外层维管束的径向和弦向轴长比最大。这种形态变化直接导致了竹材宏观力学性能的变化（尚莉莉，2011）。

（一）维管束的应力-应变曲线

维管束的拉伸应力-应变曲线如图 2.5 所示，从图中可以看出，维管束属于脆性断裂，具有很好的线弹性，没有明显的屈服点和塑性变形。维管束断裂伸长率在 1.3%～1.8%，当应力达到极限值后维管束发生破坏。从竹青到竹黄，各层维管束的拉伸强度和弹性模量不同，从内到外呈逐渐增加的趋势。竹材外层（竹青侧）维管束的平均拉伸强度为 648.03MPa，弹性模量为 45.003GPa；中层维管束的平均拉伸强度为 470.87MPa，弹性模量为 28.591GPa，内层（竹黄侧）维管束的平均拉伸强度为 356.37MPa，弹性模量为 21.637GPa。

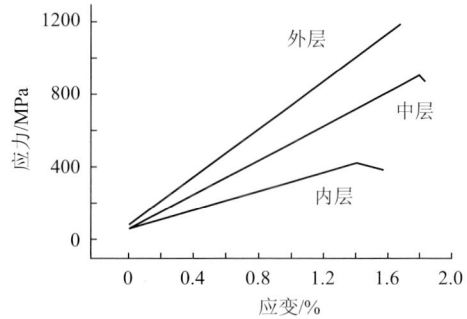

图 2.5　不同层维管束的拉伸应力-应变曲线

（二）纤维鞘的应力-应变曲线

维管束中的纤维鞘几乎包围了维管束中其他的组成细胞，是维管束的主要组成成分，以多束竹纤维聚集体的结构形式呈现。竹黄部分的纤维鞘约占维管束总面积的 33.33%，竹青部分的纤维鞘可达 100%。纤维鞘面积为 0.0088～0.021mm²。图 2.6 是纤维鞘的应力-应变曲线，纤维鞘的弹性模量为 47.02GPa，拉伸强度为 735.54MPa，同样具有很好的线弹性，属于脆性断裂。

（三）薄壁组织的应力-应变曲线

薄壁组织是竹材的另一大组成部分，壁薄中空，多为规则的四方形或近似圆形，紧密排列，面积占竹材整体的 52%，包括基本薄壁组织和维管束薄壁组织。其应力-应变曲线如图 2.7 所示，薄壁组织拉伸力学曲线呈现典型的非线性特征，弹性模量为（1.7±0.26）GPa，拉伸强度为（40.02±5.57）MPa。

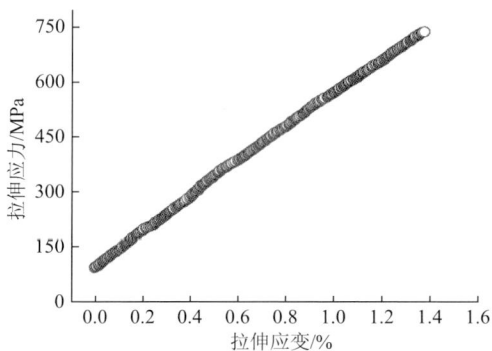

图 2.6　纤维鞘的应力-应变曲线

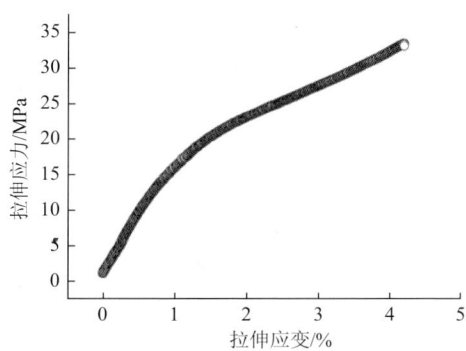

图 2.7　薄壁组织的应力-应变曲线

（四）破坏模式

毛竹维管束拉伸破坏断面见图 2.8。由维管束的载荷-位移曲线可知，毛竹维管束的断裂是脆性断裂，曲线中没有明显的屈服点和塑性变形。维管束的破坏模式分为两种，一是呈锯齿状的撕裂，断口不平整，有高有低；二是较为平齐的台阶式断裂。

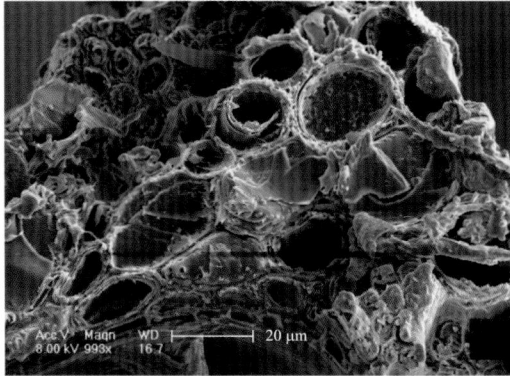

图 2.8　维管束破坏模式

第四节　竹纤维拉伸特性

一、测试方法

竹纤维拉伸测试参照的标准是《植物单根短纤维拉伸力学性能测试方法》（GB/T 35378—2017），该标准适用于长度为 1.2～5.0mm 植物单根短纤维测定。测试装置应包含能自动记录拉伸位移和拉伸载荷的计算机控制装置；具备植物短纤维夹持夹具及纤维取向微调功能的装置；最低拉伸速度不大于 0.05mm/min。

如图 2.9 所示，采用 V 形槽夹持纤维方式进行测试，在单根植物纤维两端形成直径约 200μm 的胶黏剂树脂微球，将制作好的纤维试件装载到有特殊纤维夹持装置的高精度力学测试设备上，沿纤维轴向匀速施加拉力至断裂，截取断裂附近处的纤维段测量横截面积，绘制应力-应变曲线，由此得到纤维的拉伸强度、拉伸弹性模量、断裂伸长率等拉伸力学性能指标（曹双平，2010）。

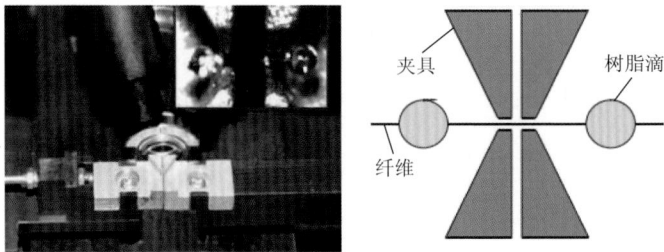

图 2.9　植物短纤维力学性能测试仪拉伸夹具示意图

（一）拉伸强度

竹纤维的拉伸强度计算公式如下，精确至 0.01MPa。

$$\sigma_t = \frac{F}{S} \tag{2.5}$$

式中，σ_t 为拉伸强度，单位为兆帕（MPa）；F 为断裂载荷，单位为牛（N）；S 为试件横截面面积，单位为平方毫米（mm²）。

（二）弹性模量

竹纤维的弹性模量计算公式如下，精确至 0.01MPa。

$$E_t = \frac{\sigma_2 - \sigma_1}{\varepsilon_2 - \varepsilon_1} \tag{2.6}$$

式中，E_t 为拉伸弹性模量，单位为兆帕（MPa）；ε_1 为试件拉伸弹性范围内下限应变，以%表示；ε_2 为试件拉伸弹性范围内上限应变，以%表示；σ_1 为应变为 ε_1 时测得的拉伸强度，单位为兆帕（MPa）；σ_2 为应变为 ε_2 时测得的拉伸强度，单位为兆帕（MPa）。

（三）断裂伸长率

$$\varepsilon_t = \frac{\Delta L}{L} \times 100 \tag{2.7}$$

式中，ε_t 为试件断裂伸长率，以%表示；ΔL 为试件拉伸断裂时跨距 L 内的位移伸长量，单位为毫米（mm）；L 为跨距，单位为毫米（mm）。

二、变形特征

竹纤维长度在 15～20mm，随纵向高度的增加而增大，中部纤维长度最大，从中部到梢部逐渐降低。竹纤维纵向表面具有光滑、均一的特征，有多条较浅的沟槽，横截面接近圆形。竹纤维细胞壁具有壁厚腔小的特点，由初生壁和厚薄交替的多层次生壁复合而成，这种特征赋予了竹纤维很大的拉伸强度和韧性。竹纤维的制备方法有多种，一种是化学加机械法，通过化学溶液软化后剥离出单根纤维；一种是纯机械法，通过热水处理软化后再进行剥离；还有一种是纯化学法，碱溶液充分浸润后直接获得单根纤维。通过机械法获得的毛竹纤维强度最好，平均模量为 32～34.6GPa，平均强度为 1430～1690MPa，断裂伸长率为 2.2%～6.7%，高于杉木、洋麻和苎麻等纤维的拉伸力学性能。图 2.10 是毛竹纤维

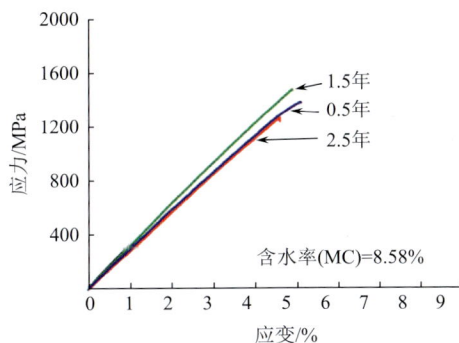

图 2.10　不同竹龄竹纤维的应力-应变曲线

典型的应力-应变曲线，具有明显的线弹性行为。

第五节　竹材拉伸性能的影响因素

一、梯度结构对竹材拉伸力学的影响

　　竹材的梯度结构中，维管束是增强体，其顺纹抗拉弹性模量和顺纹抗拉强度远高于基体的薄壁组织，因此研究者认为，竹材的刚度与强度取决于竹材中维管束的比量，即纤维组织比量。纤维组织比量是学者公认的对竹材力学起决定作用的影响因子，竹材的顺纹抗拉弹性模量和顺纹抗拉强度与纤维的含量及分布密度有着很好的线性关系，如图 2.11 所示。

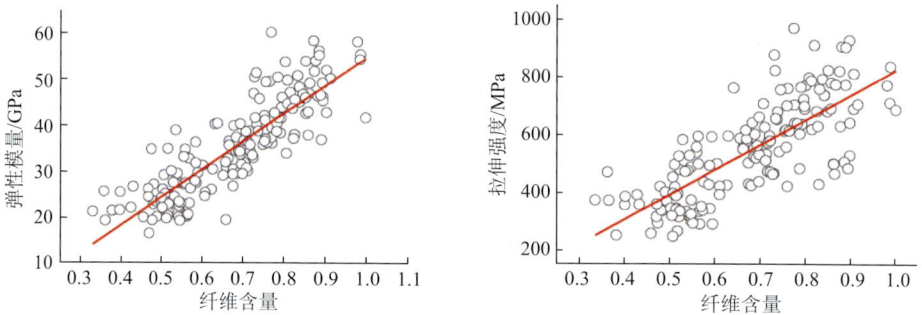

图 2.11　竹材弹性模量、拉伸强度与纤维组织比量之间的关系

　　纤维组织比量在竹材径向方向的变异规律很大，呈现由外向内逐渐减小的趋势，因此，竹材的顺纹抗拉弹性模量和强度的径向变异很大。以毛竹为例，毛竹材的顺纹抗拉弹性模量范围为 8.49～32.49GPa，竹青侧的顺纹抗拉弹性模量是竹黄侧的 3～4 倍；竹材顺纹抗拉强度在 115.94～328.15MPa，竹青侧的顺纹抗拉强度是竹黄侧的 2～3 倍。此外，最外层竹青试件断裂呈现沿顺纹理的劈裂状，而内层靠近竹黄处试件断裂较为整齐，无明显顺纹扩展现象。

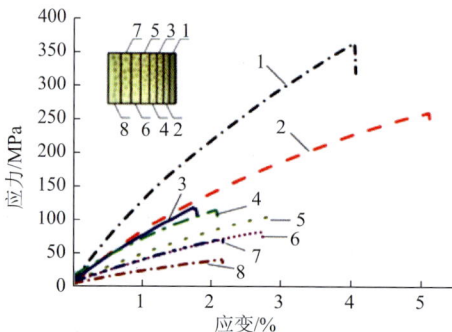

图 2.12　竹材径向分层后的拉伸应力-应变曲线

　　竹材在宏观水平的应力、应变呈现明显的阶梯变化，而径向分层后竹材的拉伸应力-应变曲线从起始到断裂均为直线，呈现很好的线弹性，如图 2.12 所示。

　　纤维组织比量是描述竹材组成分布与力学关系的最直观因子，这种分析手段是将竹材看作由纤维和基体组织两相材料构成的复合材料，且纤维均匀分布。这种分布方式可以用细观力学法进行描述，以单个维管束及其周围所辖薄壁细胞作为基本单元进行分析，得出竹材宏观的顺纹抗拉弹性模量和顺纹抗拉强度与纤维、基体含量之间的关系，并运用混合定律预测竹材纤维、基体的顺纹抗拉弹性模量和顺纹抗拉强度（陈凯，2014）。

假设 y_c 为复合材料的物性值，而 x_1，x_2，x_3，…变量为组成复合材料各组分的物性值，当它们是 y_c 的函数时，则可表示为

$$y_c = f(x_1, x_2, x_3, \cdots) \tag{2.8}$$

若 v_1，v_2，v_3，…为各组分材料的体积与复合材料总体积的比值时，则有以下的线性组合关系：

$$y_c = v_1 x_1 + v_2 x_2 + v_3 x_3 + \cdots \tag{2.9}$$

以上称之为复合材料的混合定律，当复合材料的纤维与基体的连接界面完善时，其性能满足混合定律。

竹材在径向分层后，可以看作均匀分布的单向连续纤维增强复合材料，维管束为纤维增强体，薄壁组织为基体，维管束和基体之间的连接界面完善，且竹材的拉伸强度、模量等性能与维管束、基体的体积比符合很好的线性关系，基本满足混合定律的条件。因此，可以用竹纤维和基体构成的并联模型描述分层竹片的力学行为，并认为试件承载时两组元具有相同的变形。

作用在竹材上的外力 F 由竹纤维和基体共同承担，则有：

$$F = F_f + F_m \tag{2.10}$$

式中，F_f 为纤维承载的外力；F_m 为基体承载的外力。

根据材料力学中应力的定义，可知：

$$\sigma A = \sigma_f A_f + \sigma_m A_m \tag{2.11}$$

式中，σ 为作用在竹材上的应力；σ_f 为纤维承担的应力；σ_m 为基体承担的应力；A 为竹材的横截面积；A_f 为纤维横截面积；A_m 为基体横截面积。

将上式两边同除 A，则有：

$$\sigma = \sigma_f V_f + \sigma_m V_m \tag{2.12}$$

式中，$V_f = \dfrac{A_f}{A}$，表示横截面的纤维所占的面积比；$V_m = \dfrac{A_m}{A}$，表示横截面基体所占的面积比。

又因，竹材受力时，两组分变形相同：

$$\varepsilon = \varepsilon_f = \varepsilon_m \tag{2.13}$$

可得关系式：

$$\frac{\sigma A}{\varepsilon A} = \frac{\sigma_f A_f}{\varepsilon A} + \frac{\sigma_m A_m}{\varepsilon A} \tag{2.14}$$

即，当载荷在线弹性范围内时，竹材的弹性模量 E 与各组元弹性模量和体积分数之间的关系是：

$$E = E_f V_f + E_m V_m = E_f V_f + E_m(1 - V_f) \qquad (2.15)$$

应用此混合定律，即可获得竹材顺纹抗拉强度和顺纹抗拉弹性模量与其纤维体积分数的关系模型。

应用混合率估算的竹纤维拉伸强度和弹性模量略高于单束纤维的实测值，这说明基体组织具有传递载荷、使纤维束所受应力趋于均一的作用，簇拥在基体组织中的竹纤维强度要大于孤立的竹纤维。

标准的混合定律模型是在竹纤维是均一、平行、连续的基础上拟合的。但是对于生物质材料而言，植物纤维虽然平行、连续，却并不一定沿着长度方向均一生长。在竹材中，维管束并不是沿竹壁厚度方向均匀生长，而是呈现由内而外、线性增长的趋势，这种结构也被称为梯度结构。在同一应力水平下，由于维管束梯度分布，竹材产生不同的应变。所以，也有学者（Su and Zhou, 2002）认为标准的混合定律不能精确预测竹材的弹性模量，于是修正了混合定律，计算了试件末端出现弯曲力矩时，该单向复合材料的纵向弹性模量。这种方法可以用来计算竹条的顺纹弹性模量，计算公式如下：

$$E_B = E_f v_f^2 + E_m(1 - v_f^2) \qquad (2.16)$$

式中，B、f、m 分别表示竹条、维管束、薄壁组织。

修正模型拟合的结果更接近实验数据，而运用标准混合定律拟合的结果比实验数据大 2 倍左右。

二、含水率对竹材拉伸力学性能的影响

竹材中所含水分的数量以含水率表示。含水率有两种，一种是绝对含水率，另一种是相对含水率。计算公式分别为

$$w = \frac{m_1 - m_0}{m_0} \times 100\% \qquad (2.17)$$

$$w_1 = \frac{m_1 - m_0}{m_1} \times 100\% \qquad (2.18)$$

式中，w 为绝对含水率（%）；w_1 为相对含水率（%）；m_1 为含水率测定时的试件质量（g）；m_0 为绝干试件质量（g）。

在工业生产中，一般使用绝对含水率。一般来说，含水率随竹龄的增加而减少，随纵向高度的升高而降低，即在同一竹杆中，基部的含水率比梢部的含水率高。而同一竹龄下饱水试件的力学性能低于气干材，并且，不同力学指标对水分的敏感程度不同，其中，顺纹抗剪强度和顺纹抗压强度对含水率依赖性最大，而拉伸弹性模量的依赖性最小，从气干态到饱水态的降幅最小。王汉坤等（2010）对气干和饱水两种状态下毛竹的几大力学指标进行了比较，其中顺纹抗拉弹性模

量的变化见表 2.1。

表 2.1 不同竹龄毛竹在气干和饱和两种含水率条件下的顺纹抗拉弹性模量

竹龄/年	顺纹抗拉弹性模量/GPa		降幅/%
	气干	饱水	
0.5	9.20±0.97	7.27±1.33	24.18
1.5	11.81±1.80	9.33±0.87	20.81
2.5	10.74±1.67	8.83±1.188	18.31
4.5	11.86±1.59	10.76±1.67	15.86
平均值	10.90	9.05	19.79

竹纤维在不同含水率条件下的力学性能也有所差异，如图 2.13 所示，含水率由 4.97%提高到 26.2%，拉伸强度和拉伸模量均呈线性减小趋势，拉伸模量平均降低 23.23%，拉伸强度平均降低 19.9%，断裂伸长率略有增加。可以看出，含水率对拉伸模量的影响大于拉伸强度。

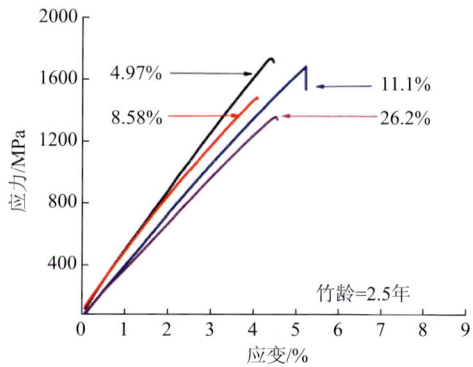

图 2.13 不同含水率的竹纤维拉伸强度

三、竹种间的差异性

种间差异是影响竹材力学水平的重要因素，对不同竹种的拉伸力学进行测试，是合理利用竹材的前提（杨喜等，2013）。表 2.2 是一些常见竹种的顺纹抗拉强度。

表 2.2 不同竹种的顺纹抗拉强度

竹种	采集地点	年龄	基本密度/(g/cm³)	顺纹抗拉强度/MPa
梁山慈竹 Dendrocalamus farinosus	四川长宁	3 年生	0.531	273.30
硬头黄竹 Bambusa rigida	四川长宁	3 年生	0.584	268.32
撑绿杂交竹 Bamdusa pervariadilis×Grandis nin	四川长宁	3 年生	0.504	230.87
龙竹 Dendrocalamus giganteus	云南	3 年生	0.525	240.79
车筒竹 Bambusa sinospinosa	广州	3 年生	0.366	205.03
箣竹 Bambusa blumeana	—	3 年生	0.570	270.80
云南龙竹 Dendrocalamus yunnanicus	—		0.763	285.00
大木竹 Bambusa wenchouensis	—	3 年生		238.00
雷竹 Phyllostachys violascens 'Prevernalis'	—	3 年生	0.522	169.80
红壳竹 Phyllostachys iridescens	—	3 年生	0.606	219.70

四、竹龄对竹材拉伸力学性能的影响

毛竹宏观拉伸力学性质呈现幼龄期、成熟期、老龄期的特征，1～3 年属于幼龄期，4～6 年属于成熟期，在此期间，竹壁厚度和基本密度随竹龄增加而增大。至 7 年左右，竹材进入老龄期，密度和力学性能呈下降趋势。例如，工程中通常选用 4～6 年生毛竹，该年龄段的毛竹力学性能最佳。

竹纤维的力学变化略有不同。表 2.3 是竹纤维的拉伸力学数据，4.5 年的毛竹纤维抗拉强度最大，约为 1749.44MPa，6.5 年的平均抗拉强度最低，约为 1252.22MPa。刘波等（2008）认为竹纤维在 1 年生时已完成细胞壁增厚，竹青部位比竹黄部位更早完成细胞壁增厚。0.5 年生的毛竹纤维细胞壁厚度与 6.5 年生的细胞壁厚度相差不大，所以研究人员推测，0.5 年时毛竹纤维细胞壁增厚和木质化已基本完成。

表 2.3 不同竹龄毛竹的力学性质

年龄 /年	试件数 /个	跨距 /mm	截面积 /μm²	断裂荷载 /mN	抗拉强度 /MPa	弹性模量 /GPa	破坏应变 /%	微纤丝角 /(°)
0.5	29	0.7725	144.45	209.87	1500.12	35.72	4.34	9.39
1.5	28	0.7073	171.55	257.87	1516.30	31.83	5.55	9.69
2.5	28	0.691	143.75	234.22	1696.55	32.15	5.74	11.83
4.5	30	0.677	117.88	198.31	1749.44	33.83	5.25	10.99
6.5	25	0.7203	150.38	184.11	1252.22	34.19	3.63	9.81
8.5	29	0.6583	159.04	240.91	1547.99	35.46	4.58	9.88
平均值	28	0.7044	147.84	220.88	1543.77	33.86	4.85	10.27

纤维组织比量对宏观竹材力学性能有较大影响，因此研究竹龄对纤维比量的影响对认识竹材力学性能也有重要作用。以梁山慈竹为例，1～5 年，梁山慈竹纤维比量依次为 36.8%、39.3%、39.8%、39.7%、38.4%，纤维比量在第 2 年趋于稳定，第 5 年略有下降，竹纤维比量呈现先增大后减小的趋势。

五、立地条件对竹材拉伸力学性能的影响

竹类植物适宜生长在气候湿润、日照充足的地方，水热、土壤等条件对竹材生长有关键影响。竹材的抗拉强度受立地条件影响会产生一定的变化。立地条件越好，竹子直径越大，但组织较疏松，力学强度低，立地条件较差时，竹子生长慢，但组织致密，力学强度较高。顺纹抗拉强度受立地因子的影响次序为：有机质>土壤厚度>海拔>速效钾。抗拉弹性模量受立地因子的影响次序为：有机质>速效磷>腐殖质厚度。

第三章　竹材压缩性能

第一节　压缩性能基本原理

在竹材的生产使用过程中，承受压缩的情况非常多。如图 3.1 所示，房屋或家具的承重结构在使用时会长期承受顺纹压缩。许多竹制品在生产过程中，为了减小试件体积、增强材料性能、降低运输成本，会给竹材或其坯料施加横纹压力进行压缩，如竹材展平、辊压工艺等。研究竹材的压缩性质，了解其在压缩变形下的力学行为和微观变形对于拓宽竹材的应用范围、优化加工工艺等具有十分重要的意义。

图 3.1　竹材应用中的压缩

一、基本概念

当竹材两端受到一对大小相等、方向相反、作用线与轴向重合的外力或者外力合力，且竹材沿着轴线方向缩短时，这种变形形式就被称为轴向压缩，简称压缩。而抗压强度或压缩强度则是指竹材承受压缩载荷的能力，即抵抗压缩变形的能力。由于竹材是天然的各向异性生物质材料，变异性较大，所以其压缩性质根据不同的分类方式、受力方向等差异也较大，本章将对竹材的这些分类及影响因素进行详细介绍。

二、研究方法

压缩测试是将试件安装在万能力学试验机的两压座之间，然后匀速加载，使试件产生压缩变形直至试件失效。试验机自动绘制出载荷与变形的关系，即载荷-位移曲线（force-displacement 曲线）。为了消除试件尺寸的影响，需要将载荷除以试件的实际横截面积，将位移除以试件的原长，便可以得到材料的应力-应变曲线（stress-strain 曲线）。应力是指物体在外力作用下单位面积的内力。内力是物体在受到外力作用时，其内部所产生的与外力大小相等、方向相反的抵抗力。应变是指物体单位长度在外力作用下的尺寸或形状变化。应力-应变曲线与材料或物质固有的压缩性质有关，能概括性地描述物体从开始受力到破坏时的全部力学行为，通过分析材料压缩过程的应力-应变曲线可以得到其抗压强度、弹性模量等压缩力学性质。

天然的竹材是中空的圆筒状结构，可以加工成不同的竹单元（竹条、竹块、竹篾等）再重组制成各种竹质复合材料。因此，针对不同形态的竹材料，有不同的压缩测试技术，可以保持其原态进行测量，也可以加工成竹块或对其细胞壁压缩性能进行测试，还可以对重组后的竹质复合材料进行测量。需要注意的是，由于竹材是典型的各向异性材料，压缩测试还要根据材料的纹理方向进行区分：当外力作用平行于材料纹理方向时，为顺纹压缩；当外力作用垂直于材料纹理方向时，为横纹压缩。因此，本章将根据不同形态的竹材，分述圆竹、块状竹材、竹细胞壁在不同受力方向下压缩性能的测试方法、变形特性及影响因素等。

第二节　圆竹材压缩特性

一、测试方法

（一）顺纹压缩测试方法

竹材的顺纹抗压强度是指竹材沿纹理方向承受压力载荷的最大能力，主要用于竹结构材的容许工作应力计算和柱状材的选择等，如结构支柱、竹脚架和家具中的腿构件所承受的压力。柱状材有长柱与短柱之分。当长度与最小断面的直径之比大于 11 时，为长柱。长柱以材料的刚度为主要因素，受压不稳定，其破坏不是单纯的压力所致，而是纵向上会发生弯曲、产生扭矩，最后导致破坏。所以长柱受压不再是顺纹抗压的范畴，只有长度与最小断面的直径之比小于等于 11 的短柱受压时，才是顺纹抗压，因此，本章仅就短柱试件的抗压强度加以叙述。

现有标准中，关于圆竹的轴向压缩测试可以参考林业行业标准《圆竹物理力学性能试验方法》（LY/T 2564—2015）及国际标准《竹子. 物理和机械性能的测定. 第 1 部分：要求》（ISO 22157-1—2004），用以测定竹杆试件的极限压缩应力和模量。

顺纹压缩试验应在无任何缺陷的试件上进行，试件的长度和外径一致（图 3.2）；不过，若是外径为 20mm 或更小，那么高度应该是外径的 2 倍。试件的端面与试件长度完全呈直角；断面平坦，最大偏差为 0.2mm。使用应变计测定弹性模量 E，每个试件至少使用两个，每一个位于试件的对面。

试验期间应连续施加载荷，使试验机的活动头以 0.01mm/s 的恒定速度运动。应变计读数的次数应足够多，以便能够绘制足够精准的负载变形图，并从中测定 E。记录使试件失效的最大载荷的最终读数。

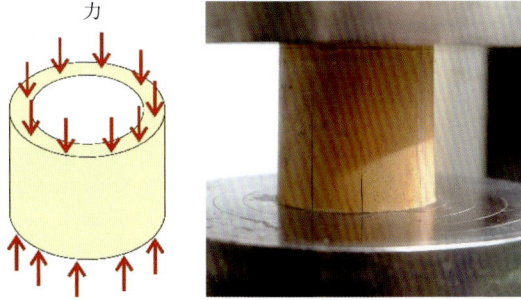

图 3.2 圆竹的轴向压缩试验

以下是各参数的计算：

（1）最大压缩应力由以下公式测定：

$$\sigma_{ult} = \frac{F_{ult}}{A} \tag{3.1}$$

式中，σ_{ult} 为极限压缩应力（MPa），四舍五入至最接近的 0.5MPa；F_{ult} 为试件失效的最大载荷（N）；A 为试件的横截面积（mm^2）。

（2）弹性模量 E 的计算应来自应变计读数的平均值，作为应力与 20%～80% F_{ult} 的应变之间的线性关系。

（3）被测试件的平均极限应力应计算至最接近个别试件试验结果的算术平均值 0.5MPa。

（二）横纹压缩试验方法

横纹压缩是指垂直于竹材纹理方向施加压力载荷的压缩方式，圆竹的横纹抗压（径向抗压）没有相关的竹材的试验标准，文献中阐述了以下的试验方法。

方法一（Torres et al., 2007）：取两个竹节之间的竹中部位，圆竹在径向压缩的过程中变形量 υ_0（图 3.3）的计算由式（3.2）可得：

$$\upsilon_0 = \frac{\pi \cdot PR}{4E_\varphi A} + \frac{PR^3}{E_\varphi I}\left(\frac{\pi}{4} - \frac{2}{\pi}\right) + \frac{\pi \cdot PR}{4G_{\varphi r}A_s} \tag{3.2}$$

式中，P 为径向加载载荷；R 为平均半径；A 为受压部分的竹壁面积（由图 3.3 中 $L \times h$ 可得）；A_s 为 A 的剪切面积；I 为轴 1 的惯性矩。R/h 值大于 4.3 才能保证消除剪切的影响。因此，计算力-偏转实验曲线的斜率 S 可以确定 E_φ 为

$$E_\varphi = \left[\frac{\pi \cdot R}{4A} + \frac{R^3}{I}\left(\frac{\pi}{4} - \frac{2}{\pi}\right)\right] \cdot S \tag{3.3}$$

基于以上方式采用了两种不同的测试设备评价竹材的压缩强度。一种在土壤无侧限压缩试验机（EI25-3602 土壤试验）中进行试验，其中以约 1mm/min 的速度手动控制挠曲速率。当偏转达到 0.127mm 的倍数时，读取负载读数。测量挠度和施加载荷的精度为 0.025mm 和 1.5N。另一种在自动操作的力学试验机（Instron

5500R）中进行测试（图 3.3）。十字头速度设定为 1mm/min 并且每两秒进行一次负载采集。测量偏转和施加的载荷，精度为 0.01mm 和 0.1N。所有环都被加载直至失效，随机取直径载荷的方向。

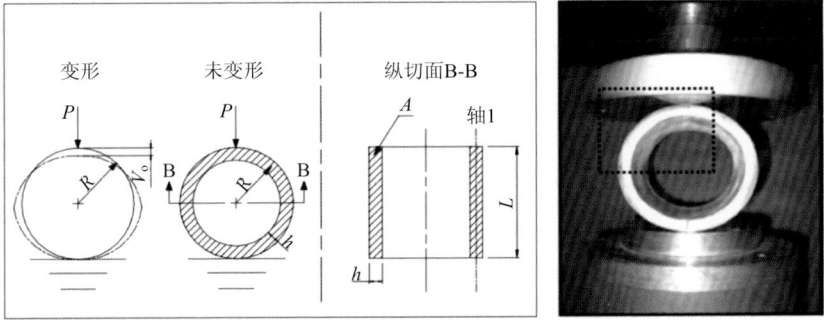

图 3.3　竹材径向压缩示意图

P，径向加载载荷；*R*，平均半径；V_0，圆柱在径向压缩的过程中变形量；*A*，受压部分的竹壁面积（*A*=*L*·*h*）；*L*，
竹壁长度；*h*，竹壁宽度

　　方法二（张文福等，2013）：利用环刚度法评价圆竹径向抗压力学性能是一种测试手段简单、可操作性强的测试方法。环刚度的物理意义是一个管环断面的刚度，可以用式（3.4）计算：

$$S = \frac{EI}{D^3} \qquad (3.4)$$

式中，*S* 为环刚度（kPa）；*E* 为材料的弹性模量（kPa）；*I* 为惯性矩（m⁴/m）；*D* 为管材的平均直径（m）。从式（3.4）可知，环刚度与材料的弹性模量成正比，但是实际计算过程中，材料的环向弹性模量测试难度较大，从而使得式（3.4）的计算结果不准确，所以用 GB/T 9467—2003 中的方法，将管材试件在 2 个平行板间按规定的条件垂直压缩，使管材直径方向变形达到 3%。根据试验测定造成 3%变形的力 *F* 计算环刚度：

$$S = \left(0.0186 + \frac{0.025Y}{d} \right) \frac{F}{LY} \qquad (3.5)$$

式中，*F* 为管材 3%变形时的力（kN）；*L* 为试件长度（m）；*Y* 为变形量（m）；*d* 为内径（m）。

　　方法三（王戈等，2010；张文福等，2011）：双轴径向压缩方法。如图 3.4 所示，采用 3D 复合材料力学分析系统，可对材料进行 *X*、*Y* 双轴向压缩。*X*、*Y* 方向轴心分别一致，且 4 个顶头的几何中心在同一水平面内。试验过程中，首先将 *X* 方向顶头靠近竹环，预加载荷到 10N，使之被夹紧而不被破坏。然后对 *Y* 方向预加载荷到 10N。II$_{YX}$ 压缩时 *X* 方向不动，*Y* 方向加载；II$_{XY}$ 压缩时 *X*、*Y* 方向同时加载。预加载速率为 0.013mm/s，单向和双轴向压缩的速率均为 0.034mm/s。双

轴向压缩实验的探索为圆竹在建筑工程、材料优化、结构设计等方面的综合利用和双向及多向载荷下各向异性的表征与评价提供了理论指导和实验方法。

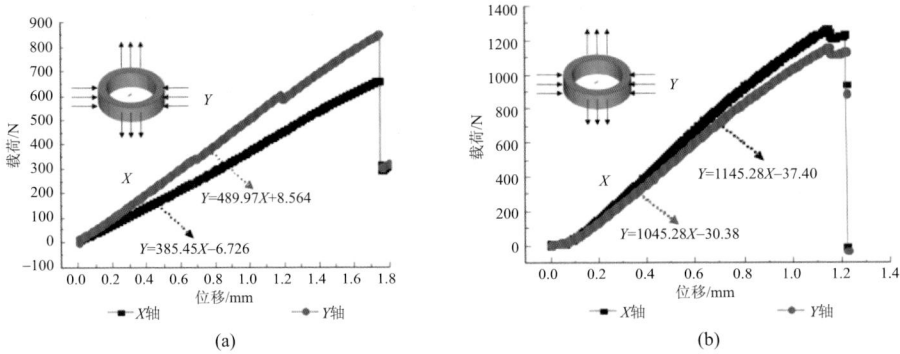

图 3.4　竹材双轴的径向压缩测试

（a）II_{YX} 压缩，X 方向不动，Y 方向加载；（b）II_{XY} 压缩，X、Y 方向同时加载

二、变形特性

（一）顺纹压缩变形

1. 载荷-位移曲线

圆竹压缩过程中，弹性阶段较短，如图 3.5 所示，载荷到达最大值以后，材料发生破坏，应力下降（Jakovljević et al., 2017）。

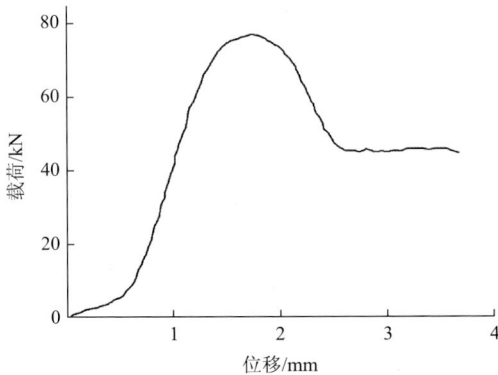

图 3.5　圆竹的顺纹压缩载荷-位移曲线

2. 破坏模式

如图 3.6 所示,根据破坏发生的位置,可以将其分为两种模式:端部破裂和贯穿的轴向劈裂(Daud et al., 2018)。通过数字散斑的方式,分析了圆竹弹性变形过程中的应力分布变化,结果如图 3.7 所示(Gauss et al., 2019)。在应变较小的时候(<0.001mm/mm),应力在整个竹筒的分布较为均匀;而在应变达到 0.0025mm/mm,即试件发生破坏之前,出现了应力分布不均,主要集中在竹筒中间部位。

图 3.6　圆竹顺纹压缩的两种破坏模式

(a)端部破裂;(b)轴向劈裂

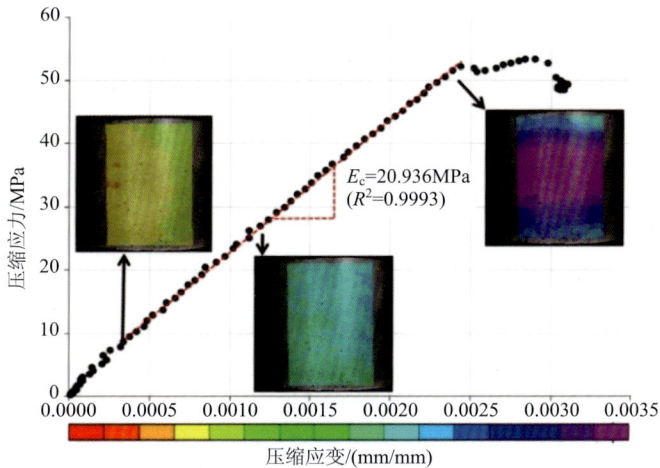

$E_c=20.936\text{MPa}$
$(R^2=0.9993)$

图 3.7　圆竹的顺纹压缩应力分布

E_c,压缩模量

此外,还可以采用有限元模拟竹材受压过程(图 3.8)。因为竹杆是中心对称,选择 1/4 竹杆作为对象以减少计算。尺寸如下:外径为 90mm,壁厚为 21mm,因为考虑到竹杆的轴向压缩开裂很大,轴向长度设计为非线性,采用有限元软件 Abaqus 6.10 结构非线性自由网格,最终获得了 9445 个网格。通过施加不同轴向压缩应力使材料压缩失效直至开裂损坏,获得竹杆的强度。竹杆轴向压应力云图如图 3.8 所示,模拟结果如表 3.1 所示,模拟结果和实验结果误差较小,证明了模

型的有效性。有限元模拟方法可用于竹结构工程领域，具有一定的应用价值理论
和实践意义（Zhao et al., 2014）。

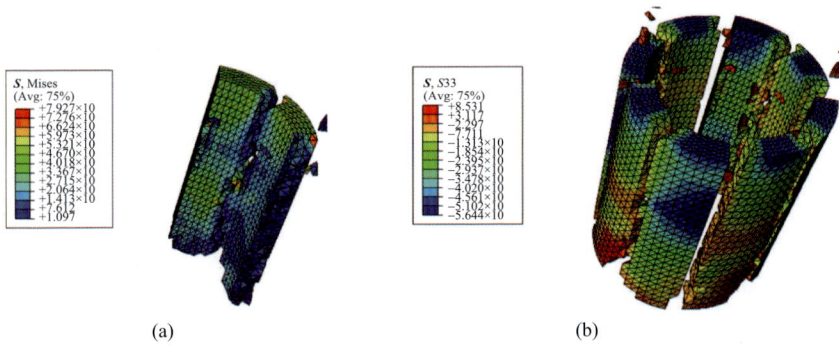

(a) (b)

图 3.8 有限元模拟竹材受压过程

（a）1/4 竹杆轴向压缩破坏应力云图；（b）全竹杆轴向压缩破坏应力云图。S 通常表示材料的弹性模量矩阵；Mises 是指冯·米塞斯（Von Mises）应力，也称为等效应力或第二主应力；$S33$ 是指 S 矩阵中的一个元素，它代表材料在第三方向（Z 方向）上的应力与第三方向上的应变之间的关系

表 3.1 模型参数计算

编号	外径/mm	轴向长度/mm	壁厚/mm	试验破坏强度/MPa	模拟破坏强度/MPa	误差/%
1	90	129	21	62.8	64.1	2
2	90	127	19	51	54.1	6
3	90	102	15	68.6	71	3

（二）横纹压缩变形

1. 载荷-位移曲线

圆竹的横纹压缩强度比顺纹方向的强度低很多（图 3.9 与图 3.5），如最大载荷仅为 1.0kN，约是顺纹方向的 1/76。与顺纹压缩不同的是，横纹压缩发生破坏

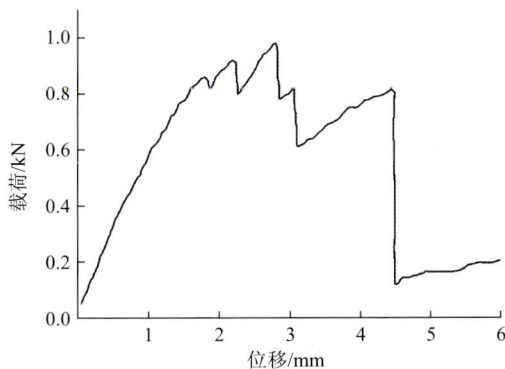

图 3.9 圆竹横纹压缩载荷-位移曲线

以后，因为圆竹筒结构的重新调整，能恢复一部分抗变形的能力，表现为载荷重新上升（图 3.9）（Jakovljević et al., 2017）。

2. 破坏模式

圆竹横纹压缩时，竹环的每个部分都出现了压缩和拉伸周向应力（图 3.10），这表明压缩应力引起的弯矩造成整个竹环的响应，圆周方向上的最大法向拉应力始终位于施加载荷轴的内表面处（图 3.10 的 A 点）（Torres et al., 2007）。

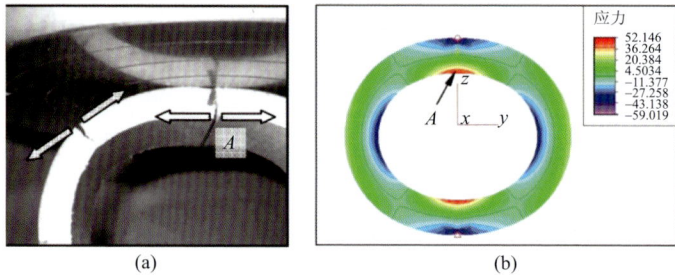

图 3.10　径向压缩的破坏模式

（a）圆竹断裂模式图；（b）有限元模型表明压缩与拉伸应力出现在竹环的每个部分，在施加载荷轴的内表面（A 点）处最大

第三节　块状竹材压缩特性

一、测试方法

（一）顺纹抗压强度测试方法

根据国家标准《竹材物理力学性质试验方法》（GB/T 15780—1995）中规定，沿竹材的顺纹方向，以均匀速度施加压力至破坏，便可得到竹材的顺纹抗压强度。

图 3.11　毛竹竹块的压缩试验

竹材顺纹抗压强度的试件为块状，试件尺寸为 20mm×20mm×$t$mm（竹壁厚）。将试件放在试验机球面滑动支座的中心位置，施力方向与纤维平行，如图 3.11 所示。试验时以均速加载，在（1±0.5）min 内破坏试件，得到破坏时的载荷 E。试件破坏后，立即测试整个试件的含水率。

试件含水率为 w% 时，采用式（3.6）进行计算，准确至 0.1MPa：

$$\sigma_w = \frac{P_{\max}}{bt} \tag{3.6}$$

式中，σ_w 为试件含水率 w% 时的顺纹抗压强度，单位为兆帕（MPa）；$P_{\max}$ 为破坏荷载，单位为牛（N）；b 为试件宽度，单位为毫米（mm）；t 为试件厚度（竹壁厚），单位为毫米（mm）。

试件含水率为 12% 时的顺纹抗压强度，采用式（3.7）进行计算，准确至 0.1MPa。

$$\sigma_{12} = \sigma_w \left[1 + 0.045(w-12) \right] \tag{3.7}$$

式中，σ_{12} 为试件含水率 12% 时的顺纹抗压强度，单位为兆帕（MPa）；w 为试件含水率（%）。

试件含水率在 9%~15% 按照式（3.7）进行计算有效。

（二）横纹抗压强度测试方法

块状竹材的横纹抗压只能测定比例极限时的压缩应力，难以测定出最大压缩载荷。竹材横向与纵向构造上有着显著的差异，其最大压缩载荷不可能在试件破坏瞬间测得。这是因为竹材承受横纹抗压时，宏观上纵向排列的纤维细胞受压逐渐变得密实，压力越大，纤维细胞被压得越密实，最大值出现的位置难以确定；纤维细胞在被压紧密实化的同时，已产生了永久变形，理论上竹材的纤维细胞已经处于破坏状态。且竹材横向受压时，由于纤维组织强度高于薄壁组织，其抗压曲线由薄壁组织弹性阶段、薄壁组织破坏阶段、纤维组织弹性三个阶段曲线组成，这样的情况下很难确定出最大值的位置。因此竹材的横纹抗压强度测定不出最大压缩载荷，只能测定比例极限时的压缩应力。

建筑工业行业标准 JG/T 199—2007《建筑用竹材物理力学性能试验方法》中规定了竹块的横纹抗压强度测试方法。通过从弦向横纹抗压试验的载荷-变形图上，确定比例极限载荷，计算求得竹材弦向横纹全面积抗压比例的极限应力。

试件尺寸为 15mm×15mm×$t$mm（竹壁厚），试件制作要求和检查及含水率分别遵循相关标准规定。将试件放在试验机球面滑动支座的中心处，在试件径面加载，按每分钟 20N/mm² 匀速加载。进行正式试验前，用 3~5 个试件进行观察试验，使在比例极限内能取得不少于 8 个点的载荷变形读数。正式试验应在不停止加载情况下，每间隔相等的规定载荷，记录一次变形并直至变形明显超过比例极限为止。根据试验取得的每组载荷和变形值，以纵坐标表示载荷，横坐标表示变形，绘制载荷-变形曲线，将载荷-变形图上开始偏离直线的一点确定为比例极限载荷。

试件含水率为 w% 时，通过式（3.8）进行计算，准确全 0.1N/mm²。

$$f_{c,90,w} = \frac{P}{lt} \tag{3.8}$$

式中，$f_{c,90,w}$ 为试件含水率 w% 时的横纹抗压强度（N/mm²）；P 为比例极限荷载（N）；l 为试件长度（mm）；t 为试件厚度（竹壁厚）（mm）。

试件含水率为 12% 时的横纹抗压强度，采用式（3.9）进行计算，准确至 0.1N/mm²。

$$f_{c,90,12} = K_{f_{c,90,w}} f_{c,90,w} \tag{3.9}$$

$$K_{f_{c,90,w}} = \frac{1}{0.79 + 1.5e^{-0.16w}} \tag{3.10}$$

式中，$f_{c,90,12}$ 为试件含水率 12% 时的横纹抗压比例极限应力（N/mm²）；$K_{f_{c,90,w}}$ 为竹材弦向横纹比例极限应力含水率修正系数；w 为试件含水率（%）。

试件含水率在 5%～30% 按照式（3.10）进行计算有效。

（三）竹质复合材料抗压强度测试方法

目前还没有针对竹质复合材料的相关测试标准，在进行测试时，学者们主要参考以下标准：《木材小样品的试验方法》（ASTM D143—2014）、《木材顺纹抗压强度试验方法》（GB/T 1935—2009）及《木结构试验方法标准》（GB/T 50329—2012）等。这里以重组竹为例，阐述竹结构试件方法标准中的轴心压杆试验方法，竹集成材、竹展平材、竹定向刨花板等竹质复合材料的测试可以参考这一方法。

1. 顺纹抗压强度测试方法

轴心压杆试验方法适用于测定整截面的锯材或胶合矩形截面构件轴心受压失稳破坏时的临界载荷。

1）试件

轴心压杆试验可采用正方形截面，试件的截面边宽不宜小于 100mm，长度不应小于截面边宽的 6 倍。

试件的主要缺陷应位于试件长度中央 1/4 长度范围内，靠近杆件端部 1 倍截面宽度范围内不得有缺陷。

试件的制作、检查、含水率应符合相应的标准，试件应加工平直，4 个侧面应互相垂直，两个端面应光洁平整，并与试件的轴线垂直，制作时宜借助制作模具用的平板等工具。

在制作试件前，应从靠近压杆两端面的试材中切取标准小试件，每端各取顺纹受压强度小试件和弹性模量小试件不超过 3 个。

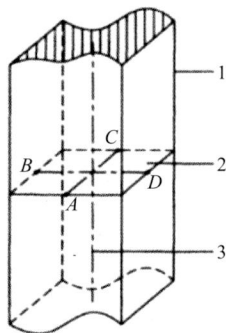

图 3.12 轴心压杆顺纹应变测定
1. 试件；2. 试件中央截面；3. 试件中线

轴心压杆试件和标准小试件宜同时制作、试验，若不能及时试验，轴心压杆试件和标准小试件应存放在同一环境中。

2）试验步骤

轴心压杆顺纹应变值的测定，应至少在柱的长度中央截面的 4 个侧面粘贴标距为 100mm 的电阻应变片各一片，如图 3.12 的 A、B、C、D 所示。

轴心压杆试验在正式加载之前，应对安装好的试验柱进行预加载，预加载值 F_0 可取破坏载荷估计值的 1/50。

预加载荷到 F_0 后，用静态电阻应变仪测应变值 ε_0，再加载荷到 F_1 后测相应的应变值 ε_1，然后再卸载 F_0，反复进行 5 次。随即以均匀的速度逐级加载至试件破坏，每级载荷为 ΔF，并读出各级载荷下的应变值，F_1 和 ΔF 应根据压杆的长细比和估计的破坏载荷确定，ΔF 可取预估破坏载荷的 $1/15\sim1/20$，F_1 值可取 ΔF 的 $1\sim2$ 倍。

轴心压杆侧向挠度的确定，应在试验柱长度中央截面的两个方向各安设一个位移传感器，测出各级载荷作用下的挠度值，并绘出载荷-挠度曲线。

轴心压杆试验，宜采用连续均匀加载方式，其加载速度应使载荷从零开始，5～10min 即达到最大载荷。

3）相关计算公式。

轴心压杆试件的初始弹性模量由式（3.11）测定：

$$E_0 = \frac{F_1 - F_0}{A(\varepsilon_1 - \varepsilon_0)} \tag{3.11}$$

式中，E_0 为试件的初始弹性模量（N/mm²），记录和计算到三位有效数字；A 为试件的横截面积（mm²）；ε_1 和 ε_0 为按照"2）试验步骤"获得，分别在载荷 F_0 和 F_1 作用下，4 个侧面平均应变值中相近 3 次应变值的平均值。

轴心压杆试件的初始相对偏心率由式（3.12）测定：

AC 方向：

$$m_{AC} = \frac{\varepsilon_A - \varepsilon_C}{\varepsilon_A + \varepsilon_C} \tag{3.12}$$

BD 方向：

$$m_{BD} = \frac{\varepsilon_B - \varepsilon_D}{\varepsilon_B + \varepsilon_D} \tag{3.13}$$

式中，ε_A、ε_B、ε_C、ε_D 分别为试件长度中央截面上 A、B、C、D 4 个测点的相近 3 次应变值读数均值。

轴心压杆试件失稳破坏时的等效弹性模量及其与标准小试件顺纹受压弹性模量的比值，分别按照式（3.14）和式（3.15）计算：

$$E_{equ} = \frac{F_u l^2}{\pi^2 I} \tag{3.14}$$

$$\frac{E_{equ}}{E_c} = \frac{F_u l^2}{\pi^2 I E_c} \tag{3.15}$$

式中，E_{equ} 为轴心压杆试件失稳破坏时的等效弹性模量（N/mm²），记录和计算到三位有效数字；l 为轴心压杆试件的计算长度（mm）；E_c 为木材标准小试件顺纹压缩弹性模量（N/mm²）。

2. 横纹抗压强度测试方法

国家标准《木结构试验方法标准》（GB/T 50329—2012）中规定了木构件横纹承压的比例极限。

1）试件要求

横纹承压试件从结构材中选取无明显缺陷的试材，无水平方向或斜向裂缝，竖向裂缝深度不得大于试件截面高度的 1/5。

试件尺寸：对于全表面横纹承压为 120mm×120mm×180mm；对于中间局部表面横纹承压和尽端局部表面横纹承压为 120mm×120mm×360mm（图 3.13）。若条件受限，允许采用 80mm×80mm×120mm 和 80mm×80mm×240mm 的横纹承压试件分别代替以上两种试件，但其试验结果应乘以尺寸影响系数 ψ_p 予以修正，ψ_p 常取 0.9。

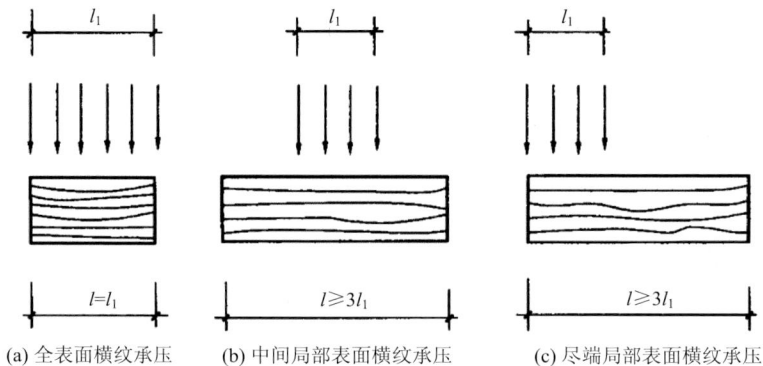

(a) 全表面横纹承压   (b) 中间局部表面横纹承压   (c) 尽端局部表面横纹承压

图 3.13　横纹承压试件尺寸

横纹承压试件加工时，其横截面尺寸的允许偏差为±3mm，长度的允许偏差为±6mm。横纹承压试件的四角高度，在宽度方向彼此相差不应大于 0.5mm，在长度方向彼此相差不应大于 1.0mm。

2）试验步骤

试验前，应测量横纹承压试件的尺寸，测量值应读到 0.1mm，并应符合下列规定：在截面宽度中点，测量横纹承压试件长度 l；在横纹承压试件承压面长度中点，测量截面宽度 b。

当采用有自动记录装置的试验机进行试验时，应对横纹承压试件均匀施加载荷，并在加载开始后（10±2）min 内达到试件的比例极限，再以同样速度加载至载荷-变形图明显偏离直线轨迹为止。

当采用没有自动记录装置的试验机进行试验时，除应按上述控制加载速度外，尚应按相等的载荷增量 ΔF，测读每级载荷下的试件变形，并进行记录。在估计的比例极限范围内，至少应有 10 级载荷的读数，超出此范围后，尚应有 3～4 级载荷的读数。

试验完毕后,应立即从横纹承压试件中部锯切厚度为 15mm 的整截面小试件,用以测定横纹承压试件的含水率。

3)计算

通过横纹承压试件的载荷-变形值绘制载荷-变形曲线图,确定比例极限载荷 F_b。比例极限载荷需要根据下述规则确定:曲线上该点的切线与载荷轴夹角的正切值,应取该曲线直线部分与载荷轴夹角的正切值的 1.5 倍,以该点坐标对应的载荷值作为该试件横纹承压的比例极限。

试件的比例极限应按式(3.16)计算:

$$f_{c,90} = \frac{F_b}{bl} \tag{3.16}$$

式中,$f_{c,90}$ 为试件横纹承压比例极限(N/mm^2),试验结果的记录和计算应精准至 0.1N/mm^2;F_b 为试件横纹承压比例极限荷载(N);l 为试件承压面长度(mm);b 为试件承压面截面宽度(mm)。

二、变形特性

(一)顺纹压缩变形

1. 应力-应变曲线

块状竹材的顺纹压缩的应力-应变曲线大致可以分为三个阶段(图 3.14):①弹性阶段,这个阶段应力-应变曲线基本表现为线性上升状态。②屈服阶段,水平方向上逐渐出现一条压缩横带,这一横带通常被称为微观压缩皱纹。③破坏阶段,试件的承载能力急速下降,试件失稳破坏失去承载能力。毛竹的顺纹压缩强度和弹性模量分别为 60.2MPa 和 3.8GPa(郭志明和杨庆生,2018)。

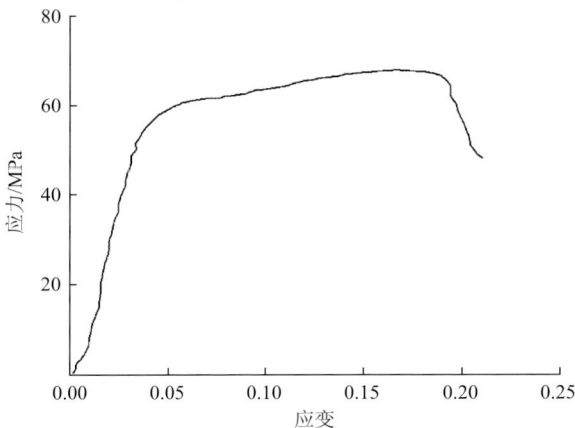

图 3.14 毛竹顺纹压缩的应力-应变曲线

竹材在承受轴向压缩载荷时，其承载的主体是竹纤维，维管束呈独立星散状，在周围基本组织的相拥下具有较高的稳定性和韧性，其轴向压缩屈服极限是横向压缩屈服极限的 3 倍。在显微镜下可见加载初期，基本组织先是沿轴向挤紧缩短，继续加载，基本组织细胞壁开始出现皱褶，维管束微弯至失稳，同时基本组织细胞壁褶皱区变大，并随着载荷继续增加，薄壁细胞破碎连片，维管束开始发生严重扭曲。

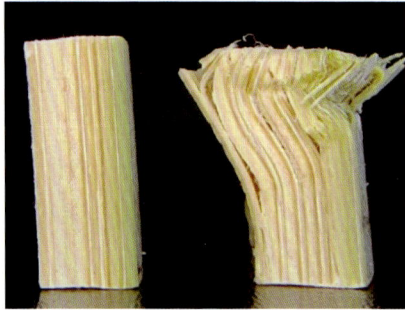

图 3.15　顺纹压缩破坏模式
左. 破坏前；右. 破坏后

2. 破坏模式

从试件的破坏模式看，顺纹压缩破坏主要为竹纤维之间的断裂破坏，破坏层一般位于竹青和竹黄的中间部分，如图 3.15 所示，试件被压溃时主要表现为向竹青侧弯曲（刁倩倩等，2017）。但也有研究结果表明（于金光等，2018），竹材顺纹受压破坏过程中，竹黄部位先出现剪切破坏，随后竹青部位出现弯曲变形，导致纤维撕裂出现错层现象。

毛竹材抗压试件动态破坏图及典型应变场变化如图 3.16 所示（李霞镇，2009），可以清晰地看出毛竹材抗压破坏的整个过程。在压缩初期，见图 3.16 中的图（a）、图（b）、图（c），试件没有明显的变化。之后，随着载荷的增加，肉眼见到的现象是竹材的侧面发生细微的扭曲，如图 3.16（d）和图 3.16（e）。随着载荷的加大，竹材的变形增大。毛竹材的顺纹抗压破坏主要出现在端部，毛竹材的扭曲发生在靠近加载头的一侧，这主要是由于毛竹材和载荷接触的地方出现应力集中，抗压试件的端部发生压溃破坏。且通过观察发现，靠近竹黄一侧的竹材压缩程度较大，靠近竹青一侧的竹材压缩程度较小，最终使试件压缩面整体向竹黄侧倾斜，使靠近竹黄处发生抗压的内应力，而靠近竹青处产生抗拉的内应力。这主要是由于靠近竹黄处维管束稀疏，承载能力弱，容易被压溃。再者，由于径向上的竹青至竹黄维管束分布是依次变稀疏，呈明显的阶梯状复合的材料，之后随着载荷的增加，毛竹材抗压试件会逐渐产生弦向剪切破坏。

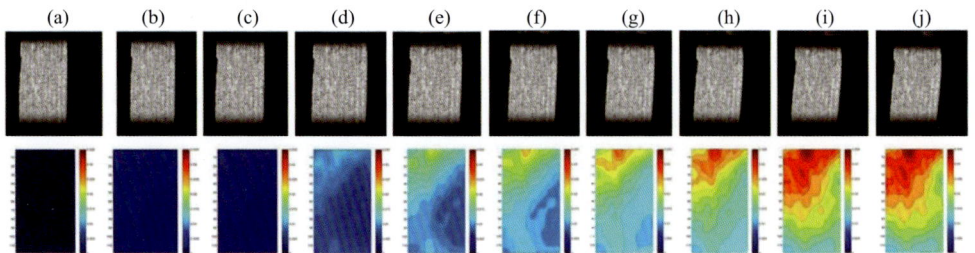

图 3.16　毛竹材抗压试件动态破坏图（上）及应变场（下）

从微观上来说（图 3.17），顺纹抗压的毛竹材试件在破坏初期，纤维细胞上会产生单一错位的裂纹状细线；随着压力的加大，变形增加，这些细线会越来越多，直到形成纵横交错的网纹。随后竹材细胞壁会沿着这些细线纹理方向产生剪切破坏，剪切破坏多了，细胞壁便扭曲受压产生皱痕，进而使整个破坏区的细胞壁都发生扭曲，最终导致抗压试件的整体扭曲（Zhang et al., 2017）。

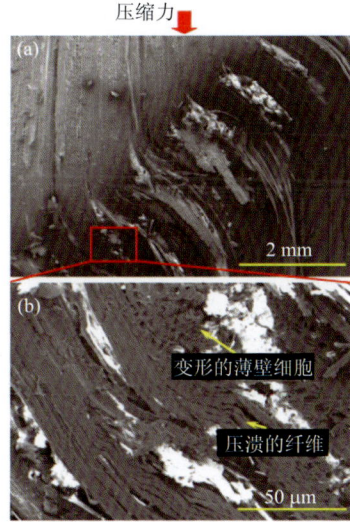

图 3.17 竹块顺纹压缩过程中扭曲受压的电镜图

（二）横纹压缩变形

1. 应力-应变曲线

竹材的横向压缩可以分为三个阶段（图 3.18）：①弹性阶段，载荷和位移基本上呈线性关系的阶段；②屈服后弱线性强化阶段，当载荷达到屈服点之后，细胞腔内发生塌陷，出现载荷变化不大而变形却急剧增大的塑性屈服现象，载荷-变形曲线比较平坦，竹材处于弱的线性强化阶段；③压密化阶段，随着细胞壁相互接触，竹材的细胞腔逐渐被完全填充密实化，材料抗变形能力急剧增大，竹材处于压密强化阶段（Dixon and Gibson, 2014）。

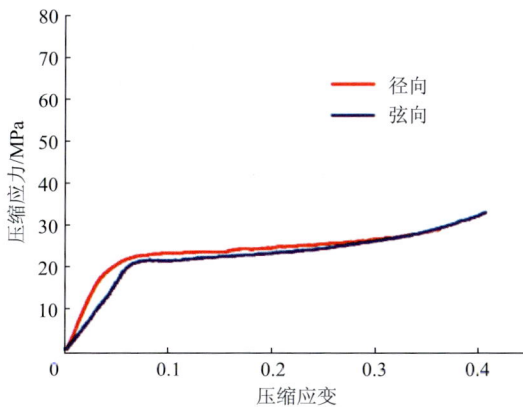

图 3.18 毛竹横纹压缩的应力-应变曲线

竹材在承受横向压缩载荷时，先是基本组织受压相互挤紧，并将力传到维管束，使靠近竹壁内侧的导管由圆变为椭圆形，在此阶段，竹材结构尚未被破坏，变形是弹性可恢复的；继续加载，基本组织开始压扁，在竹壁外侧部的基本组织有压溃现象，这是由于外侧维管束分布密，难以变形的纤维束含量高，而周围基本组织含量相对少，当维管束因受迫压入基本组织时，其周围的基本组织会因可供维管束变形或位移的空间小而先被压溃，与此同时，竹壁内侧至中部的维管束其中间脆弱部分的初生韧皮组织开始被破坏，导管亦逐渐被压扁至压溃；而靠近外侧导管，因受厚实的纤维束所围不易变形，会最后被压溃。

2. 破坏模式

如图 3.19 所示，竹材受横纹压缩破坏均表现为竹黄部位破坏较为严重，主要原因在于竹材截面在径向上维管束分布不均匀，竹青至竹黄维管束呈明显的梯度结构，靠近竹黄处维管束稀疏，承载能力弱，容易被压溃。其中，弦向受压[图 3.19（a）]破坏过程为竹黄部分先出现挤压破坏，随着载荷的增加，初始局部破坏裂纹不断扩大，向整个试件延伸。竹片的径向受压破坏[图 3.19（b）]表明破坏过程为试件厚度方向受压变形，竹材纤维间出现错层，竹黄部位的两端出现局部破坏（刁倩倩等，2017；于金光等，2018）。Dixon 和 Gibson（2014）通过电镜观察发现竹材径向压缩时，会因为维管束中的导管坍塌而失效，图 3.20（a）的图像清楚地显示了压缩过程中维管束开始塌陷，但是在薄壁组织中几乎看不到变形，如图 3.20（b）所示。这可能是受压阶段不同导致的，在压缩初期是维管束中的导管先发生坍塌，此时薄壁细胞的变形不大；而当导管完全坍塌以后，薄壁细胞开始变形，这也就导致了薄壁细胞较多的竹黄部位先发生破坏。此外，竹黄的维管束分化程度更高，导管更大，可能也是竹黄比竹青更容易破坏的原因之一。

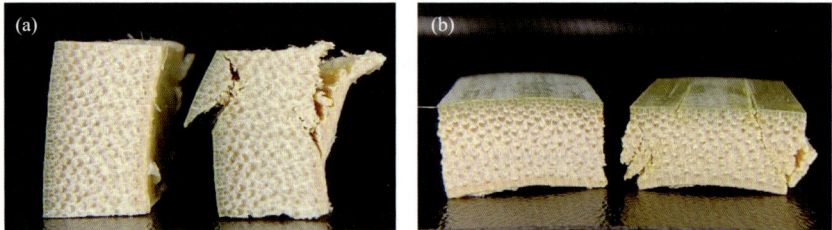

图 3.19　竹材在不同加载方向的抗压破坏

（a）竹材弦向抗压破坏（左：破坏前；右：破坏后）；（b）竹材径向抗压破坏（左：破坏前；右：破坏后）

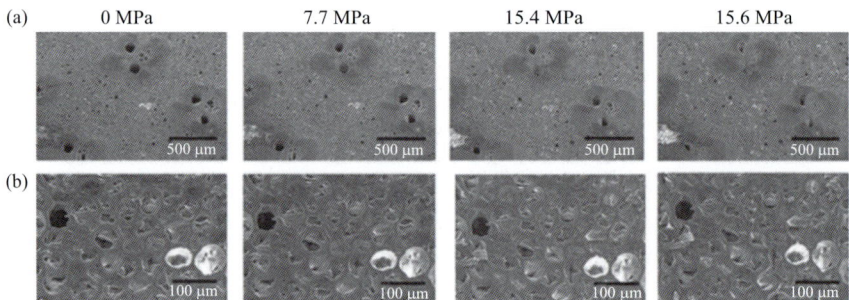

图 3.20　竹材径向压缩时，不同压力条件下的显微图片

（a）维管束；（b）薄壁组织

第四节　竹材细胞壁压缩特性

一、测试方法

竹材细胞壁是其实际压缩受力单元，其压缩特性对竹材的宏观压缩行为极其重要，因此，基于纳米压痕技术获得细胞壁压缩行为及压痕模量是竹材力学性能研究的重要组成部分。

竹材是变异性较大的生物质材料，为了减小纳米压痕的测量误差，样品制备时需要表面尽可能光洁，即表面粗糙度尽可能小，因此制备过程中对细胞壁表面的损伤要尽可能小。而根据细胞自身的结构及强度，纤维细胞的纳米压痕测试样品制备主要采取非包埋法；而薄壁细胞由于细胞腔较大，切片过程中细胞壁容易塌陷，所以可以采用树脂浸渍到细胞腔中支撑起细胞壁再进行切片，即树脂包埋法制样。下面简述两种细胞的制样过程（费本华，2014）。

纤维细胞（非包埋法）：制备尺寸约为5mm×5mm×12mm（径向×弦向×纵向）的小竹棍，竹棍中应包含足够数量的纤维束，然后采用滑走切片机将横切面切成金字塔形，塔尖位于维管束上，最后采用装有钻石刀的超薄切片机将塔尖抛光，进刀步进约 200nm，抛光后的维管束在光学显微镜下的图像如图 3.21 所示（Yuan et al., 2021）。需要注意的是，钻石刀抛光的面积在确保测试要求的前提下应该尽可能地小，对较小的面积抛光更易获得高质量的表面，且对钻石刀的损伤也较小。

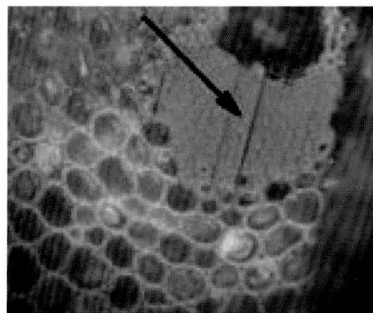

图 3.21　钻石刀抛光后的竹材纤维束（箭头所示）样品

薄壁细胞（包埋法）：制备尺寸约为 1mm×1mm×5mm（径向×弦向×纵向）的小竹棍，竹棍中应包含足够数量的薄壁细胞。先将小竹棍经过不同浓度的乙醇脱水至绝干，然后采用 Spurr 树脂梯度溶液真空浸注包埋法，使树脂进入薄壁细胞腔内，最后在烘箱内以逐步升温的方式固化树脂完成包埋。包埋后的样品采用超薄切片机将横切面切成金字塔形，塔尖位于薄壁细胞上，最后采用装有钻石刀的超薄切片机将塔尖抛光，进刀步进约200nm。

抛光完成后的样品采用速干胶黏剂固定在铁制的样品拖上，然后置于纳米压痕测试样品台上进行测试。纳米压痕测试是将具有特定形状的金刚石压针以一定的加载、卸载方式压入材料表面，并记录加载、卸载过程中作用在针尖上的载荷与压痕深度变化，获得压入深度-载荷曲线。对于竹材细胞壁而言，针头通常采用 Berkovich 压针[图 3.22（a）]，曲率半径小于 100nm；加载方式如图 3.22（b）所示，加载速率为 50μN/s，经过 5s 达到最大载荷 250μN，在最大载荷处保载 6s，然后再以 50μN/s 的速率卸载（Wang et al., 2013）；获得的竹细胞壁典型压入深度-载荷曲线如图 3.22（c）所示；测试完成后，细胞壁表面会留下针头形状的凹坑，如图 3.22（e）箭头所示。

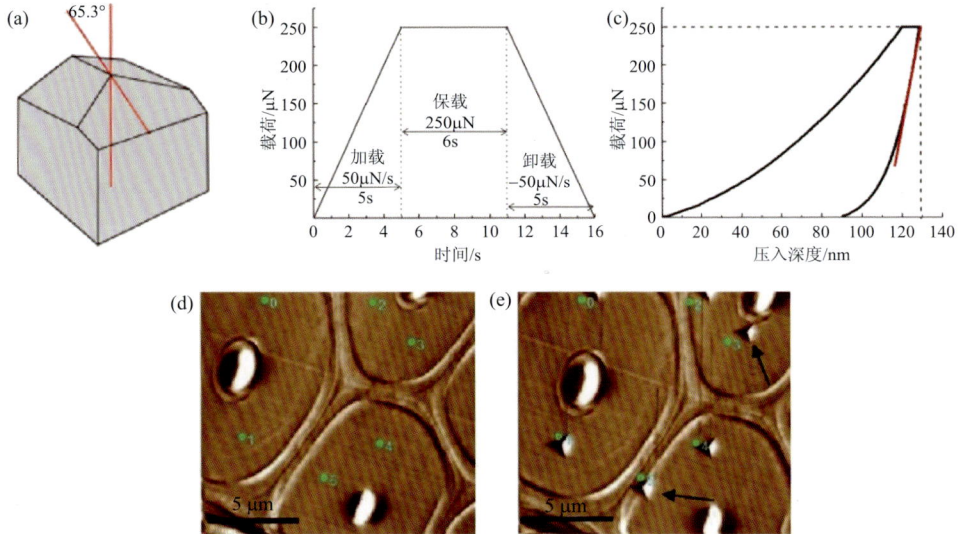

图 3.22　竹材细胞壁纳米压痕测试

（a）Berkovich 压针示意图；（b）竹材细胞壁纳米压痕测试加载方式；（c）典型竹材细胞壁压入深度-载荷曲线；（d）与（e）分别为竹材细胞壁纳米压痕测试前后的形貌图，图中数字表示压痕位置，图（e）中箭头指出测试后表面留下的针头状凹坑

　　测试完成后，纳米压痕仪器软件会自动给出细胞壁的压缩弹性模量（E_r）与硬度等数据，主要基于压入深度-载荷曲线，采用 Oliver-Pharr 方法计算获得：

$$E_r = \frac{\sqrt{\pi}}{2\beta} \times \frac{S}{\sqrt{A}}$$

（3.17）

式中，β 为与压针形状有关的常数，Berkovich 压针的 β=1.034；A 为接触表面的投影面积；S 为弹性接触刚度，由压痕曲线的卸载部分拟合得出。

　　目前纳米压痕技术只能得到细胞壁的模量与硬度，还不能得到强度方面的信息，且对于竹材这种非均质材料，需要进行较大重复量才能获得较为准确的数值，一般为 30～60 个重复量，但是根据实际测试情况可以适当减少重复量，如测试面积较小的胞间层、纹孔等区域（Yu et al., 2016；Yang et al., 2017；Chen et al., 2020a）。

二、变形特性

　　毛竹不同种类细胞的细胞壁残余压痕及对应的压痕深度-载荷曲线如图 3.23 所示（费本华，2014；Yu et al., 2016）。从压痕深度-载荷曲线看，纤维细胞与表皮细长厚壁细胞的卸载曲线相似，而薄壁细胞与硅质细胞的卸载曲线相似。纤维细胞与表皮细长厚壁细胞的卸载曲线的斜率更大，表明其接触刚度更大，但是其残余压痕深度较大，弹性恢复较小，说明其压痕变形过程以塑性变形为主。相比之下，薄壁细胞与硅质细胞的卸载曲线斜率更小，表明其接触刚度更小，但是残余压痕深度更小，表明细胞壁的弹性恢复更大。造成不同细胞压缩弹塑性差异的原因可能是微纤丝角不同。

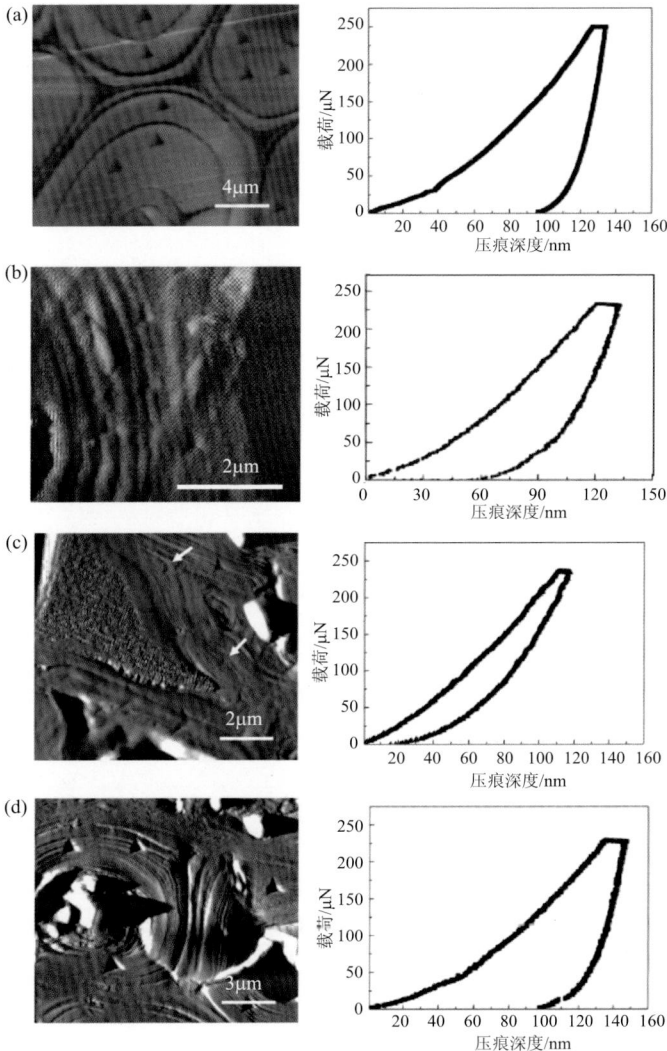

图 3.23　毛竹不同细胞的细胞壁残余压痕及对应的压痕深度-载荷曲线

（a）纤维细胞；（b）薄壁细胞；（c）硅质细胞，箭头示压痕；（d）表皮细长厚壁细胞

4 种细胞中，硅质细胞壁的纳米压痕曲线显示出最大的弹性恢复，超过 75%；相比之下，纤维和表皮细长厚壁细胞在去除负载后显示出较高的残余塑性变形率，

两种细胞仅保留了 60%左右的压痕变形，造成这一差异的原因可能是硅质细胞壁中二氧化硅的沉积。

　　毛竹不同种类细胞的压痕模量见表 3.2，纤维细胞的平均值为 21GPa，大约是硅质细胞（10GPa）和表皮细长厚壁细胞（11GPa）的 2 倍，是薄壁细胞（3GPa）的 7 倍。植物细胞壁的纵向弹性模量主要取决于它们的微纤丝角，这表明竹纤维的微纤丝角比其他三种细胞的低得多（费本华，2014；Yu et al., 2016）。

表 3.2　毛竹不同种类细胞壁纳米压痕模量

细胞类型	压痕模量/GPa
纤维细胞	21
薄壁细胞	3
硅质细胞	10
表皮细长厚壁细胞	11

第五节　影响竹材压缩性能的因素

一、环境影响因素

（一）种源地

　　不同种源地的竹材的顺纹抗压强度存在显著差异。刘亚迪等（2008）测试了毛竹这一竹种采自不同地理位置的抗压强度，结果如表 3.3 和图 3.24 所示：来自湖南株洲的种源最高，福建沙县的最低；竹材抗压强度的大小并不随着纬度的变化而呈现规律的变化趋势。

表 3.3　毛竹种源地理位置及其编号

种源编号	种源地	纬度/(°)	经度/(°)	海拔/m	种源编号	种源地	纬度/(°)	经度/(°)	海拔/m
1	江苏句容	31.9	119.14	280	10	广东从化	23.5	113.60	100
2	江苏宜兴	31.3	119.79	340	11	福建武夷	27.9	118.03	430
3	安徽霍山	31.4	116.29	320	12	福建松溪	27.6	118.78	400
4	湖北磨山	30.5	114.32	230	13	福建建瓯	27.1	118.33	280
5	湖南株洲	28.0	113.18	200	14	福建沙县	26.4	117.83	250
6	浙江衢江区	28.9	118.88	280	15	福建华安	25.0	117.54	280
7	江西九江	29.7	115.90	300	16	福建龙海	24.4	117.64	170
8	江西上饶	28.5	117.99	370	17	广西柳州	24.3	109.40	150
9	广东乐昌	25.2	113.40	600					

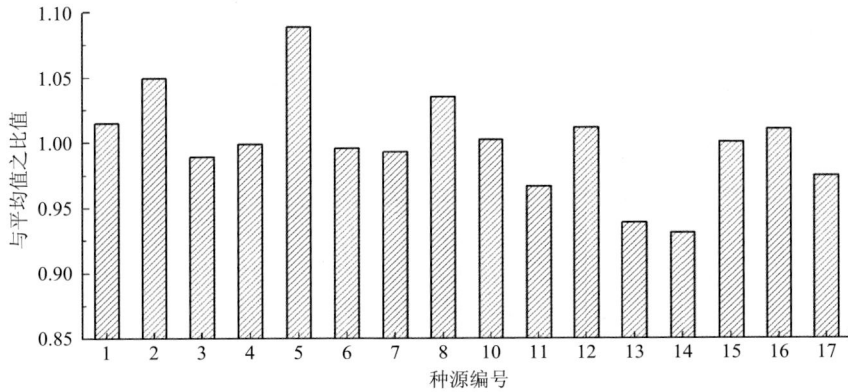

图 3.24 不同地理位置毛竹顺纹抗压强度与平均值的比值

（二）立地条件

除了不同种源地，鲁顺保等（2005）测试了不同立地条件对竹材顺纹抗压性能的影响，结果如表 3.4 所示。竹材抗压强度的变化范围在 42.51～72.85MPa，均值为 59.23MPa，变幅为 16.72MPa。不同种源竹材顺纹抗压强度比中等木材（35～45MPa）高 20%～100%，比杉木顺纹抗压强度（40MPa）高 80%以上。顺纹抗压强度主要由竹材各部分组成的微观结构决定，纤维层宽、纤维密度大、纤维组织致密、厚壁细胞排列规则等是强度高的主要因素。对材料在显微镜下观测，发现竹材顺纹抗压强度高的原因主要是维管束排列规则。在相同的海拔对其进行比较，发现其排列方式基本相同，从表 3.4 中可以看出顺纹抗压强度随海拔的增高而增

表 3.4 不同立地条件下毛竹的顺纹压缩性能

立地因子		抗压强度/MPa	最大压缩力/kN	立地因子		抗压强度/MPa	最大压缩力/kN
海拔	<500m	58.82	9.85	速效磷	<0.3mg/kg	57.36	9.09
	500～800m	58.31	9.38		0.3～0.5mg/kg	62.40	10.28
	>800m	62.44	10.09		>0.5mg/kg	57.29	9.76
腐殖质厚	<5cm	59.22	9.82	速效钾	<2mg/kg	60.80	9.40
	5～10cm	59.42	9.84		2～3mg/kg	59.50	10.01
	>10cm	58.97	9.19		>3mg/kg	53.52	8.16
土壤厚度	<50cm	57.52	9.11	母岩	砂岩	60.52	9.91
	50～80cm	61.32	10.44		花岗岩	58.78	10.70
	>80cm	56.0	8.65		变质岩组	58.55	8.91
全氮	<0.1mg/kg	57.88	8.92	土壤质地	黏土	59.14	9.33
	0.1～0.2mg/kg	59.72	10.42		砂壤	59.57	10.03
	>0.2mg/kg	63.36	9.87		壤土	58.98	9.61

续表

立地因子		抗压强度/MPa	最大压缩力/kN	立地因子		抗压强度/MPa	最大压缩力/kN
有机质	<3mg/kg	57.01	8.99	坡位	上坡	63.36	10.04
	3~5mg/kg	60.10	9.92		中坡	57.01	9.88
	>5mg/kg	60.11	10.44		下坡	59.36	9.46
速效氮	<4mg/kg	62.45	9.44				
	4~6mg/kg	58.09	9.38				
	>6mg/kg	60.81	10.94				

大，对于坡位向上、速效氮较小的样品，强度较大，这些与以往的研究结果基本相符。经方差分析发现，土地因子对抗压强度的影响并不明显，但不同立地因子之间存在一定的差异性，其中全氮、有机质、速效钾的含量对顺纹抗压强度的影响较其他因子要大，其影响大小次序为：速效钾>全氮>有机质。

（三）朝向

细胞壁尺度上，Gerhardt（2012）测试了不同取样方向白哺鸡竹的纤维细胞的纳米压痕模量，结果如表 3.5 所示，在较低的立地高度（48~69cm）上，不同方向的细胞壁压痕模量有较为显著的差异，表现为：南>北>西>东。但是随着立地高度的增大（371~393cm 与 414~432cm），不同方向之间的差异基本消失。

表 3.5　不同朝向竹材细胞壁纳米压痕模量

朝向	压痕模量/GPa（立地高度 48~69cm）	压痕模量/GPa（立地高度 371~393cm）	压痕模量/GPa（立地高度 414~432cm）
北	16.3±2.1	16.8±1.0	14.5±2.7
南	16.9±1.6	16.4±1.4	15.2±1.9
东	15.4±0.9	16.7±1.2	15.6±1.3
西	15.7±1.9	16.2±0.8	15.9±1.2

二、自身影响因素

（一）竹种

不同竹种加载过程中的载荷-位移不同，如图 3.25 所示，虽然所有竹种都会出现弹性变形、非线性和塑性变形、失效等阶段，但是不同竹种的各个阶段差异较大（Kanwaldeep et al., 2019）。例如，马甲竹（*Bambusa tulda*）和巴若竹（*Bambusa balcoa*）的弹性阶段都较为明显，但是马甲竹的塑性平台阶段较长，而巴若竹则几乎没有塑性平台阶段，在载荷达到最大值以后，就出现了明显的破坏，载荷快速下降。

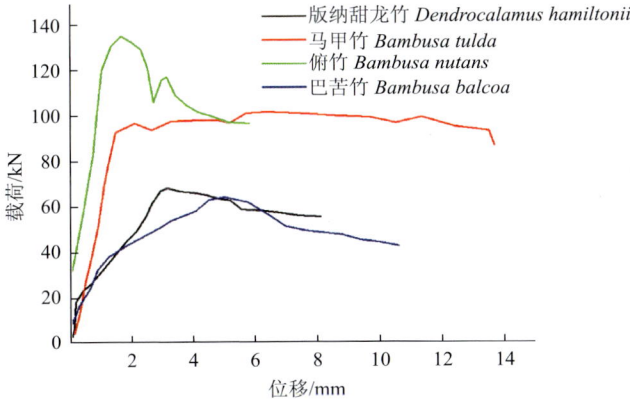

图 3.25 4 个竹种的载荷-位移图

此外，不同竹种的抗压强度也不同，表 3.6 总结了几种重要竹种的顺纹抗压强度。总体而言，竹材的顺纹抗压强度在 40～120MPa 变化，最小的 41.2MPa；最大的是花眉竹（*Bambusa longispiculata*），为 127.9MPa；我国重要的经济竹种毛竹（*Phyllostachys edulis*）压缩强度较大，为 123.2MPa。

表 3.6 不同竹种顺纹抗压强度

竹种	顺纹抗压强度/MPa	参考文献
慈竹 *Bambusa emeiensis*	55.6	
硬头黄竹 *Bambusa rigida*	67.9	
撑篙竹 *Bambusa pervariabilis*	60.8	杨喜等，2013
龙竹 *Dendrocalamus giganteus*	52.2	
车筒竹 *Bambusa sinospinosa*	43.3	
马来甜龙竹 *Dendrocalamus asper*	56.0	
粉白龙竹 *Dendrocalamus sericeus*	58.1	
黄竹 *Dendrocalamus membranaceus*	80.2	Chaowana et al., 2021
大泰竹 *Thyrsostachys oliveri*	64.8	
台湾桂竹 *Phyllostachys makinoi*	102.9	
版纳甜龙竹 *Dendrocalamus hamiltonii*	59.1	
马甲竹 *Bambusa tulda*	50.7	
俯竹 *Bambusa nutans*	118.0	Kanwaldeep et al., 2019
巴苦竹 *Bambusa balcoa*	41.2	
青丝黄竹 *Bambusa eutuldoides* var. *viridivittata*	81.9	
花竹 *Bambusa albolineata*	110.7	
粉单竹 *Bambusa chungii*	92.9	陈冠军等，2018
慈竹 *Bambusa emeiensis*	80.4	
水竹 *Phyllostachys heteroclada*	112.0	

续表

竹种	顺纹抗压强度/MPa	参考文献
花眉竹 *Bambusa longispiculata*	127.9	
吊丝单 *Dendrocalamopsis vario-striata*	68.0	
毛竹 *Phyllostachys edulis*	123.2	陈冠军等，2018
麻竹 *Dendrocalamus latiflorus*	69.2	
撑篙竹 *Bambusa pervariabilis*	102.7	
绿竹 *Bambusa oldhamii*	92.4	

不同竹种的细胞壁压痕模量也不同（表 3.7），毛竹约为 19.3GPa，慈竹（*Bambusa emeiensis*）约为 18.0GPa，白哺鸡竹（*Phyllostachys dulcis*）约为 16.0GPa（Yu et al., 2011；Gerhardt, 2012；Yang et al., 2014）。虽然不同竹种纤维细胞的压痕模量存在一定差异，但是若考虑竹龄、离地高度、取样朝向等影响因素，不同竹种细胞壁的压痕模量差异并不十分显著。

表 3.7　不同竹种纤维细胞壁纳米压痕模量

竹种	压痕模量/GPa
毛竹 *Phyllostachys edulis*	19.3
慈竹 *Bambusa emeiensis*	18.0
白哺鸡竹 *Phyllostachys dulcis*	16.0

（二）竹龄

如图 3.26 所示，随着竹龄增加，毛竹的顺纹抗压强度呈上升趋势（俞友明等，2005；李霞镇，2009；王汉坤，2010），从(56.37±4.01)MPa 增加到(83.96±6.14)MPa。其中，0.5 年毛竹的性能明显低于高竹龄毛竹，1.5 年以后增幅较小。主要是因为毛竹生长一年之后，其化学成分、密度基本上达到一个稳定的状态，变化比较缓慢，故力学性能的变化趋势变缓（王汉坤，2010）。相比之下，不同竹龄的纤维

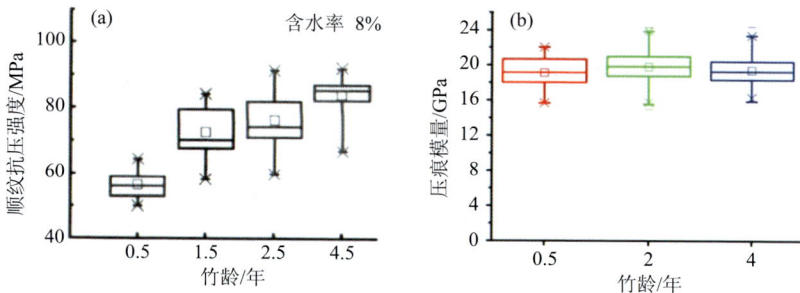

图 3.26　不同竹龄毛竹顺纹抗压强度（a）、细胞壁压痕模量（b）变化

细胞壁压痕模量没有太大的变化[图 3.26（b）]，这可能是因为微纤丝角随着竹龄的增大不会发生显著的变化（Yu et al., 2011）。

（三）竹杆锥形结构（立地高度）

1. 圆竹

圆竹筒的压缩性能随竹杆立地高度的变化如图 3.27 所示（Liu et al., 2021a），h 表示取样高度，D_B 表示底部第二个竹节的直径。当竹材顺纹方向受力时，维管束起承受载荷的作用，基本薄壁组织起连接和传递载荷的作用。维管束密度随着竹杆高度的增加而增加，因此无论是竹节处还是节间处，竹材的顺纹压缩强度和弹性模量都随着高度变化参数 h/D_B 的增加而增加。

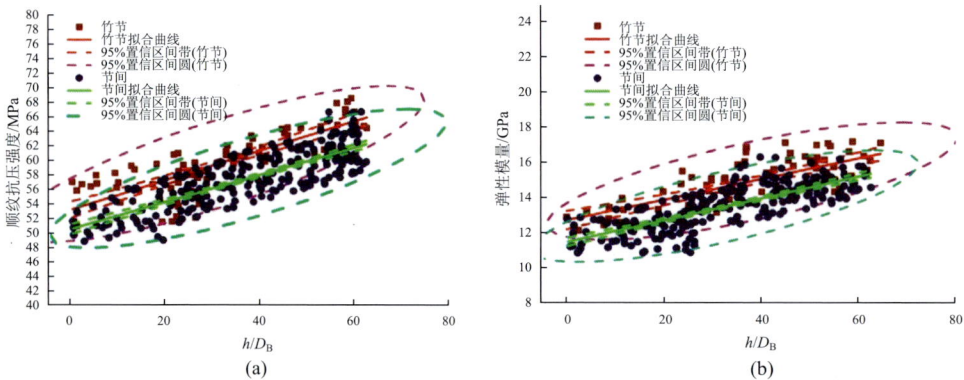

图 3.27　圆竹顺纹抗压强度（a）与弹性模量（b）随立地高度的变化

h. 高度；D_B. 底部第二个竹节的直径

2. 块状竹材

图 3.28（a）显示了从竹杆的底部到顶部获得的整壁厚度竹块的典型应力-应变曲线（Zhang et al., 2019）。三个不同高度（底部、中部、高部）竹块都是先出现弹性变化，然后是非线性和塑性变化，直至失效。在达到最大应力之前，所有样品都具有相似的应力-应变曲线。梢部（高部）样品应力在应变达到 8.4%左右开始下降，此时，中部和底部样品的应力仍在缓慢增加，直到应变达到 11.7%和 13.7%左右才分别开始下降。这是因为底部样品基本组织含量较高，柔软的基本组织有助于载荷的重新分布，避免应力集中，因此延迟了试件的失效。维管束密度在压缩测试中起着关键作用，随着维管束密度从底部（28.4%）到梢部（30.4%）的逐渐增加，竹块的密度也从 0.67g/cm^3 增加到 0.79g/cm^3。因此，如图 3.28（b）所示，竹块的弹性模量和抗压强度从下到上分别从 6.63GPa 到 7.82GPa 和 91.3MPa 到 107.1MPa，增加了约 17.9%和 17.3%。许多学者也发现了相似的结果，即同一竹杆从下到上，维管束横断面积逐渐缩小，维管束密度增大，导管孔径变细，压缩强度变大（李霞镇，2009；谢九龙等，2011；杨喜等，2012；张丹等，2012）。

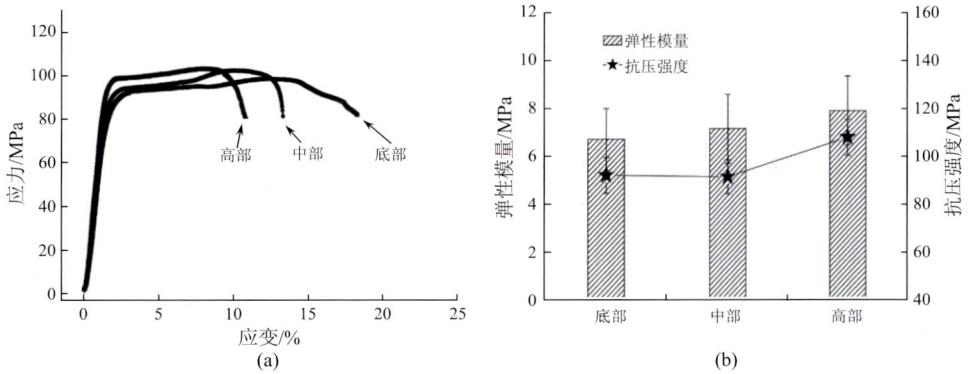

图 3.28 底部、中部、高部竹块的顺纹应力-应变曲线（a）及抗压强度与弹性模量值（b）

节间竹材的横纹抗压强度也由于维管束密度增大，随取样立地高度的增加而增加（图 3.29）。然而，与所有其他结果相反，竹节的横纹抗压强度随立地高度的增加而减少。这主要是因为试验前，对含有维管束的竹节突出部分进行了抛光，维管束有所磨损。而随着竹杆高度增加，维管束磨损比例增大，因此竹节的横纹抗压强度随着高度变化参数 h/D_B 的增加呈现出相反的趋势（Liu et al., 2021a）。

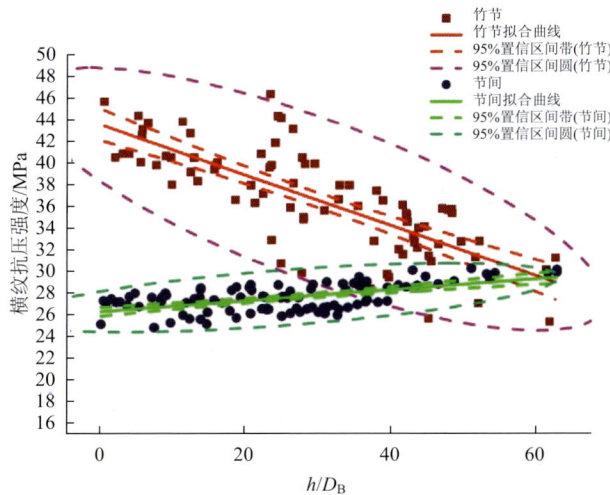

图 3.29 竹块横纹抗压强度随立地高度的变化

h. 立地高度；D_B. 底部第二个竹节的直径

3. 竹材细胞壁

此外，立地高度对竹材细胞壁压缩力学的影响如图 3.30 所示，纤维细胞壁的压痕模量从底部（18.58GPa）到中部（17.87GPa）再到高部（17.41GPa）略有下降，但没有显著差异（Yang et al., 2014）。

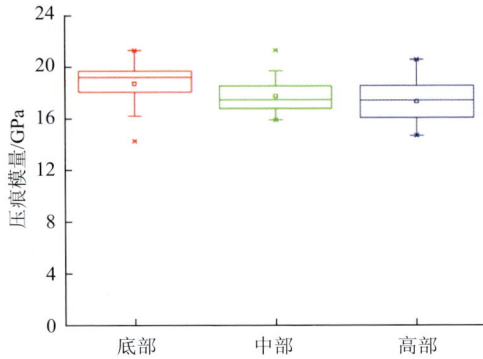

图 3.30　底部、中部、高部竹材纤维细胞壁压痕模量

（四）竹节/节间结构

1. 圆竹

竹节对圆竹顺纹压缩性能的影响结论并不统一，如表 3.8 所示，有的文献结论是竹节对圆竹顺纹抗压强度有增强效果（于金光等，2018；Gauss et al., 2019；Liu et al., 2021a），增强程度在 3%～6%。Gauss 等（2019）采用数字散斑分析了圆竹带节和不带节的压缩应变分布（图 3.31），对于节间材受压后，从试件端部到中部，压缩应力逐渐增大，并在中部附近形成较大的轴向应变集中区域；通常，试件会在该位置凸出并最终发生破裂（图 3.32）。相比之下，竹节在试件中部时可以有效地分散应变集中现象，该处的压缩应变为最大应变的一半左右[图 3.31（b）]，且含竹节材的最大应变约为 0.004，显著小于节间材的 0.006。因此，竹节可以起到"箍"的作用，有效地避免压缩过程中的应力集中，减少开裂（图 3.32），增大压缩强度。

表 3.8　竹节对圆竹压缩性能的影响

压缩性能	无节（节间材）	有节（竹节材）	增强效果	结论	参考文献
强度/MPa	57.5	59.5	3.48%		Gauss et al., 2019
模量/GPa	20.3	20.6	1.48%		
载荷/N	97.29	110.08	13.15%	无节<有节	于金光 等，2018
强度/MPa	45.1	47.9	6.21%		
强度/MPa	57	60	5.26%		Liu et al., 2021a
模量/GPa	13.4	14.4	7.46%		
强度/(N/mm²)	66	65	−1.52%		Beldean et al.，2016
强度/MPa	44.93	34.86	−22.41%	无节>有节	Rahim et al.，2020
最大载荷/N	102.92	79.89	−22.38%		

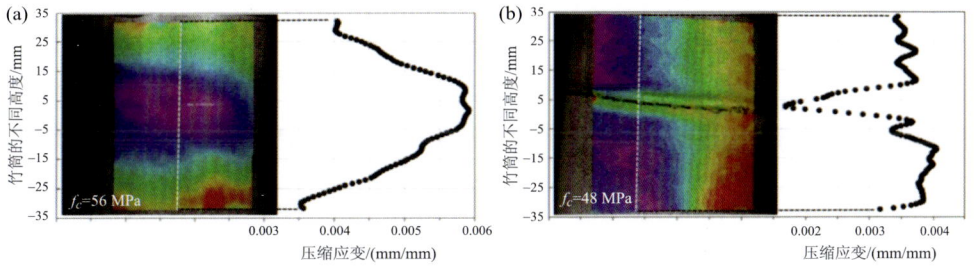

图 3.31 节间在 56MPa（a）与竹节在 48MPa（b）时的顺纹压缩应变分布

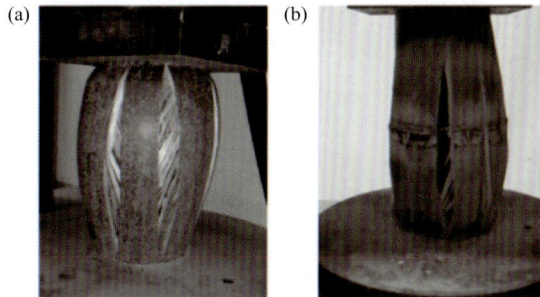

图 3.32 节间（a）与竹节（b）顺纹压缩时的破坏模式

但是也有学者得出了完全相反的结论，即竹节使圆竹顺纹抗压强度变差（表3.8）（Beldean et al., 2016；Rahim et al., 2020），最多降低了22%。竹材存在自然变异，且竹节结构复杂，变异性大，因此其对压缩性能的影响变化也较大，竹节具体的影响机制还有待进一步的研究来加以阐明。

2. 块状竹材

如表 3.9 所示，对于未刨平处理的块状竹材，节间材和节部材的极限载荷分别为 13.7N 和 14.7N；对于已刨平处理的块状竹材，节间材和节部材的顺纹抗压强度分别为 56.4MPa 和 59.8MPa。所以，无论是否刨平处理，节部材的顺纹抗压屈服极限均比节间材略高出 6%～7%，且差异显著。对于横纹压缩强度，节间和

表 3.9 毛竹含节与不含节试件的抗压强度比较

指标	处理	性能	节间材			节部材			指标比	差异显著性		
			平均值	标准差	变异系数	平均值	标准差	变异系数	无节：含节	F 值	Fcrit 值	评价
顺纹抗压强度	带皮	载荷/N	13.7	1.03	7.5%	14.7	1.04	7.1%	1:1.07	14.18	4.01	差异显著
	去皮刨平	强度/MPa	56.4	4.97	8.8%	59.8	5.65	9.5%	1:1.06	6.37	4.00	差异显著
径向抗压强度	去皮刨平	载荷/N	18.8	3.37	17.9%	24.9	6.27	25.2%	1:1.32	16.69	4.09	差异显著

节部材试件的极限载荷分别为 18.8N 和 24.9N，竹材节部较节间提高 32%（邵卓平等，2008）。

竹材节间与节部的顺纹压缩力学行为相似，但节部抗压屈服极限载荷明显大于节间。竹节处维管束有不同程度的弯曲，一部分壁外维管束向外微曲，壁内维管束向内微曲，按原来纵行方向直接穿过竹节；一部分弯曲较大，通过竹节从竹壁内部转向竹壁外部或从外部转到内部，并在竹节部的横切面的切片上可见横卧的纤维。当竹材在承受横向压缩载荷时，由于节部有横卧纤维的存在，这些纤维在受到与自身纵向平行的压力时，在竹材内部就起到了承受载荷的能力，类似于竹材在承受轴向压缩载荷时，其承载的主体是竹纤维，从而使竹材的轴向压缩屈服极限是横向压缩屈服极限的 3 倍。而节间不具有这种结构特征，因此节间的径向抗压强度比节部要相对低。

（五）竹壁弧形结构

从圆竹到竹块，竹材的结构逐渐从圆弧形变成立方体，在这个变化过程中，不同的样品尺度顺纹压缩强度不同。为了探究这一变化，石俊利等（2018）研究了不同宽度样品的压缩性能。样品高度（轴向）与宽度（弦向）之比设为 1.5∶1，其中，高度尺寸分别为 15mm、30mm、60mm、90mm、110mm，宽度分别对应为 10mm、20mm、40mm、60mm、80mm（半个竹环），不同尺寸样品横截面如图 3.33 所示。应力-应变曲线表明，尺寸小的样品具有更大的弹性变形区域，塑性变

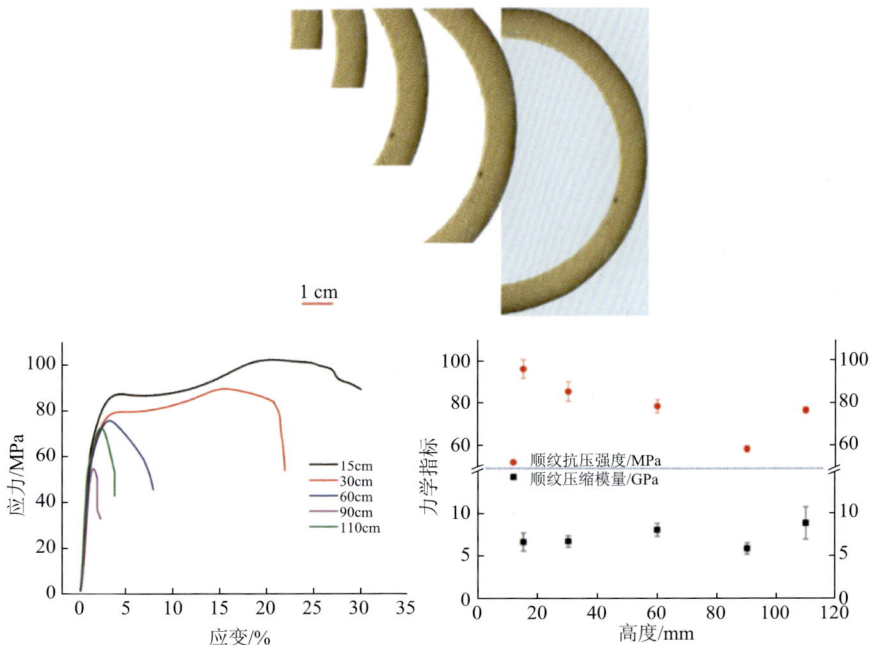

图 3.33 不同尺寸样品（竹块到半圆竹）的横截面、应力-应变曲线、压缩强度及模量

形的平台期也明显大于大尺寸样品，表明随着样品高度的增加，竹材的压缩破坏会提前发生。

此外，随着样品尺寸的增加，样品弧度变大，竹材顺纹压缩模量和顺纹抗压强度的变化表现出明显的差异性：压缩模量增加，抗压强度减小。这主要是由于两个力学指标的计算不同：模量的计算主要取自弹性变形区间，在此区间，竹材承受的力是均匀的，但是竹青部位维管束组织比量大，随着样品高度（宽度）的增加，竹青部分所占比例增加（外径周长>内径周长），样品内用于承载压力的维管束组织比量会相应增加，因此顺纹压缩模量计算值随之增加。相比之下，强度则是由极限破坏载荷决定，在弹性区域以后，弧度越大的样品会失稳而导致在达到最大载荷前就发生失稳破坏。图3.34中不同尺寸竹块的破坏模式也验证了这一猜想：小尺寸样品的破坏主要是剪切破坏，随着样品尺寸增大，逐渐出现了屈曲、开裂等因弧度因子产生的失稳破坏模式。

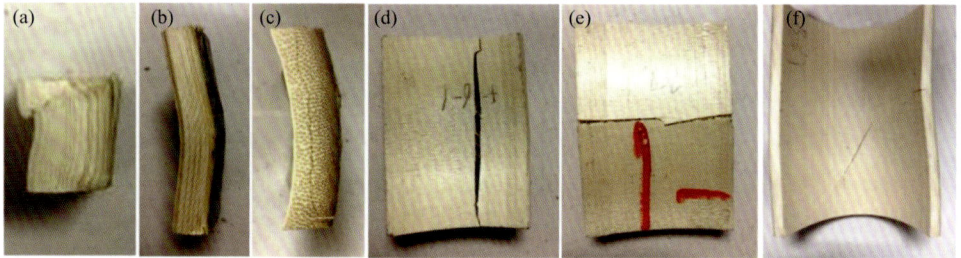

图 3.34 不同尺寸竹块的代表性破坏模式
（a）剪切破坏；（b）屈曲破坏；（c）端面开裂；（d）纵向开裂；（e）横向开裂；（f）弯曲开裂

（六）竹壁梯度结构

竹子是一种独特的单向纤维增强生物质复合材料，维管束作为增强相，薄壁细胞作为基质相，维管束从竹青到竹黄的非均匀分布使得竹子成为梯度结构材料，维管束组织比量变化对其压缩行为有显著的影响。

1. 顺纹抗压

如图3.35所示，从a到f维管束组织比量增加，在轴向载荷下，其试件对应的应力-应变曲线如图3.35（b）所示（Zhang et al., 2017）。具有不同维管束的竹样品在失效前都表现出三个不同的响应阶段，如图3.35（b）中用点区分：最初是线性弹性变形阶段（初始到图中黑点处），其中应力随应变线性增加；弹塑性阶段（图中黑点处到红点处），其中应力随应变非线性变化；塑性平台阶段（图中红点处到绿点处），其中应力随着应变的增加而变化很小。随着维管束含量降低，初始斜率下降，而塑性平台阶段长度增大。例如，竹青处纤维含量较多的样品f在6.3%应变下达到最大应力（132MPa），然后是明显的塑性平台，至14.8%应变处结束；相比之下，竹黄处纤维含量较少的样品a在6.4%应变下应力显著低于样品f，为

70MPa，但是塑性平台结束在 20.3%应变处，塑性平台更宽。因此，薄壁细胞在弹性阶段表现出相当低的最大应力（11.6MPa），随后塑性变形高达 45%应变，峰值应力为 23.1MPa。

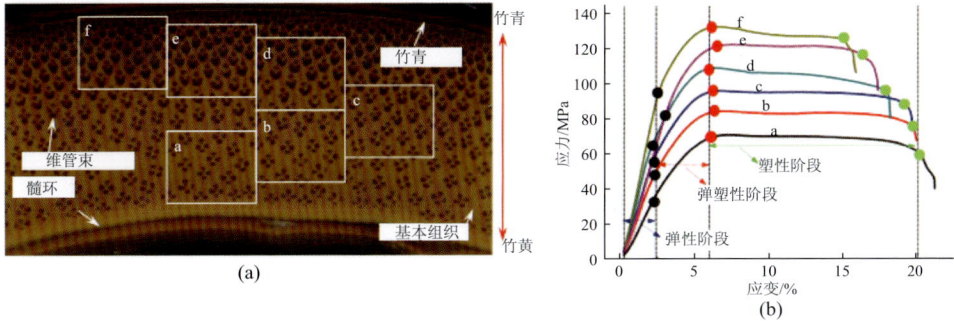

图 3.35　维管束分布及应力-应变曲线

（a）维管束在竹壁厚度方向上的分级分布，从 a 到 f 维管束组织比量增加；（b）试件 a 到 f 的典型应力-应变曲线

　　抗压强度和模量均随维管束组织比量增加而线性增加，而压缩时样品的塑性变形随维管束组织比量的增加而减小（图 3.36）。此外，靠近竹黄一侧的竹材压缩程度较大，靠近竹青一侧的压缩程度较小，这主要是由于靠近竹黄处维管束稀疏，承载能力弱，容易被压溃。因此，维管束主导竹材的抗压强度和模量，而泡沫状薄壁组织决定竹材的延展性能。扫描电镜观察表明薄壁组织的屈曲是失效的主要原因，欧拉理论分析表明仅考虑维管束体积比的理论屈曲强度远低于试验结果，而同时考虑维管束和薄壁组织两种效应时理论屈曲强度更接近试验结果。因此，在分析竹材顺纹抗压强度时，也要考虑薄壁组织对竹材屈曲的贡献，其泡沫状结构可以有效防止维管束的大规模屈曲（Dixon and Gibson, 2014；Zhang et al., 2017；刁倩倩等，2017）。

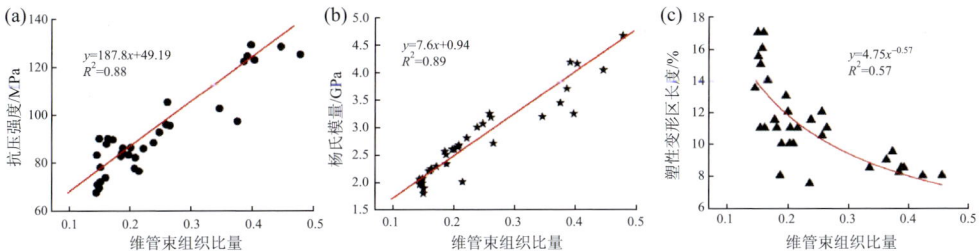

图 3.36　抗压强度（a）、杨氏模量（b）和塑性变形区长度（c）与维管束组织比量的关系

2. 横纹抗压

　　如图 3.37 三角形所示，随着密度增加（纤维组织比量的增大），竹材横纹抗压强度保持20MPa左右不变，因此与竹材梯度结构无关（Dixon and Gibson, 2014）。

图 3.37 正方形为竹材切向方向上的抗压强度随纤维组织比量的变化，与径向上的压缩强度相似，也与竹材的梯度结构无关。此外，在弦向方向上加载时，致密的最外侧（包括硬质外皮层）和最内侧（包括末端层）试件承受比在其他部位更高的应力，因此强度有所增大。

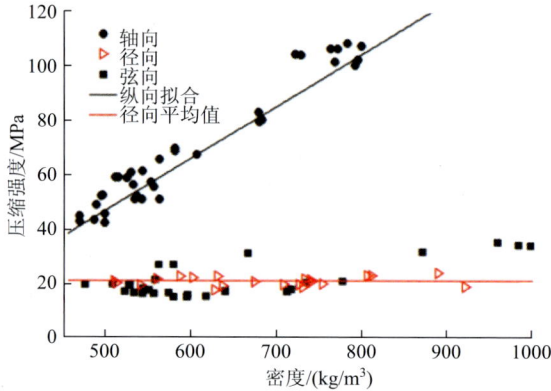

图 3.37 竹材轴向、弦向、径向的压缩强度与试件密度的关系

3. 压痕模量

竹壁梯度结构对竹材细胞壁压缩力学的影响如图 3.38 所示，从竹青到竹黄，纤维细胞壁的压痕模量依次为 17.9GPa、17.5GPa、17.1GPa，没有显著差异，这可能是因为微纤丝角在竹壁径向位子上没有显著变化（Yang et al., 2014）。

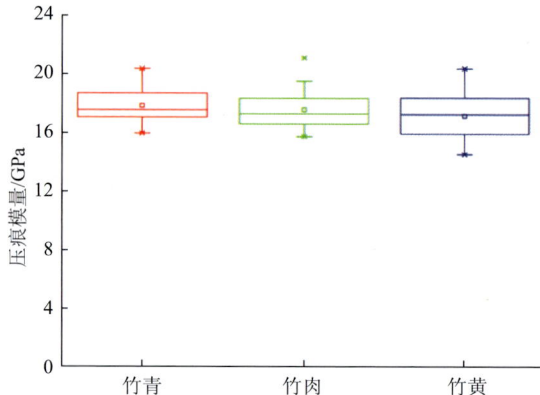

图 3.38 竹青、竹肉、竹黄纤维细胞壁压痕模量

（七）细胞壁层结构

细胞壁层结构的压缩性能主要研究了不同位置的纳米压痕模量，结果如表 3.10 所示。纤维细胞壁的厚层与薄层的压痕模量分别为 21GPa 与 22GPa，没有显著差异，这主要是因为在测试细胞壁薄层时，压头的压痕面积大于薄层面积，所

以薄层的压痕大部分面积落在了厚层区域（图 3.39）。纹孔处的压痕模量也为
21GPa，这也是纹孔面积较小，压痕面积落在厚层区域造成（图 3.39）。与细胞壁
层相比，胞间层及细胞腔边缘的压痕模量显著减小，分别为 14GPa 及 16GPa，在
这两处，化学组成与超微结构变化较大，因此压痕模量降低（Chen et al., 2020b）。

表 3.10　不同细胞壁层位置纳米压痕模量

位置	压痕模量/GPa
细胞壁厚层	21
细胞壁薄层	22
纹孔	21
胞间层	14
细胞腔边缘	16

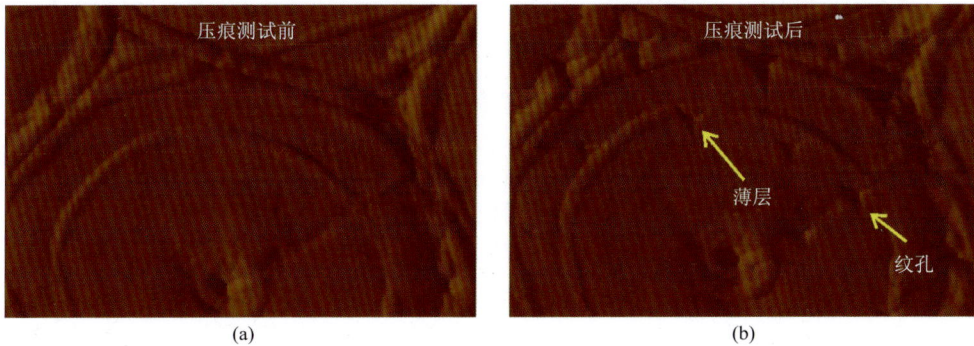

图 3.39　细胞壁薄层与纹孔处的压痕测试前（a）、后（b）形貌图

三、理化影响因素

（一）物理因素

1. 湿度变化

竹材的抗压强度与含水率的关系如图 3.40 所示（王汉坤，2010；Wang et al.,
2014），纤维饱和点以下时，毛竹的顺纹抗压强度随含水率增加呈线性减少[图 3.40
（a）]；而随着含水率继续增加，达到纤维饱和点以上时，抗压强度保持不变[图
3.40（b）]。微观观察表明（图 3.41），饱水状态下的纤维出现完整的分离，而气
干状态下纤维则是撕裂成表面细碎的丝状。

除了竹材的宏观压缩力学性质，含水率对竹细胞壁的压痕模量也有显著的影
响（Wang et al., 2013）。图 3.42（a）为不同含水率的竹纤维细胞壁纳米压痕典型
载荷-压痕深度曲线，虽然所有压痕的峰值载荷都为 250μN，但是最大深度与含
水率呈正相关，尤其是在饱水（23.04%）处。含水率对纤维细胞壁压痕模量的影

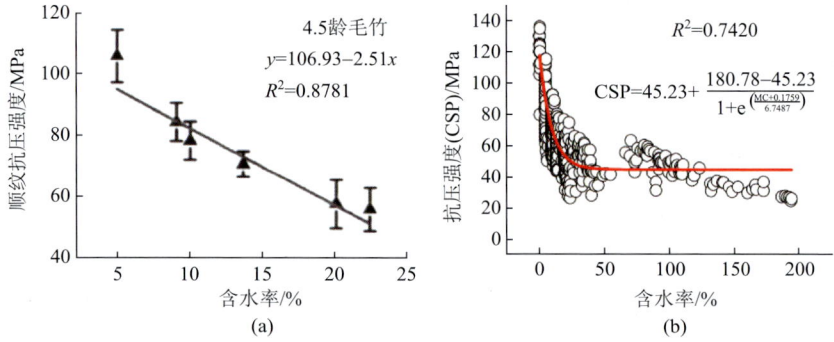

图 3.40　毛竹抗压强度随含水率（MC）的变化

（a）含水率 0～25%；（b）含水率 0～200%

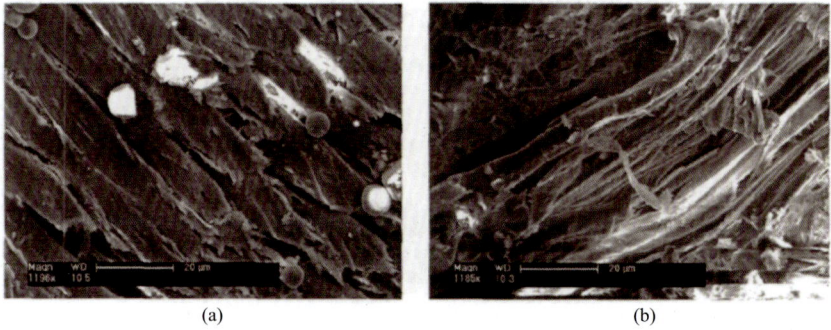

图 3.41　毛竹压缩破坏的电镜图

（a）饱水；（b）绝干

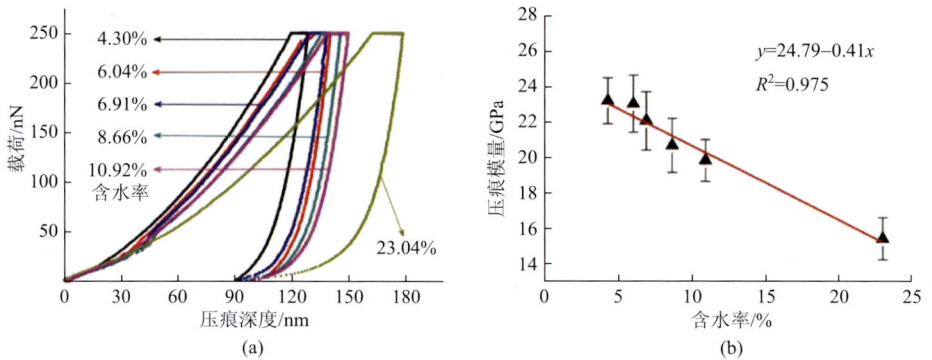

图 3.42　竹材纤维细胞纳米压痕模量随含水率的变化

（a）不同含水率细胞的载荷-压痕深度曲线；（b）压痕模量随含水率的变化

响如图 3.42（b）所示，随着含水率从 4.3%增加到 23.04%，压痕模量几乎线性下降了 34%，从 23.17GPa 到 15.43GPa。线性拟合结果显示毛竹纤维的压痕模量与含水率之间呈强线性相关性（R^2=0.975）。如前所述，在宏观尺度上，竹材的压缩强度与含水率呈很好的线性拟合关系（在纤维饱和点以下时），这意味着含水率对竹材宏观力学性能的影响很大程度上取决于含水率对细胞壁的影响。

2. 温度变化（热处理）

林勇等（2012）分别采用 160℃、180℃、200℃的温度对竹材进行 4h 热处理，结果如图 3.43 所示。与未处理材相比，200℃的顺纹抗压强度下降了 1.3%，下降程度不明显。刘炀等（2016）也得出了相似的结论，与未处理材相比，135℃热处理后的竹材的顺纹抗压强度下降了 7.8%。而夏雨等（2018）将竹材经过热处理

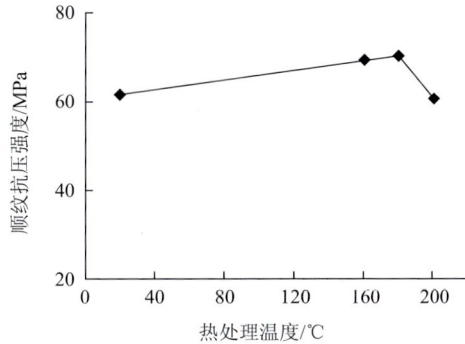

图 3.43　热处理温度对竹材顺纹抗压强度的影响

后，其顺纹抗压强度呈上升趋势，未处理竹片材顺纹抗压强度为 51.6MPa，热处理后最小值为 69.3MPa，最大值为 72.4MPa，增幅为 32.17%～39.72%。

3. 射线处理

图 3.44 中的 4 条曲线分别是辐照剂量为 20kGy、50kGy、300kGy、1000kGy 的竹材顺纹抗压应力-应变曲线（孙丰波，2010）。从中可以看出，不同辐照剂量下的应力-应变曲线高低有别，形状也有差异。当辐照剂量为 20kGy、50kGy 时，竹材的应力-应变关系相对于普通竹材未发生显著变化，仍然具有弹性变形和塑性变形两个过程，比例极限、最大荷载应力、弹性变形应变及最大应变等均未发生明显变化；当辐照剂量为 300kGy 时，竹材顺纹压缩破坏过程虽然仍保持弹性变形、塑性变形两个阶段，但其应力-应变曲线发生显著变化。辐照剂量为 300kGy 的竹材，比例极限为 67MPa，最大荷载应力约为 73MPa，弹性应变约为 2.14%，

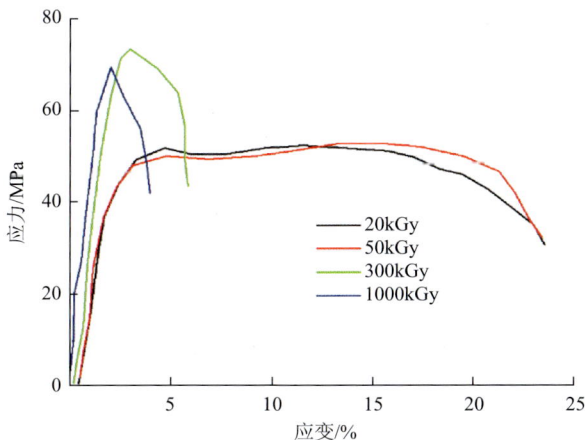

图 3.44　不同辐照剂量竹材的顺纹抗压应力-应变曲线

最大应变约为 5.78%。与普通竹材相比，比例极限、最大荷载应力变大，弹性应变、最大应变变小。辐照剂量为 1000kGy 的竹材，顺纹抗压应力-应变关系与 300kGy 试件相似，塑性应变随着辐照剂量的增加越来越小。说明在管状细胞发生轴向压缩变形以后，竹材细胞壁直接被皱折或向腔内塌陷，直至压溃。可见，当辐照剂量达到一定程度时，γ 射线辐照可使竹材弹性变小，脆性增强，从而严重影响其顺纹抗压性能。

（二）化学因素

1. 糠醇处理

如图 3.45 所示，马来酸酐和复配有机酸糠醇改性竹材的顺纹抗压强度分别增加了 28.7% 和 7.7%，因此糠醇树脂改性对竹材的顺纹抗压强度有一定改善效果，但对顺纹抗压弹性模量影响很小，强度改善的原因可能是糠醇树脂进入竹材细胞腔和细胞壁中，增加了材料的承载能力（李万菊，2016）。

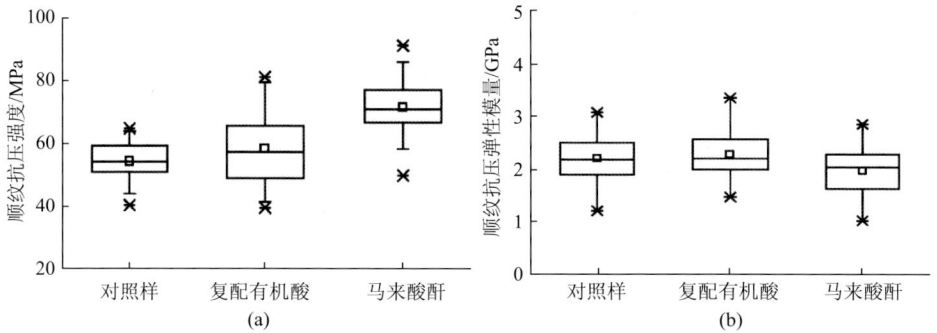

图 3.45　糠醇处理对竹材抗压强度（a）和弹性模量（b）的影响

2. 油处理

Bui 等（2017）分别采用亚麻籽油和葵花籽油热处理竹材，结果表明处理后试件的抗压强度大多高于未处理的试件（表 3.11 与图 3.46）；但冷却时长对抗压强度没有规律性影响；处理温度较高时，由于大分子的分解，抗压强度降低。总体而言，第 8 种处理方式最优，使竹材的抗压强度提高了 10%。

表 3.11　亚麻油和向日葵油处理条件

分组	编号	处理方法	处理时长/h	冷却介质	冷却时长/h
	1a		1		
1	1b		2		24
	1c	亚麻籽油，100℃	3	亚麻籽油，20℃	
	2a		1		
2	2b		2		1
	2c		3		

续表

分组	编号	处理方法	处理时长/h	冷却介质	冷却时长/h
	3a		1		
3	3b	亚麻籽油，100℃	2		12
	3c		3		
4	4		2		72
	5a		1	亚麻籽油，20℃	
5	5b	180℃，烘箱	2		
	5c		3		
	6a		1		
6	6b	100℃，烘箱	2		
	6c		3		
	7a		1		
7	7b	葵花籽油，100℃	2		24
	7c		3		
8	8a	180℃，烘箱	1		
	8b		2		
	9a		1	葵花籽油，20℃	
9	9b	100℃，烘箱	2		
	9c		3		
	10a		1		
10	10b	葵花籽油，180℃	2		
	10c		3		

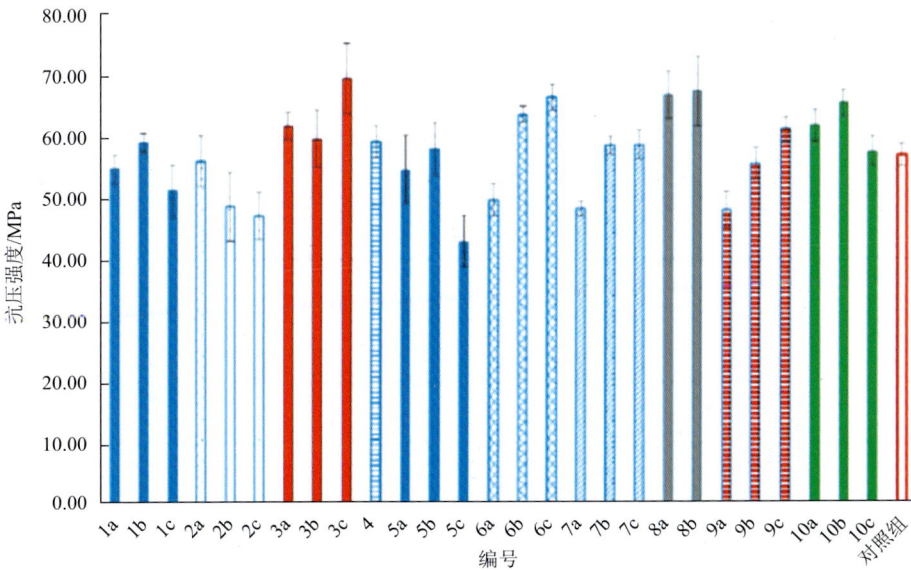

图 3.46 亚麻籽油和葵花籽油处理对竹材抗压强度的影响

第四章 竹材弯曲性能

抗弯强度是指材料在弯曲负荷作用下破裂或达到规定弯矩时能承受的最大应力，此应力为弯曲时的最大正应力，以 MPa（兆帕）为单位。它反映了材料抗弯曲的能力，用来衡量材料的弯曲性能。竹材具有优异的弯曲性能，目前已被广泛用于竹质工程材料，包括竹建筑、圆竹/竹片式家具、竹编工艺品等（图 4.1）。

竹建筑　　　　　　　　　　　竹片式家具

圆竹家具　　　　　　　　　　竹编制品

图 4.1　竹材弯曲性能主要应用

第一节　弯曲性能基本原理

一、基本概念

竹材的抗弯强度亦称静曲强度，或弯曲强度。它是指竹材承受逐渐施加弯曲荷载的最大能力，与竹种、竹龄、部位、含水率和加载方式有关。

竹材的抗弯弹性模量代表竹材的刚度或弹性，是指竹材受力弯曲时，在比例极限内应力与应变之比，也即表示竹材抵抗弯曲或变形的能力。当竹材在承受荷

载时，其变形与弹性模量成反比，弹性模量大，变形小，其刚度也大。

竹材的弯曲与金属弯曲一样，都存在线性弹性阶段、塑性变形阶段、失效卸载阶段。弯曲性能测试主要用来评价材料的抗弯强度和塑性变形情况，竹材的抗弯强度和抗弯弹性模量是竹材重要的力学指标。抗弯强度可用以推测竹材的容许应力，抗弯弹性模量可用以计算构件在荷载下的变形。

二、研究方法

弯曲试验主要用于测定脆性和低塑性材料的抗弯强度并能反映塑性指标的挠度。常规的弯曲试验主要有两种加载方式：三点弯曲和四点弯曲（图4.2），其中三点弯曲是最常用的试验方法。弯曲试验试件的横截面形状可以为圆形、方形、矩形和多边形，应参照相关产品标准或技术协议规定执行。

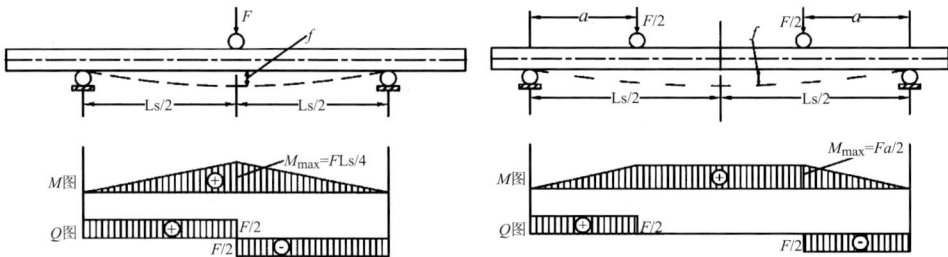

图 4.2 常规弯曲试验方法

M，弯矩（M_{max} 最大弯矩）；F，荷载；Ls，下支撑辊之间的距离（即跨距）；a，四点弯曲上压头加载位置（四分之一跨距）；f，弯曲挠度；M 图为弯矩图，Q 图为剪力图

试件弯曲至断裂前达到最大强度，按照弹性弯曲应力公式计算得到最大弯曲应力，即材料的抗弯强度，用 σ 表示：

$$\sigma = \frac{M}{W} \tag{4.1}$$

式中，M 为最大弯矩（三点弯曲：$M=FLs/4$；四点弯曲：$M=Fa/2$）；W 为抗弯截面系数（对于直径为 d 的圆形试件：$W=\pi d^3/32$；对于宽为 b，高为 h 的矩形试件：$W=bh^3/6$）。

第二节 圆竹的弯曲性能

一、圆竹弯曲性能测试方法

圆竹的弯曲性能测试参考《圆竹物理力学性能试验方法》（LY/T 2564—2015）进行。

（一）试件制作

试件截取按图4.3规定，自左向右依次截取。竹段1长度约为300mm，用于

制取含水率、密度、顺纹抗拉强度和顺纹抗拉弹性模量测试试件，竹段 2、3、4 和 5 的长度等于名义直径，依次用于制取顺纹抗压强度、顺纹抗剪强度、径向环刚度、干缩率等性能测试试件，竹段 6 长度约为名义直径 30 倍，用于制取抗弯强度和抗弯弹性模量测试试件。

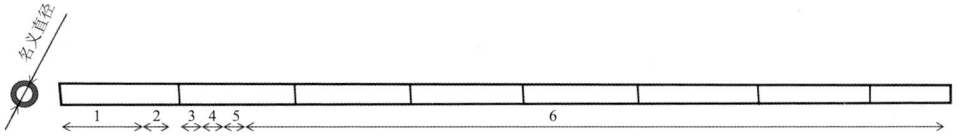

图 4.3　试件截取示意图

试件两端面应平整并相互平行，端面应与顺纹方向垂直，端面与顺纹方向的垂直度用钢直角尺检查，试件应清楚地写上编号。加工后的试件应置于温度 (20 ± 2)℃、相对湿度(65 ± 5)%的恒温恒湿环境条件下调湿平衡。

（二）试验步骤

试件置于试验机上，在两侧支撑点及中心位置安装位移计，标记加载点 A、B，见图 4.4，并测量 A、B 点试件直径，精确至 0.01mm。施加预载荷不大于 100N，调整放好试件。尽量保证竹节在支撑点和加载点处，支撑点和加载点配有木质鞍座，见图 4.5，木质鞍座 C、D 两夹头距离 S 一般为 250mm，也可根据竹节大小适当调节，鞍座半径 R 为 100mm。均速加载，在 1~2min 内使试件破坏，同时记录相应载荷作用下的中心点挠度。直至试件破坏，记录试件破坏的最大载荷，精确至 10N。测量 A、B 两加载点壁厚，精确至 0.01mm。

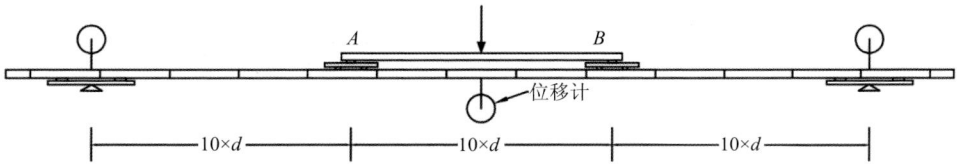

图 4.4　抗弯试验装置示意图

d. 直径

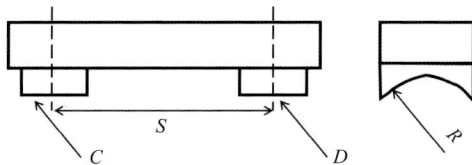

图 4.5　木质鞍座示意图

R. 半径

（三）结果计算

试件抗弯强度，按式（4.2）计算，精确值 0.1MPa：

$$\sigma = \frac{F_{\max} \times L \times d_{\min}}{12 \times I} \tag{4.2}$$

式中，σ 为试件抗弯强度，单位为兆帕（MPa）；$F_{\max}$ 为试件破坏最大载荷，单位为牛（N）；L 为跨距，单位为毫米（mm）；$d_{\min}$ 为两加载点处试件直径最小的值，单位为毫米（mm）；I 为截面惯性矩，单位为四次方毫米（mm^4），测得两加载点处的直径 d_A、d_B 和壁厚 t_A、t_B 的平均值，分别计算 A、B 两点的截面惯性矩：$I = \pi / 64 \times \left[d^4 - (d - 2t)^4 \right]$，然后求 I_A、I_B 的平均值。

试件抗弯弹性模量，按式（4.3）计算，精确至 0.1MPa：

$$E = \frac{23 \times \Delta F \times L^3}{1296 \times \Delta \delta \times I} \tag{4.3}$$

式中，E 为试件抗弯弹性模量，单位为兆帕（MPa）；ΔF 为上、下限载荷之差，以最大载荷的 20% 为下限载荷，40% 为上限载荷，单位为牛（N）；$\Delta \delta$ 为上、下限载荷中心点挠度变化，单位为毫米（mm）。

二、圆竹材弯曲性能

（一）应力-应变曲线

圆竹典型的弯曲应力-应变曲线如图 4.6 所示（Ribeiro et al.，2017）。无论是基部还是梢部，试件到达最大受力点后，立即发生破坏。

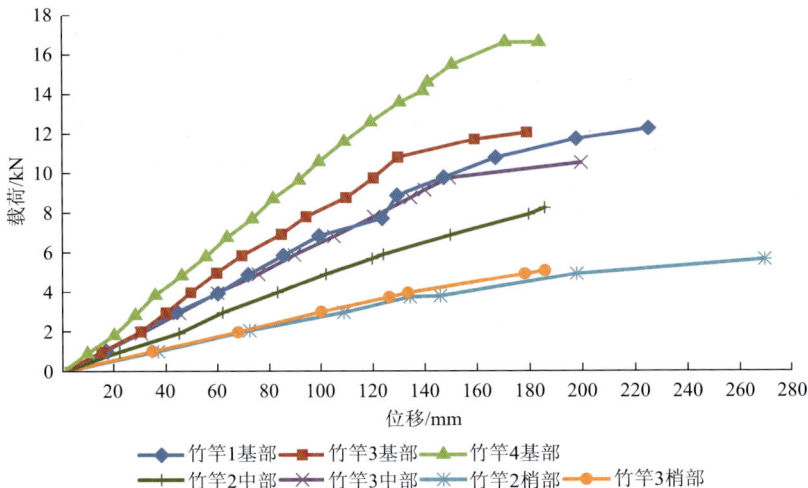

图 4.6　圆竹典型的弯曲力学曲线（基部-中部-梢部）

（二）破坏模式

圆竹横向弯曲测试及典型破坏示意图如图 4.7 所示。当作用于非竹节处时，圆竹横向弯曲破坏大多发生在加载处，且往往产生压溃破坏的现象，影响圆竹横向抗弯的测试结果（张文福，2012）。

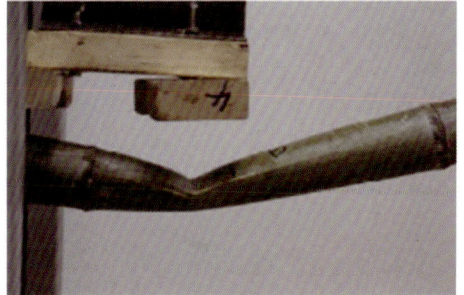

(a) 正常破坏示意图   (b) 非正常破坏示意图

图 4.7 圆竹横向弯曲典型破坏示意图

圆竹在利用过程中，会进行打孔以固定竹材，打孔的圆竹在承受横向弯曲作用力时，圆孔易引起圆竹发生错位剪切破坏，其主要破坏形式如图 4.8 所示（张文福，2012）。

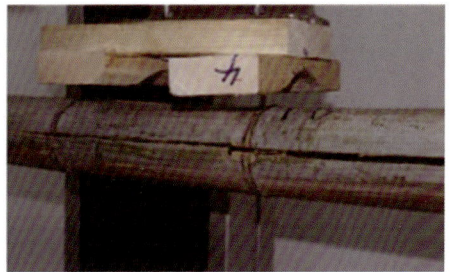

(a) 破坏形式 I   (b) 破坏形式 II

图 4.8 含孔圆竹横向抗弯试件破坏示意图

第三节 竹条的弯曲性能

一、测试方法

针对竹条抗弯强度的测试标准主要有两种，分别是《竹材物理力学性质试验方法》（GB/T 15780—1995）和《建筑用竹材物理力学性能试验方法》（JG/T 199—2007）。JG/T 199—2007 的编制弥补了 GB/T 15780—1995 和同类竹材标准的不足，反映了我国建筑业对规范化使用竹材而开展的行动，具有一定的先进性、科

学性和可操作性（刘波等，2008）。对于竹材抗弯强度的测试，前者采取 3 点加载方法，若试件破坏处稍偏离跨度中点，则试验结果失真；后者采用国际上通用的 4 点加载法，可保证跨度中部有段纯弯区，以获得准确的弯曲破坏。对于抗弯弹性模量的测试，前者要求一个百分表直接安装在试验机底座上，既无纯弯区，又未消除两端支座处的承压变形，由测定数据计算求得的结果会低于实际值；后者将 3 点加载方式改为 4 点，同时增加 2 个百分表，分别测量两侧加载点和跨度中点的挠度。

（一）三点弯测试方法

1. 抗弯强度试验

（1）原理。

采用简支梁的支撑方式，在试件长度的中央，以均匀的速度施加集中荷载至破坏，求出竹材的抗弯强度。

（2）试件制备。

选取样竹，伐倒后，从离地约 1.5m 的整竹节处，向上截取约 2.0m 长一段，在整竹节处截断作为试材。从每株约 2m 长的竹段中，选择无明显缺陷及竹青无损伤，节间长度在 200mm 以上的两节竹筒。靠下面的一节竹筒，按照图 4.9 在东、南、西、北方向分别劈制宽度为 15mm 及 30mm 的竹条各一根。宽度为 15mm 的竹条供制作抗弯强度和抗弯弹性模量试件。试件尺寸为 160mm ×10mm ×tmm（竹壁厚）。

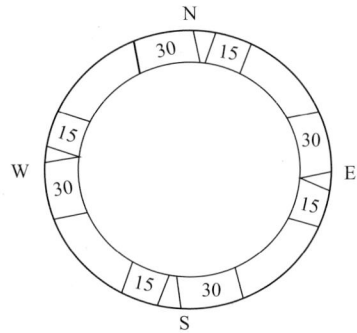

图 4.9 抗弯试条劈制方法

（3）试验步骤。

抗弯强度只做弦向试验。在试件长度中点处，用百分表测量竹壁厚尺寸为宽度，弦向靠竹青、竹黄处的尺寸，取均值为高度，准确至 0.1mm。采用中央单点加荷，将试件放在试验装置的两个支座上，跨距为 120mm。沿试件弦向以均匀速度加荷，在(1±0.5)min 内使试件破坏，破坏荷载准确至 10N。试验后，立即在试件靠近破坏处，截取一个 30mm 长的竹块进行称量，准确至 0.001g。

（4）结果计算。

试件含水率为 w%时的抗弯强度，按式（4.4）计算，准确至 0.1MPa。

$$\sigma_{bw} = \frac{3P_{\max}L}{2bh^2} \tag{4.4}$$

式中，σ_{bw} 为试件含水率为 w%时的抗弯强度（MPa）；$P_{\max}$ 为破坏荷载（N）；L 为两支座间跨距，为 120mm；b 为试件宽度（竹壁厚）（mm）；h 为试件高度（mm）。

试件含水率为 12%时的抗弯强度，按式（4.5）计算，准确至 0.1MPa。

$$\Sigma_{b12} = \sigma_{bw}[1 + 0.025(W - 12)] \qquad (4.5)$$

式中，σ_{b12} 为试件含水率为 12% 时的抗弯强度（MPa）。

试件含水率在 9%～15% 按式（4.5）计算有效。

2. 抗弯弹性模量的测定

（1）原理。

试件受力弯曲时，在竹材弹性工作范围内，按荷载与变形的关系确定抗弯弹性模量。

（2）试件制备。

可与抗弯强度用同一试件进行试验，先测定弹性模量，后进行抗弯强度试验。

（3）试验步骤。

采用弦向加荷，中央单点加荷，用百分表测量试件的变形，试验装置如图 4.10 所示。测量试件变形的上、下荷载，为 100～200N。试验时以均匀速度先加荷至下限荷载，立即读百分表指示值，读至 0.005mm，然后经约 10s 加荷至上限荷载，再记录百分表指示值，随即卸荷。如此反复 6 次。每次卸荷，应稍低于下限，然后加荷至下限荷载。抗弯弹性模量测定后，如不进行抗弯强度试验，应立即截取含水率试件，测定试件含水率。

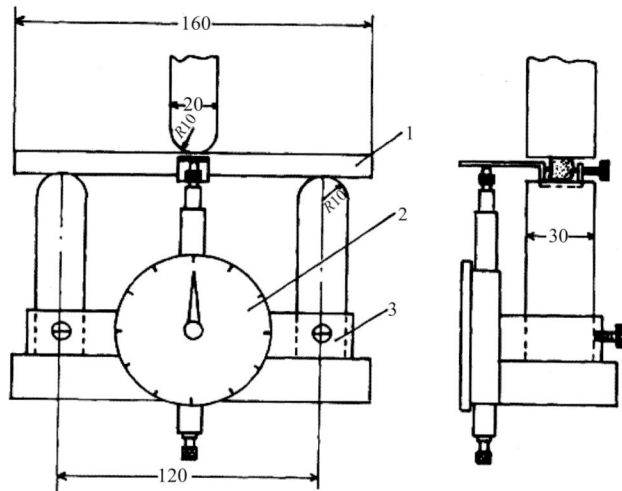

图 4.10 抗弯弹性模量试验装置

1. 试件；2. 百分表；3. 百分表架。R，半径；图中数据的单位是 mm

（4）结果计算。

根据后 3 次测得的试件变形值，分别计算出上、下限的变形平均值。上、下限荷载的变形平均值之差，即为上、下限荷载间的试件变形值。

试件含水率为 w% 时的抗弯弹性模量，按式（4.6）计算，准确至 10MPa。

$$E_w = \frac{PL^3}{4bh^3f} \qquad (4.6)$$

式中，E_w 为试件含水率为 $w\%$ 时的抗弯弹性模量（MPa）；P 为上、下限荷载之差（N）；f 为上、下限荷载间的试件变形值（mm）；L 为两支座间跨距；b 为试件宽度（竹壁厚）（mm）；h 为试件高度（mm）。

抗弯弹性模量值不换算为含水率12%时的数值，但要说明该竹种试件试验时含水率的变化范围。

（二）四点弯测试方法

1. 抗弯强度试验方法

（1）原理。

根据两个对称加荷点之间的弯曲破坏荷载，确定竹材抗弯强度。

（2）试件的制备。

截取试件毛坯时，应根据竹材密度沿竹株高度由根部到梢部和沿环形截面由北向南逐渐增大的生长特征，使各项性能试件的平均密度达到一致。采集的试材到达试件场所后，首先去除试材端部，余下两端带竹节并延伸 20mm 的 8 段竹筒，沿竹株由根部到梢部按 I 到 VIII 的顺序编号，如图 4.11 所示，截取的 II 和 VII 两段竹筒用于弦向抗弯强度（f_m）和弦向抗弯弹性模量（E_m）及含水率（w）测试，图 4.12 为制作这些毛坯的试条宽度尺寸及沿长度分布的尺寸，试件尺寸为 220mm×15mm×$t$mm。

单位为mm

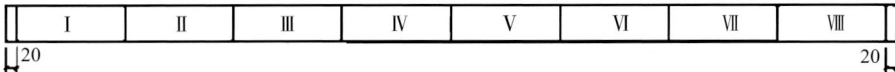

图 4.11　试验用竹杆的竹筒编号

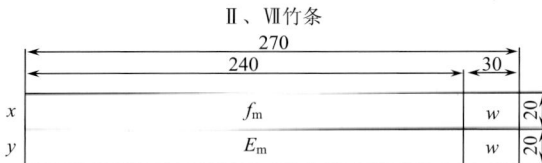

图 4.12　试件尺寸

w，含水率试件尺寸；x 和 y 代表不同的横截面取样位置；图中数据单位是 mm

（3）仪器设备。

应按本项试验的要求，制作具有足够刚度的专用荷载分配梁，加荷压头的中心距离为 80mm，弧形压头的曲率半径为 30mm。分配梁应安装在试验机的压头上，并设球座。在加荷点和支座处应放置长度×宽度×厚度为 20mm ×10mm ×3mm

的钢垫板。卡尺测量尺寸应精确至 0.1mm。

（4）试验步骤。

测定弦向抗弯强度，在试件长度中央测量，竹壁厚度为宽度，弦向为高度，精确至 0.1mm。采用两点对称加荷，两个加荷点距支座中心线各为 50mm，加荷点间距为 80mm±1mm。将试件放在试验装置的两个支座上如图 4.13 所示，按每分钟 150N/mm² 的均匀速度加荷，直至试件破坏，破坏荷载应精确至 10N。试件破坏超出两个加荷点之外，应予舍弃。试验后，立即在试件靠近破坏处，截取约 20mm 长的一段竹材，测定含水率。

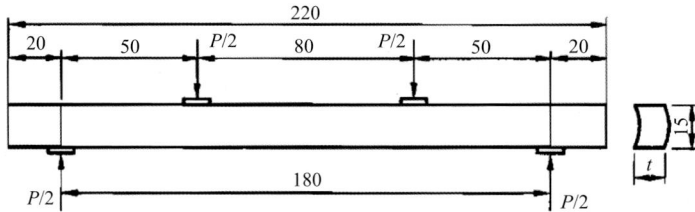

图 4.13　抗弯强度试验装置（单位：mm）

P，载荷；t，壁厚；下同

（5）结果计算。

试件含水率为 w% 时的抗弯强度，按式（4.7）计算，准确至 0.1N/mm²。

$$f_{m,w} = \frac{150P_{max}}{th^2} \qquad (4.7)$$

式中，$f_{m,w}$ 为试件含水率为 w% 时的顺纹抗弯强度（N/mm²）；P_{max} 为破坏荷载，N；t 为试件厚度（mm）；h 为试件高度（mm）。

试件含水率为 12% 时的抗弯强度，按式（4.8）计算，准确至 0.1MPa。

$$f_{m,12} = K_{f_{m,12}} f_{m,w} \qquad (4.8)$$

$$K_{f_{m,12}} = \frac{1}{0.971 + 0.317e^{-0.2w}} \qquad (4.9)$$

式中，$f_{m,12}$ 为试件含水率为 12% 时的抗弯强度（MPa）；$K_{f_{m,12}}$ 为竹材顺纹抗弯强度含水率修正系数；w 为试件含水率（%）。

试件含水率在 9%～15% 时按式（4.8）和式（4.9）计算有效。

2. 抗弯弹性模量试验方法

（1）原理。

竹材弦向受力弯曲时，在比例极限应力内，按荷载与变形的关系，确定其抗弯弹性模量。

（2）试件的制备。

参照抗弯强度的试件制备方法。

（3）仪器设备。

应按本项试验的要求，制作具有足够刚度的专用荷载分配梁，加荷压头的中心距离为 80mm，弧形压头的曲率半径为 30mm。分配梁应安装在试验机的压头上，并设球座。在加荷点和支座处放置长度×宽度×厚度为 20mm×10mm×3mm 的钢垫板。卡尺测量尺寸应精确至 0.1mm。

（4）试验步骤。

测定弦向抗弯弹性模量，在试件长度中央，测量竹壁厚度为宽度，弦向为高度，精确至 0.1mm，采用两点对称加荷，两个加荷点距支座中心线各为 50mm，加荷点间距为 80mm±1mm。将试件放在试验装置的梁支座上。3 个百分表安装在试验机基座上，分别测量两个加荷点 a、b 和跨度中央 c 点的挠度，试验装置如图 4.14 所示。

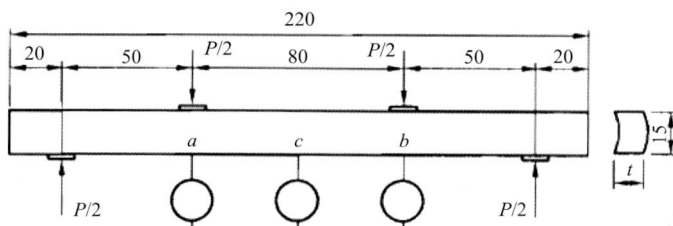

图 4.14　抗弯弹性模量试验装置（单位：mm）

测量试件挠度的下、上限应力取 10～30N/mm^2。加载速度取每分钟 20N/mm^2，试验机以均匀速度加荷至下限荷载，立即记录各百分表示值，精确至 0.01mm，然后加荷至上限荷载，再记录挠度各百分表读数，随即卸荷。每次卸荷时，应皆降至 0.8 倍下限荷载值左右，然后再升至下限荷载值。如此反复 6 次，取后 3 次的结果。

抗弯弹性模量测定后，应立即在试件中部截取长约 20mm 一段，测量试件的含水率。

（5）结果计算。

根据后 3 次测得的各表读数，分别求得各下、上限荷载间的挠度增量。取最后 3 次的挠度增量平均值，即为下、上限荷载间的试件挠度值。

试件含水率为 w 时的抗弯弹性模量，按式（4.10）计算求得，精确至 10N/mm^2。

$$E_{m,w} = \frac{1\,920\,000\Delta P}{8\delta_m th^3} \qquad (4.10)$$

式中，$E_{m,w}$ 为含水率为 w 时的顺纹抗弯弹性模量（N/mm^2）；ΔP 为破坏荷载（N）；t 为试件厚度（mm）；h 为试件高度（mm）；δ_m 为 ΔP 荷载作用下试件纯弯段挠度值（mm）。

试件含水率为 12%时的抗弯弹性模量，按式（4.11）计算求得，精确至 10N/mm^2。

$$E_{m,12} = K_{E_{m,w}} E_{m,w} \qquad\qquad (4.11)$$

式中，$E_{m,12}$ 为含水率为 12%时的顺纹抗弯弹性模量（N/mm^2）；$K_{E_{m,w}}$ 为竹材抗弯弹性模量含水率修正系数；w 为试件含水率（%）。

$$K_{E_{m,w}} = \frac{1}{0.91 + 0.3e^{-0.1w}} \qquad\qquad (4.12)$$

试件含水率在 5%～30%，按式（4.12）计算有效。

在试验过程中，应随时记录 a、b 和 c 点测得的挠度值，每个试件共测 6 次，取后 3 次进行计算。

二、竹条弯曲性能

（一）应力-应变曲线

竹材是多层级结构材料，弯曲过程中的应力-应变曲线如图 4.15 所示。弯曲力学曲线有三个主要特征：第 I 阶段的曲线为直线段，为弹性形变区，应力-应变呈正相关关系，直线斜率相当于材料的弹性模量。第 II 阶段，应力-应变曲线偏离直线，竹材开始发生塑性变形，裂纹开始萌生，载荷随位移增加逐渐增大，但斜率有所下降。第 III 阶段，载荷达到峰值后呈阶梯状下降趋势，直至破坏。

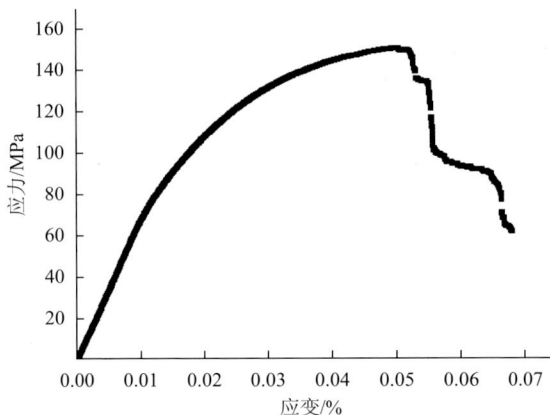

图 4.15　竹条典型的弯曲力学曲线

（二）破坏模式

在整个弯曲破坏的过程中，竹条的破坏模式根据其加载方向的不同有两种破坏方式，如图 4.16 所示（Song et al., 2017a）。图 4.16（a）为近竹黄部分受压、近竹青部分受拉。从图中可以看出外层的纤维鞘承受拉伸后发生断裂，并且由于纤维鞘与薄壁组织之间的界面较弱而层间分离，裂纹沿顺纹向两个方向扩展；图 4.16（b）为近竹黄部分受拉，近竹青部分受压，从图中发现裂纹呈阶梯式扩展，无显著纤维拉断拔出现象，纤维承受拉伸载荷的优势没有得到充分利用；学者们开展了竹子弯曲力学特性研究，认为竹子弯曲断裂过程为，首先，竹纤维伸长绷紧，从薄壁组织中被拉出，然后微观水平上单根纤维发生破坏直至纤维鞘破坏，最终导致样品失效。因为竹青面纤维含量较高，与图 4.16（b）相比有更多的纤维参与此破坏过程。所以在图 a 的破坏模式下测得的抗弯强度较高。

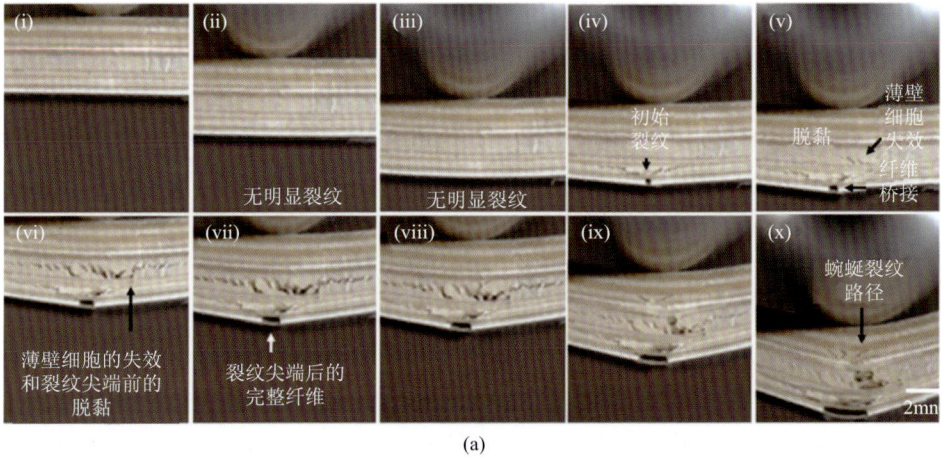

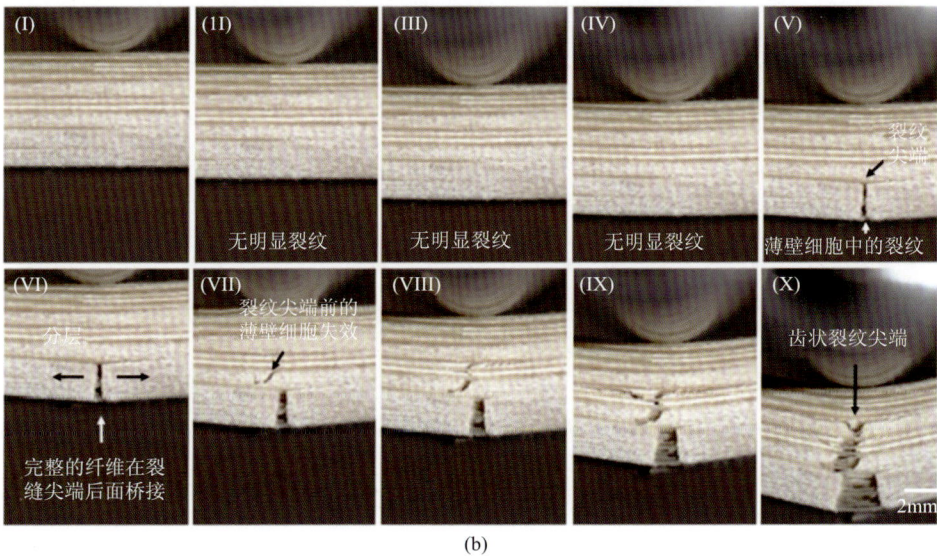

图 4.16　毛竹不同三点弯加载方式下的破坏模式

（a）竹黄面加载；（b）竹青面加载

三、竹质复合材料弯曲性能的测试

竹条作为单元材料也可进一步加工利用，制成竹质复合材料，如重组竹，重组竹弯曲性质测试参照《结构用重组竹》（LY/T 3194—2020）进行。

（一）抗弯弹性模量试验方法

（1）原理。

重组竹受力弯曲时在比例极限应力内，按照载荷与变形的关系确定重组竹抗弯弹性模量。

（2）试验设备。

万能力学试验机，根据产品要求选择合适的荷载量程范围，精确度为测量值的1%。试验装置的支座及压头端部的曲率半径为30mm，两支座中心点的水平距离为240mm。测试量具为游标卡尺或其他测量工具，测量尺寸应精确至0.1mm。百分表的盘程为0～10 mm，精确至0.01mm。

（3）试件。

试件尺寸为300mm×20mm×20mm，长度为顺纹方向。试验制作要求和检测、试件含水率的调整应分别符合 GB/T 1928 的相关规定。允许与抗弯强度测定用同一试件，先测定抗弯弹性模量，后进行抗弯强度试验。

（4）试验步骤。

测试试件宽度和厚度，宽度在试件长边中心点处测量，厚度在试件对角线交叉点处测量，精确至 0.1mm。将试件沿着长度方向放在万能力学试验机两支座的中心位置，采用三等分加载方式，以均匀速度沿厚度方向加载，并测量试件变形，如图 4.17 所示。测量试件变形的上、下限荷载一般取 600～1000N，试验机以均匀速度先加载至下限荷载，并记录下限荷载所对应的位移变形值，然后经15～20s加载至上限荷载，并记录上限荷载所对应的位移变形值，随即卸荷，如此反复 3 次，每次卸荷应略低于下限荷载，然后再加荷至上限荷载。

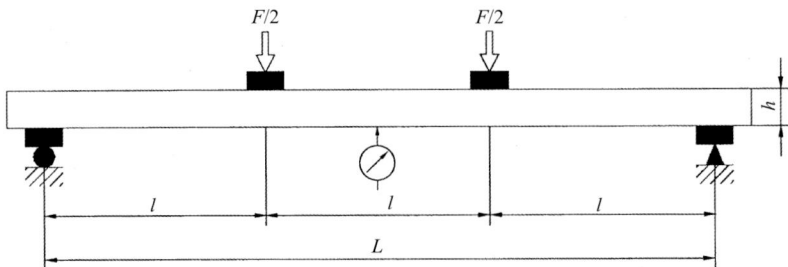

图 4.17 抗弯弹性模量测定示意图

L，两支座间跨距；l，1/3 跨距；F，载荷；h，厚度

（5）结果计算。

根据后两次测得的试件变形值，分别计算出上、下限变形平均值，上、下限荷载的变形平均值之差即为上、下限荷载间的变形值。试件抗弯弹性模量按式（4.13）计算，精确至 10 MPa。

$$E_b = \frac{23PL}{18bh^3f} \tag{4.13}$$

式中，E_b 为试件的抗弯弹性模量（MPa）；P 为上、下限荷载之差（N）；L 为两支座间跨距（mm）；h 为试件厚度（mm）；f 为上、下限荷载间的试件变形值（mm）；b 为试件宽度（mm）。

（二）抗弯强度试验方法

（1）原理。

用压头在试件跨距的中间位置均匀速度施加荷载直至试件被破坏，以确定重组材的抗弯强度。

（2）试验设备。

万能力学试验机，根据产品要求选择合适的荷载量程范围。试验装置的支座及压头端部的曲率半径为 30mm，两支座中心点的水平距离为 240mm。测试量具为游标卡尺或其他测量工具，测量尺寸应精确至 0.1mm。

（3）试件。

试件尺寸为 300mm×20mm×20mm，长度为顺纹方向。试件制作要求和检测、试件含水率的调整应分别符合 GB/T 1928 的相关规定。允许与抗弯弹性模量测定用同一试件，先测定抗弯弹性模量，后进行抗弯强度试验。

（4）试验步骤。

测试试件宽度和厚度，宽度在试件长边中心点处测量，厚度在试件对角线交叉点处测量，精确至 0.1mm。将试件沿着长度方向放在试验装置上具有一定跨距的两个支座上，压头在两个支座跨距中间，采用中心线加荷，以均匀速度沿厚度方向加载，应在 1～2min 内试件被破坏，记录破坏荷载，精确至 10N。

（5）结果计算。

试件抗弯强度按式（4.14）计算，精确至 0.1MPa。

$$\sigma_{bw} = \frac{3P_{\max}L}{2bh^2} \tag{4.14}$$

式中，σ_{bw} 为试件的抗弯强度（MPa）；$P_{\max}$ 为破坏荷载（N）；L 为两支座间跨距，为 120mm；b 为试件宽度（mm）；h 为试件高度（mm）。

第四节　细胞尺度的弯曲特性

竹材在宏观尺度的弯曲变形最终在细胞层面体现，在弯曲过程中，靠近压头侧的竹材为受压层，远离压头的一面为受拉层，细胞在压缩层和拉伸层展现出不同的力学特性（Chen et al.，2020b）。

一、压缩层细胞的变化规律

（一）压缩层细胞形态变化

图 4.18 展示出了压缩层中薄壁细胞、导管和纤维的变形。细胞在纵向上被压缩并且在径向上被拉长。薄壁细胞、导管和纤维的变形行为相似。在屈服点，它们没有显示出明显的变形。在屈服点之后，细胞在纵向方向上缩短而在径向方向上伸长。在破坏点，薄壁细胞和导管的变形变大，而纤维发生断裂。同时，细胞在纵向上的变形比在径向上的变形更为明显。

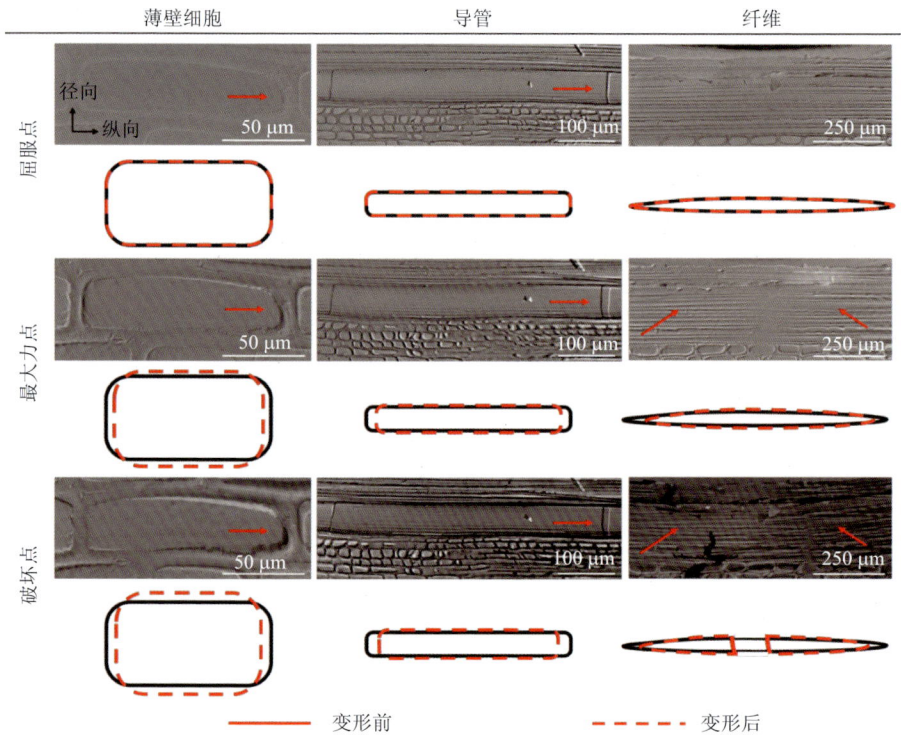

图 4.18　弯曲过程中薄壁细胞、导管、纤维在压缩层的变形

（二）压缩层细胞的相对变形

压缩层中不同特征点处的细胞的相对变形如表 4.1 所示。图 4.19 显示了与竹条应变相关的细胞的相对变形趋势。细胞的整体相对变形在纵向上较大，在压缩层中时，细胞在纵向上的变形比径向上的变形容易。当竹条达到屈服点时，薄壁细胞、导管和纤维的纵向相对变形为 –0.40%、–0.74% 和 –0.73%，而径向相对变形为 0.24%、0.16% 和 0.13%。压缩层中的导管和纤维在两个方向上都有相似的变形趋势，发生屈服之前，纤维限制了导管的变形。纤维含量较高的竹子具有较高的刚度，并且相对较难变形。竹杆的变形在某种程度上取决于竹细胞的变形。如果

压缩层中的纤维更多（53.02%），竹杆的屈服应变将更高，高纤维含量会延迟竹子的屈服。

表 4.1　压缩层中不同特征点处的细胞的相对变形

细胞类型	方向	相对变形/%			竹条 延性系数	纤维含量/%
		屈服点	最大点	破坏点		
薄壁细胞	纵向	−0.40	−3.71	−4.49	7.45	22.20
	径向	0.24	2.86	3.08		
导管	纵向	−0.74	−2.94	−4.29	6.94	33.21
	径向	0.16	0.74	1.07		
纤维	纵向	−0.73	−2.22	−	2.65	53.02
	径向	0.13	1.14	−		

注：纤维含量通过压缩层中纤维的体积含量来计算

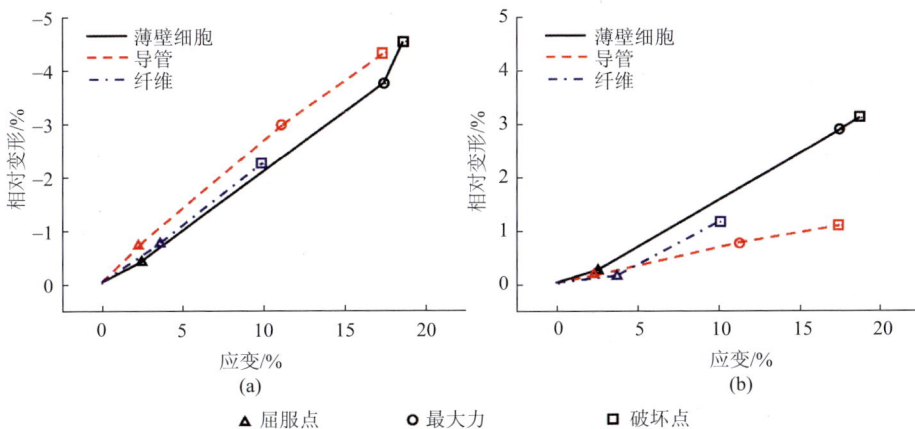

图 4.19　压缩层中细胞的相对变形
（a）纵向；（b）径向

在最大负载下，纵向相对变形的值的顺序为薄壁细胞>导管>纤维。径向相对变形的值为薄壁细胞>纤维>导管。在这三种细胞中，薄壁细胞的相对变形在两个方向上都最大。与导管相比，由于压缩层的分层，纤维在径向上的变形更大。导管在纵向上的变形大于纤维，在应变超过屈服点之后，纤维对导管的限制减小。

在破坏点，薄壁细胞的纵向和径向相对变形为−4.49%和3.08%，而导管纵向和径向相对变形为−4.29%和1.07%。在两个方向上，薄壁细胞的相对变形均大于导管，薄壁细胞位于压缩层时比导管和纤维具有更高的变形能力。

竹杆的延展性由屈服应变和破坏应变来定量确定。如表 4.1 所示，当压缩层主要由薄壁细胞（77.8%）组成时，竹条的延展性最大（7.45），而当压缩层由纤维（53.02%）组成时，竹条的延展性最小（2.65）。当导管处于压缩层时，竹条的延展性为6.94，纤维含量为33.21%。竹条延展性的变化是细胞排列和含量的不同引起的。压缩层中的薄壁细胞和导管能起到缓冲作用，有助于延缓衰竭，从而增强竹子的弯曲延展性。即使导管腔大，相邻的纤维也限制了导管的变形。因此，与薄壁细胞相比，它起到相对较弱的缓冲作用。

二、拉伸层细胞的变化规律

（一）拉伸层细胞形态变化

图4.20中显示出拉伸层中薄壁细胞、导管和纤维的形态变形。拉伸层中的所有细胞都在纵向上伸长并且在径向上压缩。当竹材发生屈服时，没有观察到细胞的可见变形。竹条屈服后，在最大载荷和破坏点的载荷阶段，导管在纵向上明显拉长。导管和纤维对变形的响应模式相似：在纵向上被拉伸，在径向上被缩短，直到竹条失效为止。薄壁细胞的变形可以分为两个阶段：在第一阶段，薄壁组织在纵向上被拉长而在径向上被缩短，在最大载荷之前达到最大变形；在第二阶段，随着载荷的增加，在拉伸层中产生了裂纹，拉应力释放，使薄壁细胞恢复到其原始形状。薄壁细胞在最大负荷和破坏点处没有显示出明显的变形。三种类型的细胞在拉伸层中的纵向变形比在径向方向上更明显。

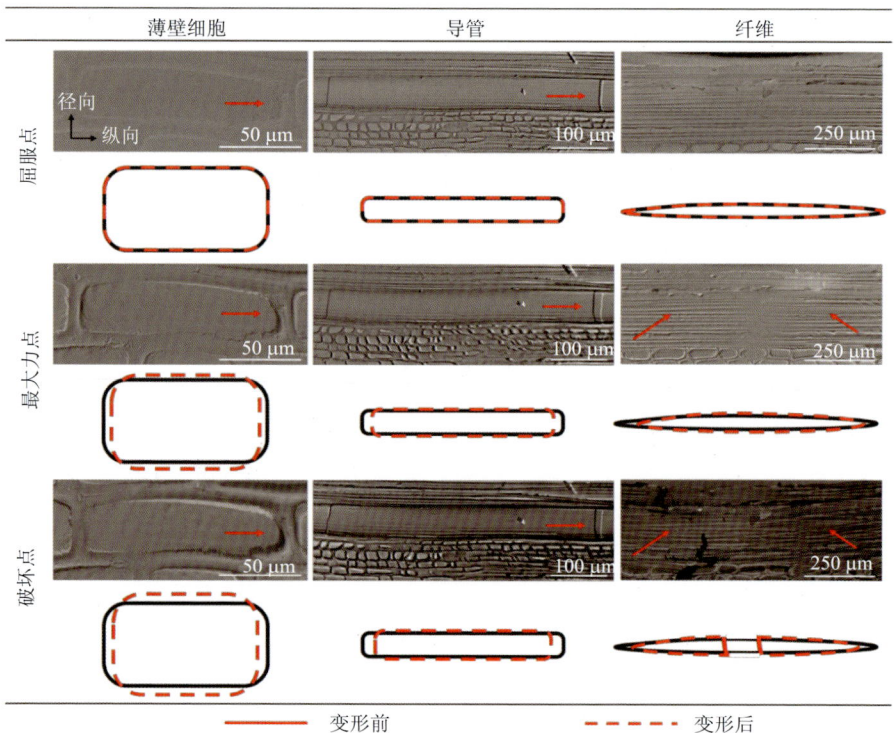

图4.20 弯曲过程中薄壁细胞、导管、纤维在拉伸层的变形

（二）拉伸层细胞的相对变形

表 4.2 显示了拉伸层中薄壁细胞、导管和纤维的相对变形。在竹条达到最大载荷之前，拉伸层中的纤维出现了裂纹。图 4.21（a）和图 4.21（b）绘制了拉伸层中三种类型的细胞的相对变形与竹条的应变之间的关系图。三种细胞位于拉伸层中时，它们在纵向上比在径向上更容易变形。

表 4.2 拉伸层中不同特征点处的细胞的相对变形

细胞类型	方向	相对变形/%			竹条延性系数	纤维含量/%
		屈服点	最大点	破坏点		
薄壁细胞	纵向	0.34	0.55	0.53	7.45	30.02
	径向	−0.08	0	0		
导管	纵向	0.41	1.98	2.29	5.96	46.30
	径向	−0.07	−0.42	−0.45		
纤维	纵向	0.27	−	−	3.48	51.10
	径向	−0.22	−	−		

注：纤维含量通过拉伸层中纤维的体积含量来计算

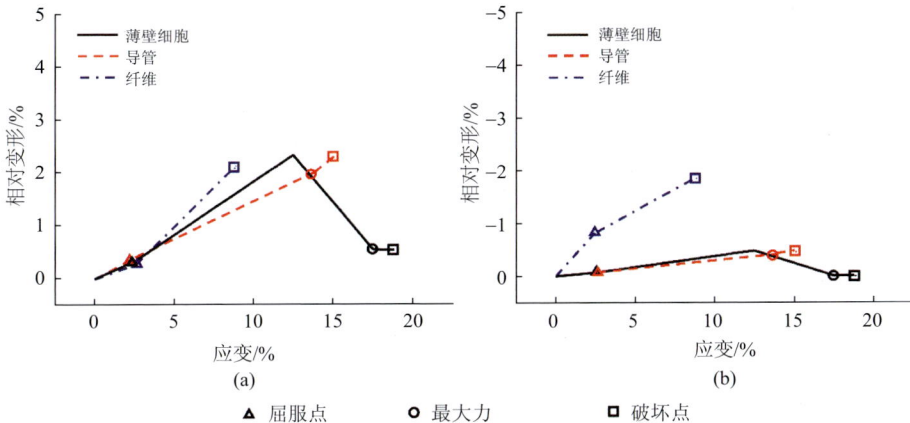

图 4.21 拉伸层中细胞的相对变形
（a）纵向；（b）径向

在屈服点处，薄壁细胞、导管和纤维的纵向相对变形为 0.34%、0.41% 和 0.27%，其径向相对变形为–0.08%、–0.07% 和–0.22%。从加载开始到屈服点的区域内，薄壁细胞和导管的相对变形几乎相同。纤维的纵向相对变形小于导管的纵向相对变形。当纤维位于拉伸层中时，限制竹材的变形。

薄壁细胞达到最大的纵向和径向相对变形，最大负荷之前的值分别为 2.33% 和–0.47%。此后，在竹条的拉伸层中产生裂纹，并在薄壁组织中传播。拉伸层中的裂纹使施加的载荷所产生的拉伸应力得以缓解。结果，变形的薄壁细胞在最大负荷和破坏点处几乎恢复到其原始形状，纵向相对变形在失效点（应力下降至最大应力的80%时的应力点）为0.53%和0。与最大相对变形相比，最大载荷和失效点的纵向相对变形和径向相对变形分别降低了77.3%和100%。这说明薄壁细胞具有良好的弹性并且可以在很大程度上恢复其原始形状。在失效点处，导管的纵向和径向相对变形分别具有最大值2.29%和-0.45%。纤维的纵向和径向相对变形的最大值分别为0.84%和-0.82%。薄壁细胞和导管的纵向和径向相对变形均高于纤维。薄壁细胞和导管的相对变形较大，这意味着薄壁细胞和导管在拉伸层时比纤维承受更大的变形。由于纤维的相对变形小于薄壁细胞，纤维将限制相邻的薄壁细胞和导管的变形。

如表4.2所示，当拉伸层主要由薄壁细胞组成时，竹条具有最大的延展性（7.45），而当拉伸层主要由纤维组成时，竹条的延展性最小（3.48）。具有较大延性系数的竹子表明它在断裂之前会经历较大的变形。因此，薄壁细胞使竹子更具延展性，并可能在改善竹子的弯曲延展性中起着更重要的作用。但是，纤维为竹材提供刚性，并且在竹子弯曲时难以拉伸和压缩。

三、细胞之间的相互作用

图4.22显示出通过X射线3D显微镜在不同位置观察到的薄壁细胞的相对变形。当薄壁细胞位于压缩层或拉伸层时，其纵向相对变形始终大于其径向相对变形。在压缩层中，远离纤维的薄壁细胞的纵向变形（4.02%）比接近纤维的薄壁细胞（1.2%）大。前者的纵向变形为后者的3.35倍。在径向相对变形的情况下观察到相同的现象，远离纤维的薄壁细胞的径向相对变形是靠近纤维的薄壁细胞的2.8倍。当薄壁细胞位于拉伸层中时，靠近纤维的薄壁细胞的纵向和径向变形均小于远离纤维的薄壁细胞的纵向和径向变形。拉伸层中薄壁细胞的纵向和径向相对变形的差异不如压缩层中的大。

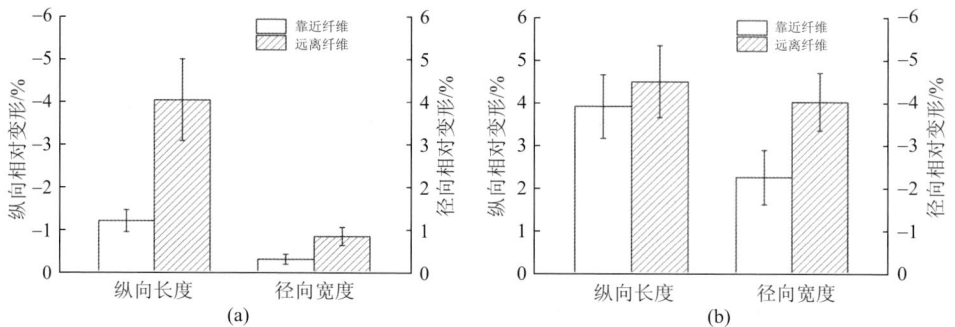

图4.22　薄壁细胞在不同位置的相对变形

（a）压缩层；（b）拉伸层

　　由于纤维与薄壁细胞之间的相互作用,薄壁细胞的变形随位置的不同而变化,如靠近纤维或者远离纤维的薄壁细胞。由于纤维具有更高的刚度和强度,纤维比薄壁细胞更难变形。纤维限制了与其相邻薄壁细胞的变形,使得薄壁细胞变形较小。

　　图4.23是细胞之间相互作用的3D图。薄壁细胞的形状可以看作是矩形。当在薄壁细胞上施加力时,薄壁细胞的细胞壁全部变形。当薄壁细胞远离纤维时,纤维对薄壁细胞变形的约束会减弱。当薄壁细胞离纤维越远,薄壁细胞的变形越小。由于薄壁细胞的变形变小,所以整个竹条的变形将变小。另外,薄壁细胞对纤维的变形产生影响。薄壁细胞比纤维具有更多的塑性变形,可以吸收更多能量,从而使纤维能够承受更大的塑性变形。因此,竹材具有较大的塑性变形。导管在提高竹子的延展性方面也发挥了类似的作用。

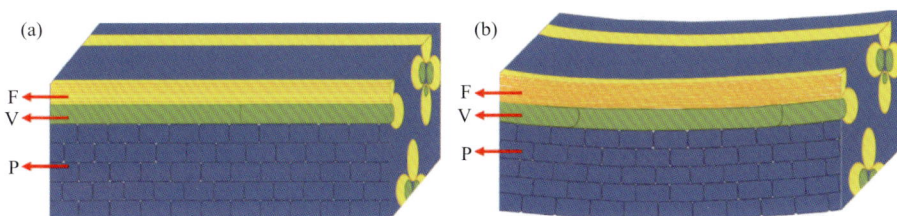

图4.23　竹细胞之间相互作用的3D图

(a)弯曲前;(b)弯曲后。F. 纤维;V. 导管;P. 薄壁细胞

四、薄壁组织对竹材弯曲性能的影响

　　竹材主要由维管束和薄壁组织构成,通过机械分离,得到薄壁组织,进行抗弯强度测试(安晓静,2013)。通过毛竹薄壁组织弯曲测试样品横截面扫描电镜图(图4.24),可以发现样品形状近似长方形,长度和宽度方向含有20多个薄壁细胞,不含纤维细胞,横截面面积分布范围为 $0.68\sim1.21\text{mm}^2$,长度约为4cm。

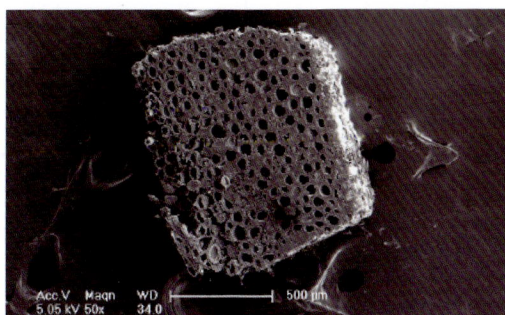

图4.24　毛竹薄壁组织弯曲测试样品横截面扫描电镜图

　　对竹材薄壁组织进行弯曲试验,发现薄壁组织有优良的弯曲延展性,测试的所有试件都没有发生断裂,图4.25为薄壁组织的部分应力-应变曲线,从曲线中

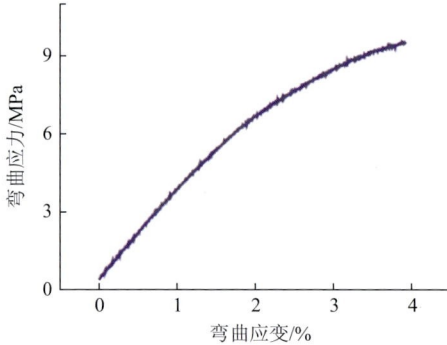

图 4.25　毛竹薄壁组织样品弯曲应力-应变曲线

发现，薄壁组织的应力-应变曲线有明显的屈服阶段，当弯曲应变达到2%左右时曲线斜率发生变化，产生塑性变形。

毛竹薄壁组织的抗弯弹性模量为（0.37±0.11）GPa。由于薄壁组织在较大挠度下仍未发生断裂，故无法得到其断裂强度及最大相对曲率等数据。其基本测试数据如表4.3所示。

表 4.3　毛竹薄壁组织弯曲模量

	平均值	最大值	最小值	标准差	变异系数	样品数
弹性模量/GPa	0.37	0.67	0.26	0.11	30	18

五、微纤丝角对竹材弯曲性能的影响

竹材薄壁细胞细胞壁呈现松紧交替的壁层结构，次生壁各壁层微纤丝排列方向相反（连彩萍，2020）；竹纤维细胞壁具有特殊的厚薄交替壁层结构，其次，纤维各个壁层的微纤丝取向特点也与木材的区别较大，纤维中，厚层细胞壁的微纤丝角很小，几乎与细胞纵轴平行；另外，成竹质地坚硬，纤维细胞在各个方向上增厚，力学强度更高。对毛竹微纤丝角（MFA）进行分析，结果如表4.4所示（杨利梅，2017），抗弯强度和抗弯弹性模量与微纤丝角有显著的相关性。从图 4.26发现，随着微纤丝角的增加，竹材力学性质有减小的趋势。

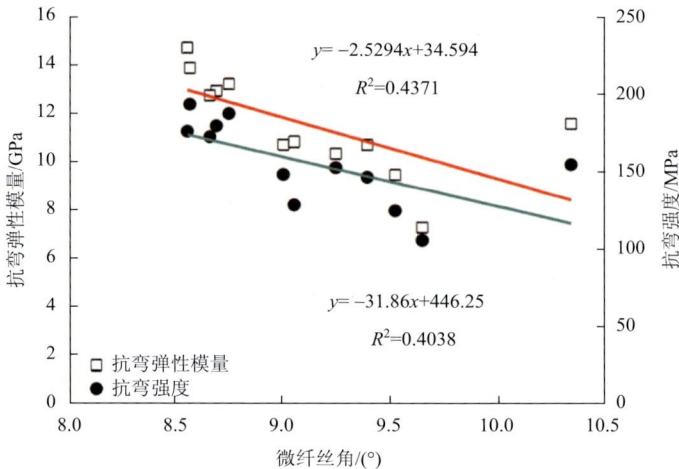

图 4.26　抗弯强度和抗弯弹性模量与微纤丝角之间的关系

表 4.4　微纤丝角与抗弯强度和抗弯弹性模量之间相关性检验

		抗弯弹性模量	抗弯强度
微纤丝角	Pearson 相关性	−0.661	−0.639
	Sig（双侧）	0.019	0.025

第五节　影响弯曲特性的主要因素

一、生长环境对竹材弯曲性能的影响

竹子生长与气候条件关系密切，从而也影响到竹材的性质，尤其是力学性能指标，浙江安吉、安徽广德、福建建瓯、江西宜丰作为中国四大竹乡，其地理基本气候条件的不同对竹材的力学性能也会产生一定影响（程秀才等，2009）。表4.5 是四大竹乡的基本气候条件。表 4.6 和表 4.7 分别是竹材的抗弯强度和弹性模量的测试结果。

表 4.5　四大竹乡的基本气候条件

地点	经纬度	地理情况	气温情况	年降水量
浙江省安吉县	119.6°E30.6°N	地处天目山北麓，多山，南部和西部为天目山山地，东部为丘陵和平原相间	年均气温 15.5℃	1378mm
安徽省广德县	119.4°E30.9°N	四周多山，中部丘陵起伏，构成盆地地形	年均气温 15.4℃，属于北亚热带湿润气候	1299mm
福建省建瓯市	118.3°E27.0°N	地势东北高西南低，四周中低山地环绕，中部为丘陵谷地	年均气温 18.7℃，属于亚热带季风气候	1664mm
江西省宜丰县	114.7°E28.3°N	西北为山地丘陵，东南为河流冲积平原	温暖湿润，气候差异比较明显	1700mm

表 4.6　四大竹乡产毛竹的抗弯强度测试结果

产地	阳坡毛竹/MPa	阴坡毛竹/MPa	平均值/MPa
安吉	112	134	123
广德	124	138	131
建瓯	152	150	151
宜丰	140	154	147
平均值	132	144	138

从表 4.6 可以看出，四大竹乡产毛竹的径向抗弯强度平均值为 138MPa，抗弯强度数值福建建瓯>江西宜丰>安徽广德>浙江安吉，以浙江安吉产毛竹的抗弯强度为最小 123MPa，安徽广德高出 6.50%，为 131MPa；江西宜丰高出 19.51%，为

表 4.7　四大竹乡产毛竹的弹性模量测试结果

产地	阳坡毛竹/MPa	阴坡毛竹/MPa	平均值/MPa
安吉	9 399	10 845	10 122
广德	10 425	11 576	11 001
建瓯	10 713	10 858	10 786
宜丰	10 080	10 102	10 091
平均值	10 154	10 845	10 500

147MPa；福建建瓯高出 22.76%，为 151MPa。从毛竹的生长朝向影响来看，阴坡生长的抗弯强度稍大于阳坡生长的毛竹。阳坡毛竹平均抗弯强度为 132MPa，阴坡毛竹平均抗弯强度为 144MPa，比阳坡高出 9.09%。

从表 4.7 可以看出，四大竹乡产毛竹的平均弹性模量（MOE）为 10 500MPa，MOE 值 4 个产地相差不大。从毛竹的生长朝向影响来看，阴坡生长的毛竹弹性模量与阳坡生长的毛竹弹性模量有一定的差异。阳坡毛竹平均弹性模量为 10 154MPa，阴坡毛竹平均弹性模量为 10 845MPa。阴坡处毛竹的弹性模量高于阳坡处的毛竹。

二、竹材自身因素对竹材抗弯性能的影响

（一）竹材梯度结构对抗弯性能的影响

1. 维管束密度对竹材抗弯性能的影响

竹材的力学性能主要由高强度的维管束决定。竹材的维管束密度从竹黄到竹青逐渐变大，不同高度的竹材的维管束密度与其在竹壁径向位置呈现一定的相关性，如图 4.27 所示（Dixon and Gibson, 2014）。竹材的抗弯强度和弹性模量从竹黄到竹青（随着维管束密度的增大）逐渐增大，并呈一定的相关性，如图 4.28 所示。

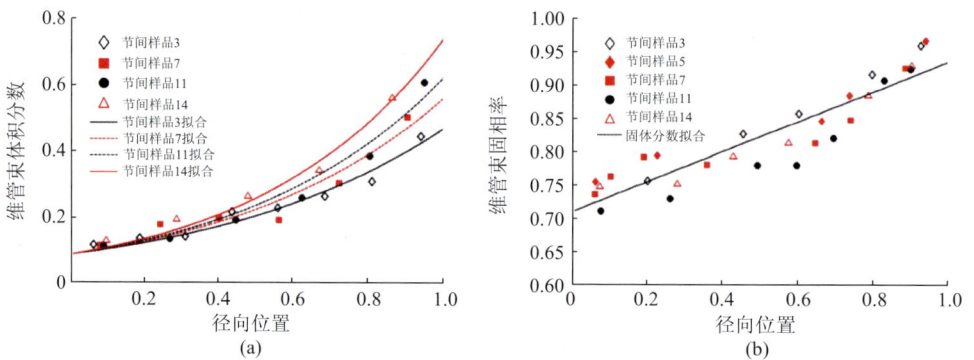

图 4.27　竹材维管束密度和径向位置关系

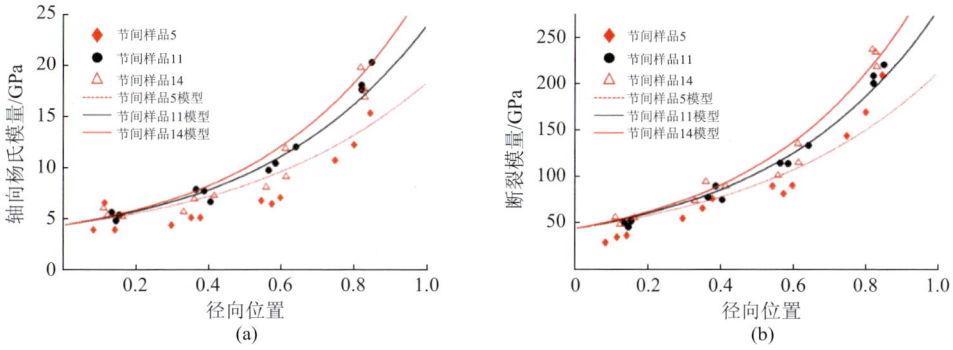

图 4.28　竹材弯曲性质与竹壁径向位置的关系

2. 加载方向对竹材抗弯性能的影响

除了沿着条带厚度的纤维和薄壁细胞的梯度分布而表现出的梯度弯曲行为之外，更有趣的是，竹条的弯曲行为也随着加载方向而改变（Habibi et al., 2015）。如图 4.29 和图 4.30 及表 4.8 所示，与模式 B 相比，在模式 A 的加载情况下，竹条表现出相对较大的弯曲模量和强度。相反，它们在模式 B 的情况下表现出更大的柔韧性和弯曲韧性。通过比较来自各自加载模式的应力-应变曲线的形状，可以进一步证明竹条的弯曲行为的不对称性。因此，应力-应变曲线根据两个不同的方案进行比较，即"弹性弯曲"和"断裂失效"阶段（断裂点之前和之后），其通过图 4.29 中的交叉标记来区分。如图 4.29 所示，在模式 A 弯曲载荷的过程中，竹条在断裂点处呈现出相对窄的线性区域，而模式 B 表现出更宽的线性区域，随后

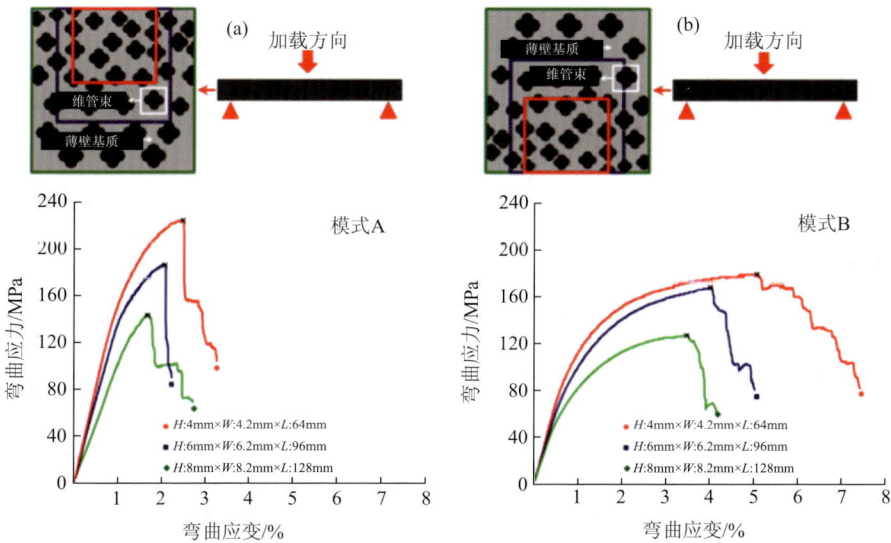

图 4.29　竹材弯曲过程中不同加载模式以及应力-应变曲线

H，高度；W，宽度；L，长度

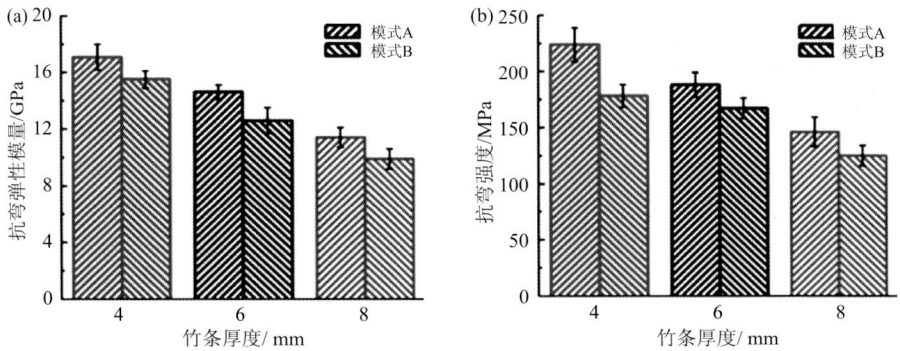

图 4.30　不同加载模式下竹材的抗弯强度和抗弯弹性模量

表 4.8　不同加载模式下竹材的弯曲性质

竹条	加载模式	抗弯弹性模量/GPa	抗弯强度/MPa
红色：（4×4.2）mm²	A	17.1	224
	B	15.5	178
蓝色：（6×6.2）mm²	A	14.6	188
	B	12.6	167
绿色：（8×8.2）mm²	A	11.4	146
	B	9.9	125

是在线路中的非线性区域。在模式 A 的情况下，与模式 B 相比，应力-应变曲线显示出较少的锯齿。这里，应力-应变曲线中的锯齿代表纤维束的分层或脱黏的发生。因此，在每种加载模式的情况下，不同程度的锯齿可以揭示部分潜在机制，这可能是竹条不对称弯曲的原因。

3. 竹节对竹材抗弯强度的影响

　　天然的竹材在竹节处组织膨胀而使承载面积增大，不仅保证了竹子不会在竹节破坏，还增强了竹子在横力弯曲作用下的抗弯折和抗劈裂能力。现有的研究对竹青竹黄进行了刨除，破坏了竹节原有的形态，表 4.9 列出了带皮和去皮刨平两类竹材的抗弯强度（邵卓平等，2008）。由于带皮竹条竹节部位组织局部膨大，无法计算抗弯截面系数，只能比较破坏时的最大载荷。竹青竹黄未刨平处理的试件，节部试件的弯曲极限载荷（1047.9N）比节间试件（850.8N）大 23%。竹青竹黄已刨除（包括节部）的试件，节间和节部试件的抗弯强度分别为 150.96MPa 和 155.7MPa，节部试件抗弯强度较节间试件略大，但差异不显著，说明竹子在自然状态下（未去青去黄）使用，因节部组织增大可以明显增强竹材的抗弯能力，而在工业利用中竹青竹黄已刨除（包括节部）的竹材，含竹节不会降低竹材品质。

表 4.9　毛竹含节与不含节试件的抗弯强度比较

处理	性能	无节材			含节材			指标比	差异显著性
		平均值	标准差	变异系数	平均值	标准差	变异系数	无节：含节	评价
带皮	载荷/N	850.8	115.3	13.60%	1047.9	142.5	13.60%	1：1.23	差异显著
去皮	强度/MPa	150.96	14.3	9.50%	155.7	16.7	10.70%	1：1.03	差异不显著

（二）竹种间差异

不同竹种的抗弯力学性能存在一定差异。对于如图 4.31 所示的三个竹种，抗弯强度和弹性模量与密度均呈现线性关系（Dixon et al., 2015）。对于给定的密度，瓜多竹的弹性模量高于毛竹和箣竹的弹性模量，而三个竹种的抗弯强度值相似。三种竹种的密度在 400～900kg/m³ 重叠，对应的抗弯强度值为 50～250MPa。在相同竹种和不同竹种间，抗弯强度数据的分散程度低于弹性模量数据。竹种之间的分散不大于个别竹种内的分散。

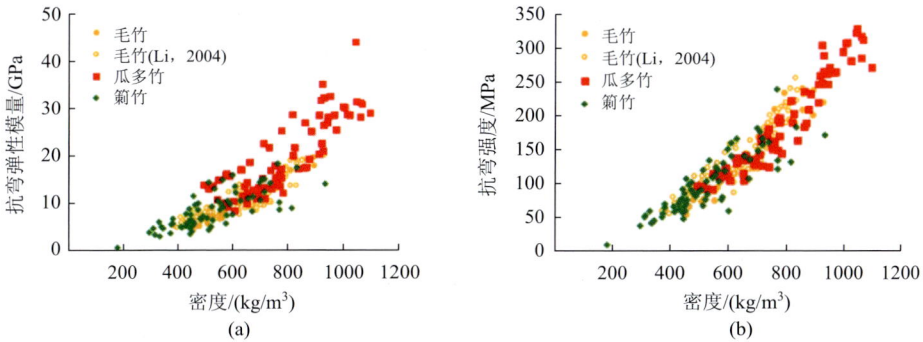

图 4.31　不同竹种的抗弯强度和抗弯弹性模量

（三）竹龄

竹龄是影响竹材物理力学性质的另一重要因素，通过了解不同竹龄竹材的弯曲性能，有助于针对不同应用领域进行适龄竹材筛选。

1. 圆竹材

表 4.10 给出了 4 年生和 6 年生毛竹从基部到顶部的横向抗弯性能（张丹等，2012）。同部位不同竹龄圆竹的横向静曲强度和弹性模量均是 4 年生＞6 年生。

2. 竹条

图 4.32 是不同竹龄梁山慈竹的抗弯性能，从图中可以看出，抗弯强度在 2～5 年生相差不大，集中在 174.38～190.32MPa，4 年生时达到最大值，平均值为 183.99MPa。弯曲模量随竹龄的变化趋势和抗弯强度一致，在 4 年生竹材中达到最大值，为 14.51GPa，平均值为 14.02GPa（杨喜，2014）。

表 4.10　不同竹龄及部位圆竹的抗弯强度

竹龄	指标	底部			中部			顶部		
		破坏载荷/kN	静曲强度/MPa	弹性模量/GPa	破坏载荷/kN	静曲强度/MPa	弹性模量/GPa	破坏载荷/kN	静曲强度/MPa	弹性模量/GPa
4年生	平均值	8.43	68.72	10.09	5.91	77.16	11.96	3.46	77.65	12.82
	标准差	1.69	9.47	1.02	1.60	6.55	1.04	0.82	5.53	1.28
	变异系数	20.06	13.78	10.09	27.05	8.49	8.70	23.60	7.12	9.97
6年生	平均值	8.24	62.89	8.92	5.52	71.94	10.88	3.59	74.72	11.93
	标准差	1.23	6.30	0.52	0.89	5.89	1.20	0.79	10.28	1.16
	变异系数	14.97	10.02	5.83	16.21	8.19	10.99	21.91	13.76	9.73

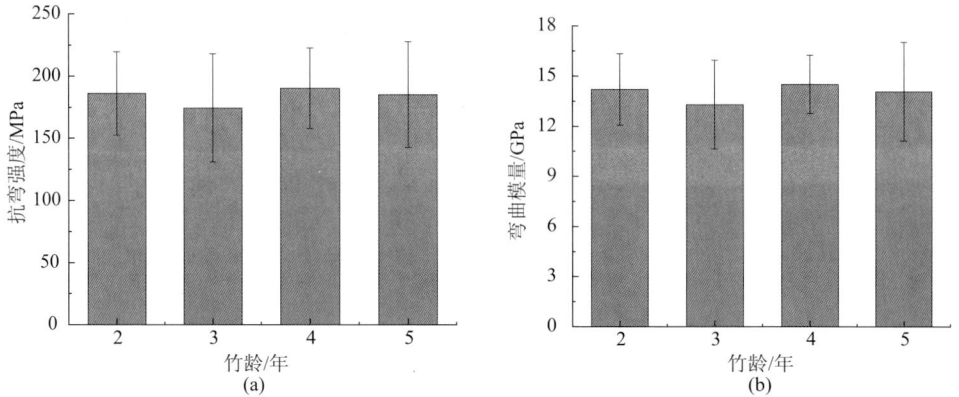

图 4.32　竹龄对竹材抗弯强度和弯曲模量的影响

　　为了具体分析力学强度与竹龄间的相关关系，拟合了抗弯强度与竹龄间的回归方程（表 4.11）。由结果知，其与竹龄相关性很好。

表 4.11　梁山慈竹宏观力学指标的方差分析

	因变量	III型平方和	dF	均方	F	Sig.
竹龄	抗弯强度	1 542.219	3	514.073	1.089	0.361
	弯曲模量	8.242	3	2.747	0.855	0.470
部位	抗弯强度	16 776.360	2	8 388.180	17.770	0.000**
	弯曲模量	43.99	2	21.999	6.844	0.002**

**表示差异极显著，下同

　　抗弯强度与竹龄：$y = -3.3667x^2 + 21.357x + 273.06$　　$R^2 = 0.9025$
　　弯曲模量与竹龄：$y = -7.4875x^2 + 50.854x + 2.7841$　　$R^2 = 0.8402$
　　对统计数据进行方差分析，结果表明竹龄对力学强度的影响不显著，部位对力学性能影响显著。这与以往对其他竹种的研究不太一致，可能的原因有：竹株立地条件、气候条件的不同。

（四）纵向高度

1. 圆竹材

表 4.12 给出了 4 年生毛竹从基部到顶部的横向抗弯性能。由表 4.12 可得，不同部位圆竹的横向静曲强度和弹性模量变化趋势是：底部＜中部＜顶部；而其横向弯曲破坏载荷的变化趋势是：底部＞中部＞顶部（张丹等，2012）。

表 4.12　不同部位圆竹的抗弯强度

指标	底部			中部			顶部		
	破坏载荷/kN	静曲强度/MPa	弹性模量/GPa	破坏载荷/kN	静曲强度/MPa	弹性模量/GPa	破坏载荷/kN	静曲强度/MPa	弹性模量/GPa
平均值	8.43	68.72	10.09	5.91	77.16	11.96	3.46	77.65	12.82
标准差	1.69	9.47	1.02	1.60	6.55	1.04	0.82	5.53	1.28
变异系数	20.06	13.78	10.09	27.05	8.49	8.70	23.60	7.12	9.97

2. 竹条

图 4.33 为三点抗弯强度与弯曲模量随竹杆高度部位变化的趋势图。由图 4.33 可知，抗弯强度和弯曲模量从基部的 161.514MPa 和 12.738GPa 至上部的 199.725MPa 和 14.866GPa 分别增加了 23.7%、16.7%。方差分析（表 4.13）表明：竹杆部位对抗弯强度、弯曲模量的影响极显著（杨喜，2014）。

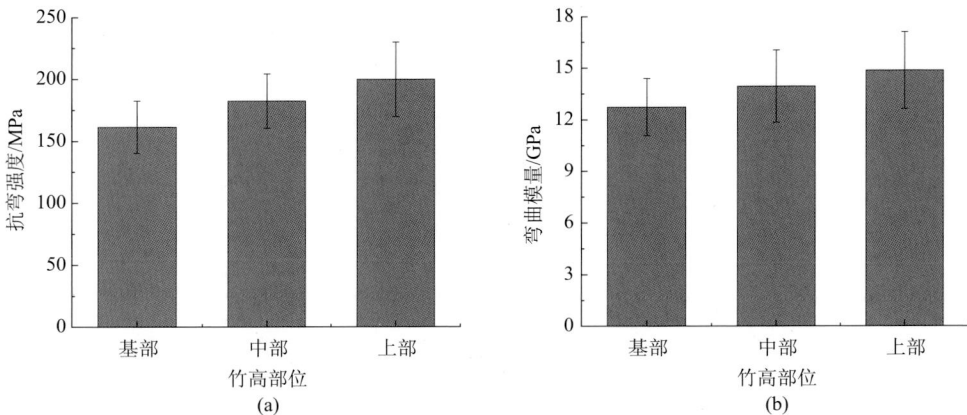

图 4.33　不同竹高部位对竹材抗弯强度和弯曲模量的影响

表 4.13　梁山慈竹宏观力学指标的方差分析

	因变量	III 型平方和	dF	均方	F	Sig.
部位	抗弯强度	16 775.360	2	8 388.180	17.770	0.000**
	弯曲模量	43.999	2	21.999	6.844	0.002**

三、竹材理化性质对竹材抗弯性能的影响

（一）含水率

含水率的变化会引起竹材密度、干缩及强度的变化。由于竹材具有吸湿特性，当外界的温湿度条件发生变化时，竹材能相应地从外界吸收水分或向外界释放水分，从而与外界达到一个新的水分平衡体系。对于竹材这类木质纤维材料，水分存在于从植株生长到原料加工利用的整个过程，并对材料几乎所有的物理力学性能产生重要影响。

图4.34为不同竹龄毛竹弯曲模量随含水率的变化趋势，从中可以看出，相同竹龄下，从5%到饱水态毛竹的弯曲模量降低明显，差异性较大，呈现降低—增加—平稳—减小的变化趋势（王汉坤，2010）。

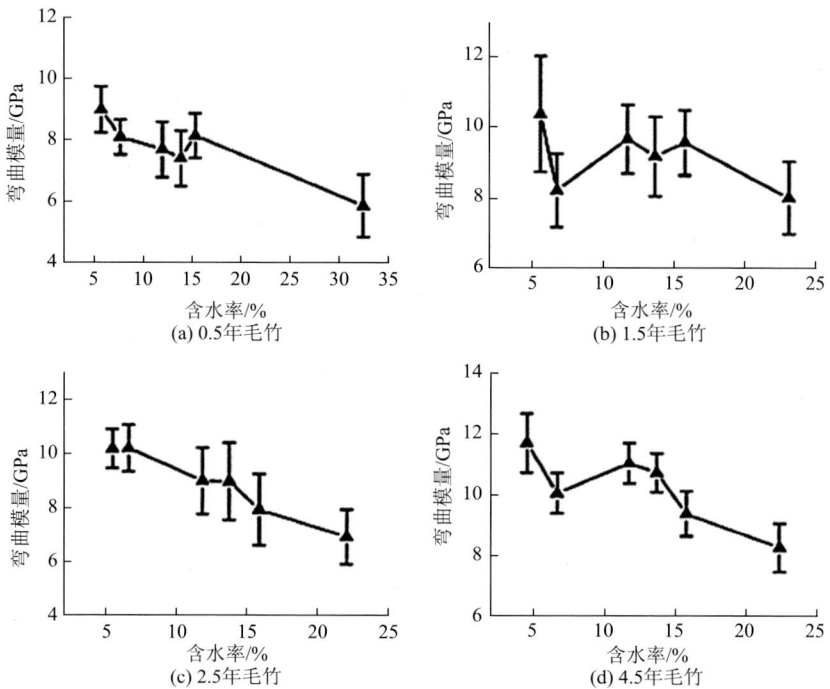

图4.34　不同竹龄毛竹弯曲模量含水率的变化

通过对比不同含水率下的弯曲模量，0.5年毛竹弯曲模量最大值出现在含水率5%处，且在13%时模量值突然出现小于两侧的现象；1.5年毛竹最大值亦出现在含水率5%处，在7%时出现低谷，10%~14%时开始出现波动性变化，但绝对值变化不大，基本稳定；2.5年毛竹弯曲模量在含水率5%和6%时变化不大，之后开始规律性降低，与1.5年类似，10%~14%时出现不平稳状态；0.5年与4.5年毛竹均从含水率14%时开始迅速降低。弯曲模量的最大值并不是绝干状态，而是

含水率在 5%左右时达到最大。

　　毛竹的弯曲模量对含水率变化的敏感程度与竹龄密切相关，随竹龄的增大而减小。如表 4.14 所示，对比 4 个竹龄的降低幅度，为 0.5 年>2.5 年>1.5 年>4.5 年，变化趋势与拉伸弹性模量的变化是一致的。从 0.5 年到 4.5 年，弯曲模量从5%到饱水态的降幅平均值为 26%，略小于拉伸弹性模量的 28%，表明毛竹弯曲模量对含水率变化的敏感程度与拉伸弹性模量类似。但是 0.5 年、2.5 年两个竹龄的弯曲模量的降低幅度要大于 1.5 年和 4.5 年。

表 4.14　不同竹龄毛竹在气干和饱和两种含水率条件下的弯曲模量

竹龄/年	弯曲模量/GPa		降幅/%
	5%	饱水	
0.5	8.94	5.84	34.68
1.5	10.34	7.99	22.73
2.5	10.12	6.88	32.02
4.5	10.93	9.22	15.65
平均值	10.08	7.48	26.00

（二）密度

　　竹材基本密度的差异会导致竹材力学性质的变化（杨利梅，2017）。已有研究指出，竹材的密度会受到竹龄、竹材部位、竹种和生长环境的影响。如表 4.15 所示，对竹材弯曲性能与基本密度之间分别进行直线和曲线两种经验模型的预测，结果显示竹材的抗弯强度和抗弯模量与基本密度之间呈现明显的正相关性。

表 4.15　弯曲性质与基本密度之间拟合方程及可决系数

因变量	方程类型	可决系数（R^2）	P 值	回归方程
抗弯强度	直线	0.790	0.001	$Y_3=743.781X_3-245.842$
	曲线	0.775	0.001	$Y_3=2.299X_3^{612.213}$
抗弯弹性模量	直线	0.602	0.008	$Y_4=51498.091X_4\ 16936.835$
	曲线	0.614	0.007	$Y_4=2.130X_4^{41017.029}$

　　对不同密度等级竹条的弹性模量和抗弯强度进行了统计，如表 4.16 所示。从表中可以看出，密度等级从低密度至高密度，其弹性模量由 8.02GPa 增加至12.58GPa。对应强度从 109.8MPa 增加至 169.7MPa。在该密度范围内，从低密度等级至高密度等级，竹材的弹性模量增加了 56.86%，对应的抗弯强度增加了 54.55%，随着基本密度的变化竹材弹性模量和抗弯强度均会发生较大变化。从图 4.35 可以看出，抗弯强度和抗弯弹性模量随着密度的增加而增大。从图 4.35 和图 4.36 种可

以发现，竹材的抗弯强度和抗弯弹性模量与基本密度都呈正相关。结合表 4.17 可知，竹材抗弯强度和抗弯弹性模量与基本密度的相关性极显著。

表 4.16 不同密度等级竹材的抗弯弹性模量与抗弯强度

等级	基本密度/(g/cm³)	抗弯强度/MPa			抗弯弹性模量/GPa		
		平均值	标准差	变异系数/%	平均值	标准差	变异系数/%
1	0.46	109.8	6.05	5.51	8.02	1.05	13.08
2	0.52	132.74	14.66	11.05	9.76	0.8	8.16
3	0.61	162.87	21.48	13.19	11.55	1.36	11.76
4	0.71	169.70	20.89	12.31	12.58	1.31	10.41

表 4.17 抗弯强度与抗弯弹性模量和基本密度之间相关性检验

		抗弯弹性模量	抗弯强度
基本密度	Pearson 相关性	0.531**	0.469**
	Sig（双侧）	0.001	0.004

**表示极显著相关，下同

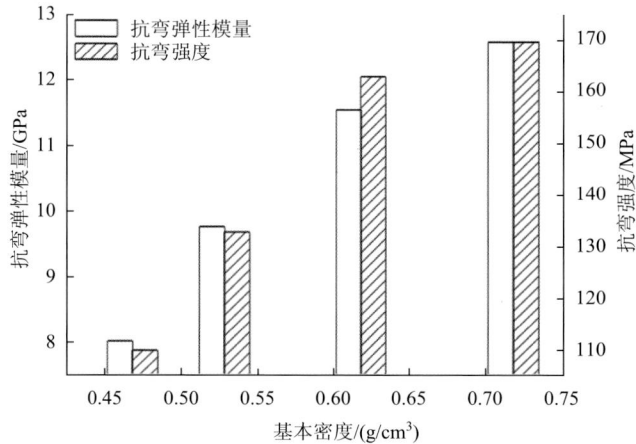

图 4.35 不同密度等级的抗弯弹性模量和抗弯强度

（三）化学成分

竹材的化学成分主要包括纤维素、聚戊糖、木质素、各种抽提物和灰分。化学成分对竹材弯曲性能的影响较为复杂。从 11 种不同竹材的抗弯强度与抗弯弹性模量结果看，弯曲性能与其化学成分含量具有一定的相关性。除样品本身密度差异的影响，陈冠军（2019）认为在竹材化学成分的正常变化范围内，其对竹材宏观力学的影响小于密度、年龄等因素。选取 α-纤维素、半纤维素、木质素和灰分等影响因素检验弯曲性能与其的相关性，结果如表 4.18 所示。

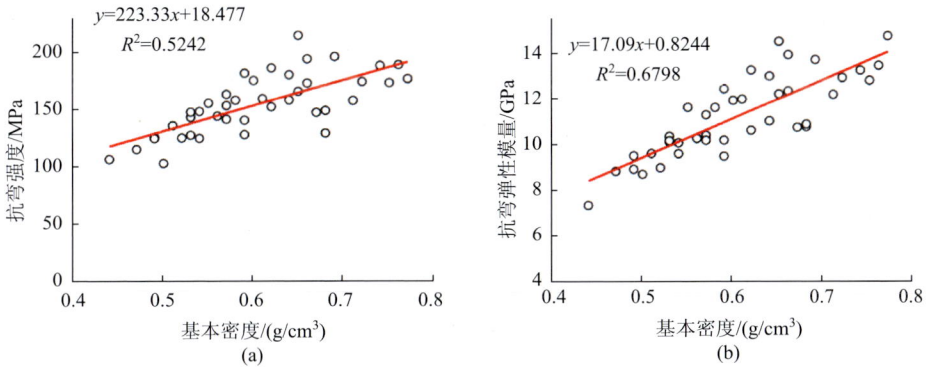

图 4.36 抗弯强度和抗弯弹性模量与基本密度之间的关系

表 4.18 化学成分与弯曲性能的相关性

	α-纤维素	半纤维素	木质素	灰分
抗弯强度	0.183	−0.389	0.674	−0.114
抗弯弹性模量	0.468	−0.053	0.525	−0.042

1. α-纤维素含量对弯曲性能的影响

纤维素是竹材细胞壁的骨架物质，赋予材料强度和弹性。由图 4.37 可知，竹材弯曲性能与 α-纤维素含量之间具有一定的相关性。

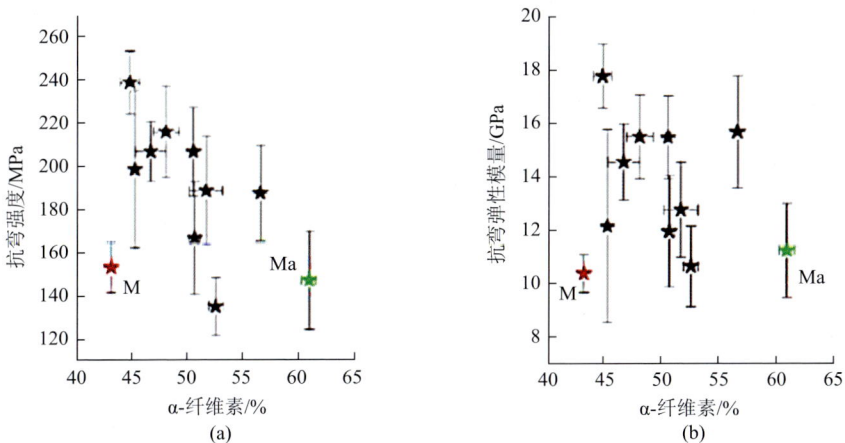

图 4.37 竹材弯曲性能与 α-纤维素含量的关系

M，毛竹；Ma，麻竹

2. 半纤维素含量对弯曲性能的影响

半纤维素是细胞壁的黏合物质,将纤维素和木质素在细胞壁连接成一个整体。适量半纤维素的存在,可以增强纤维的结合度。由图 4.38 可知,竹材弯曲性能与半纤维素含量之间具有一定的相关性。

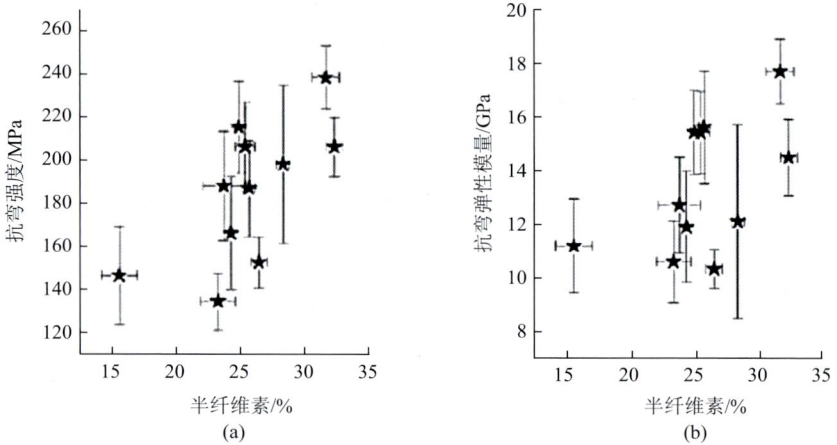

图 4.38　竹材弯曲性能与半纤维素含量的关系

3. 木质素含量对弯曲性能的影响

木质素是细胞壁的填充物质,它是存在于竹材中含有苯丙醇或其他衍生物结构单元的高聚物,起到增强结构刚性的作用。由图 4.39 可知,竹材弯曲性能与木质素含量之间没有相关性,原因可能是对于不同竹材,弯曲性能变化较大,而木质素含量差别不大,所以木质素对弯曲性能影响不显著。

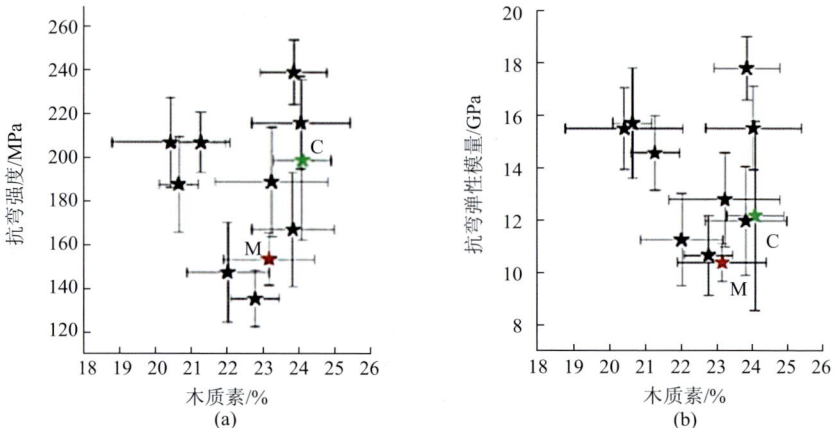

图 4.39　竹材弯曲性能与木质素含量的关系

M,毛竹；C,慈竹

4. 灰分含量对弯曲性能的影响

灰分是指竹材经过高温灼烧后留下的钾、钠、钙、镁、磷、硅的无机盐类。由图 4.40 可知，随着灰分含量的增加，竹材弯曲性能逐渐变小，弯曲性能与灰分含量呈负相关。

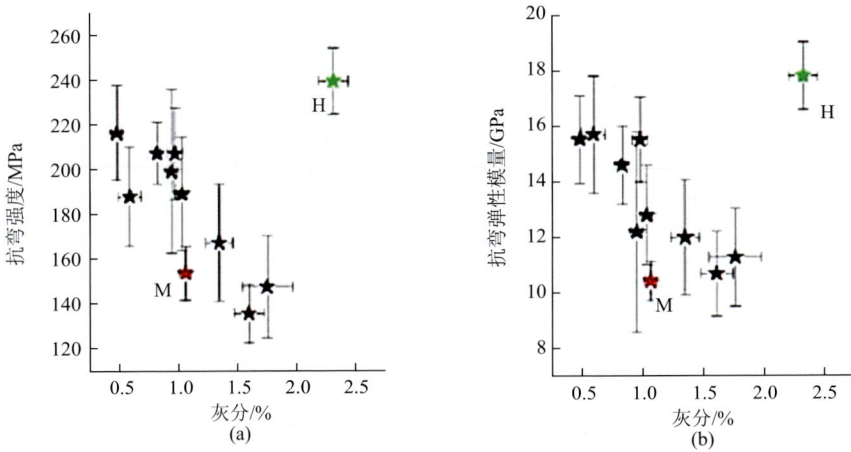

图 4.40　竹材弯曲性能与灰分含量的关系

M，毛竹；H，花竹

第五章 竹材剪切性能

第一节 剪切力学的物理意义

一、剪切的概念及物理意义

材料力学中定义"剪切"是在一对相距很近、大小相同、方向相反的外力（平行于作用面的力）作用下，材料截面沿该外力作用方向发生相对错动变形现象。因此，判断是否"剪切"的关键是材料的截面是否发生相对错动。在剪切过程中，使材料产生剪切变形的力称为剪力或剪切力（图 5.1）；发生剪切变形的截面称为剪切面（图 5.2）；材料受剪切作用时抵抗剪力破坏的最大剪切应力，称为剪切强度，物理意义是指材料承受剪切力的能力。

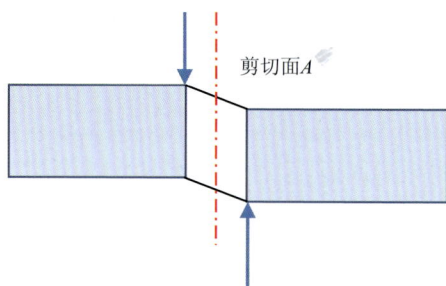

图 5.1 剪切面示意图

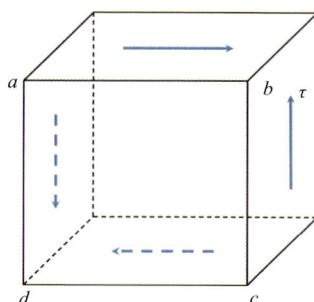

图 5.2 剪切受力特征示意图

剪切应力（shear stress）是应力的一种，定义为单位面积上所承受的力，且力的方向与受力面的法线方向垂直。

$$\tau_{ij} = \lim_{\Delta A_j \to 0} \frac{\Delta F_i}{\Delta A_j} \tag{5.1}$$

即，i 不等于 j 的情况下，式中，τ_{ij} 为剪切应力；ΔF_i 为在 i 方向的剪切应力；ΔA_j 为在 j 方向的受力面积。

由于剪切面上的剪切应力分布情况比较复杂，为方便计算，工程上通常采用以实验、经验为基础的实用计算，即近似地认为剪切应力在剪切面上是均匀分布的，则：

$$\tau = \frac{F_Q}{A} \tag{5.2}$$

式中，τ 为剪切应力；F_Q 为剪切面上的剪力；A 为剪切面面积。

　　为保证连接件具有足够的抗剪强度，要求剪切应力不超过材料的剪切应力。由此得抗剪强度条件为

$$\tau = \frac{F_Q}{A} \leqslant [\tau] \qquad (5.3)$$

式中，$[\tau]$ 为材料的许用剪切应力。

二、剪切模量

　　材料在剪切应力作用下，在弹性变形比例极限范围内，剪切应力与剪切应变的比值，称为剪切模量（shear modulus），它表征材料抵抗剪切应变的能力，模量大，则表示材料的刚性强；剪切模量的倒数被称为剪切柔量，是单位剪切应力作用下发生切应变的量度，可表示材料剪切变形的难易程度。

　　基于剪切胡克定律，在剪切应力 τ 的作用下，单元体的两个相对面发生错动，改变的一个微量 γ，这就是切应变（图 5.3）。当剪切应

图 5.3　剪切应变示意图

力不超过材料的剪切比例极限 τ 时，剪切应力 τ 与切应变 γ 成正比，这就是材料的剪切胡克定律：

$$G = \frac{\tau}{\gamma} \qquad (5.4)$$

式中，比例常数 G 与材料有关，称为材料的切变模量。G 的量纲与 E 相同，常用单位是 GPa，其数值可由试验测得。一般钢材的 G 约为 80GPa，铸铁约为 45GPa。

　　在均质且等向性的材料中：

$$G = \frac{E}{2(1+v)} \qquad (5.5)$$

式中，E 为杨氏模量；v 为泊松比。

三、剪切面

　　发生剪切变形的截面称为剪切面，按剪切面的受力方式，可分为单面剪切、双面剪切及纯剪切（图 5.4）。只有一个剪切面的剪切称为单面剪切，如使用铆钉作为连接件；具有两个剪切面的剪切称为双面剪切，如使用销钉作为连接件（张秉荣，2011）。在工程实际应用中，常需要用连接件将构件彼此连接，如铆钉、销钉、键和木结构榫卯等，都起连接作用，这种连接件在受力后主要变形形式就是剪切（徐福卫和符蓉，2017）。

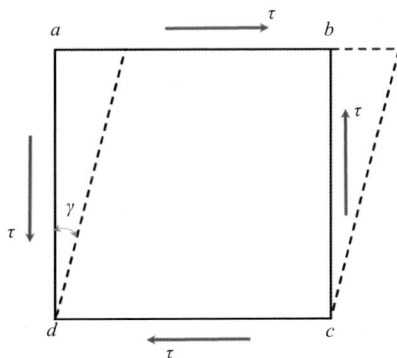

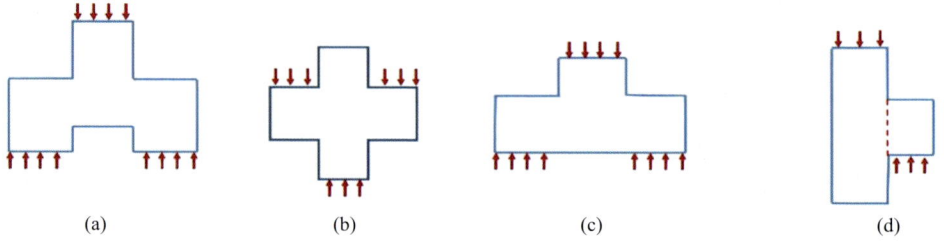

图 5.4　单面剪切和双面剪切受力特征示意图
（a）、（b）、（c）双面剪切；（d）单面剪切

四、竹、木材剪切性能

　　竹材和木材是人们赖以生存的生产资料和生活资料，在人们的日常生活中应用普遍。当竹木、木材用作结构构件时，剪切时常发生，如高度大、跨度小的梁承受中央载荷时，将会产生较大的水平剪切应力；木结构构件接榫处产生平行和垂直于纤维的剪切应力（图 5.5）；螺栓连接木材时也产生平行和垂直于纤维的剪切应力，又如胶合板和层积材、竹木复合结构在胶层处也易产生剪切应力等。

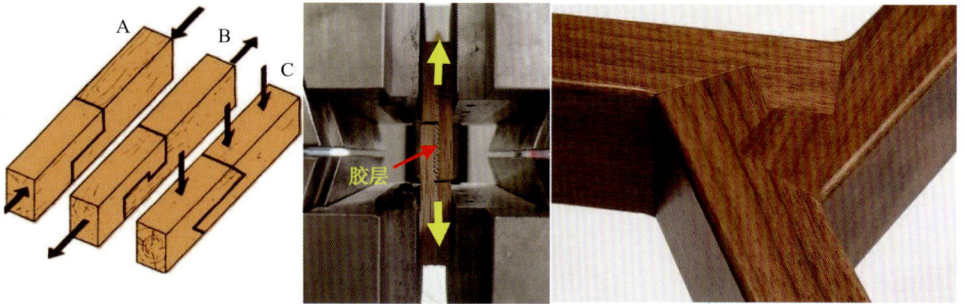

图 5.5　竹、木材剪切应力形式

　　当竹材或木材受大小相等、方向相反的平行力，在其垂直于与力接触面的方向，使物体一部分与另一部分产生滑移所引起的应力，称为剪切应力。竹材或木材抵抗剪切应力的能力称为抗剪强度。竹材或木材组织由于剪切应力的作用，随着破坏而发生的相对位移，称为剪切。所谓相对位移，是指一表面对另一表面上的顺纹滑移，这种破坏被称为剪切破坏。竹材和木材都为各向异性材料，因载荷方式和方法不同，产生多种剪切应力，但以顺纹抗剪切应力最为重要，这与竹材的组织结构相关。

　　当木材承受扭曲载荷时，主要产生顺纹剪切应力，但在剪切以外方式受力时，常发生斜纹剪切，通常约与纤维纵轴呈 45°的剪切，这是由于在木材纤维之间及胞壁结构中产生滑移面，剪切作用出现的部位还会使纤维皱褶。除了上述的顺纹剪切和斜纹剪切外，竹、木材尚有横纹剪切及滚动剪切。当竹、木材承受垂直于纹理的剪切而产生相对的位移称为横纹剪切；仅在一定载荷条件下，伴随纤维受压破坏而发生；滚动剪切是竹、木材横向荷载时，与纹理平行和垂直的平面上，纤维彼此横向滚动产生的剪切，如竹材的短梁剪切，高而窄的实心梁和胶合板荷载时产生滚动剪切，结构设计时要考虑它的影响，滚动抗剪强度略低于顺纹抗剪强度，应用时常采用顺纹抗剪强度的一半。

第二节　圆竹剪切性能研究

竹材宏观上表现为中空、管状，竹节规律性地分布在具有一定锥度的竹秆上；微观上，竹材是由维管束和薄壁组织组成的两相复合材料，其中维管束均为纵向排列，且在竹壁厚度方向上呈梯度分布，因此竹材具有优异的轴向拉伸、压缩、弯曲性能；然而由于没有横向组织，故抗劈裂性能很弱，Derek（2009）采用十字剪切方法测试瓜多竹筒顺纹剪切强度平均为 8.8MPa，与拉伸强度（194.9MPa）和抗弯强度 170.3MPa（李霞镇，2009）相比小了一个数量级；毛竹净材的顺纹剪切强度和抗劈力分别为 12.2MPa（周芳纯，1991）和 2.0MPa，因此，顺纹劈裂是圆竹的重要破坏方式。而正是由于竹子容易劈裂的性能，竹子在纵向上便于加工，促使竹材很早便进入了人们应用的视野。根据古代文献记载，早在上古时期，便利用竹子作为箭矢，尤以会稽箭的竹矢最为出名，且竹材剖篾自古代开始就在民间日常器用中得以广泛利用，如用竹子编席、篮子，做扫帚；各地人民用竹子编扎筐舆、竹筏、马鞭等，极大地发挥了竹材易劈裂加工的特性。

剪切性能是复合材料一个重要的力学性能参数和强度指标。顺纹剪切是圆竹利用过程中的重要破坏方式，也是竹材制备成更小单元的主要加工方式，因此竹材顺纹剪切强度不仅是决定竹材力学性能和破坏模式的关键，同时也是决定加工方式和剖分设备的基础。针对竹材的形状和用途不同，竹材的顺纹剪切方法一直是学者关注的重点。

一、圆竹剪切性能测试方法

在国际标准分类中，剪切强度的测试方法涉及航空航天制造用材料、医疗设备、木材加工技术、黏合剂和胶黏产品、结构和结构元件、增强塑料、建筑材料、土方工程、挖掘、地基构造、地下工程、土质、土壤学。在中国标准分类中，剪切强度的测试方法也涉及航空与航天用非金属材料、胶粘剂基础标准与通用方法、纤维增强复合材料、合成树脂、塑料基础标准与通用方法、混凝土、集料、灰浆、砂浆。

不同材料的剪切强度测试方法不同。塑料采用《塑料剪切强度试验方法　穿孔法》（GB/T 15598—1995）；金属材料根据不同用途其剪切强度测试方法主要包括双剪切、圆盘剪切、双桥剪切、拉伸和剪切组合等方法（HB 6736—1993，金属板材剪切试验方法；YS/T 1009—2014，烧结金属多孔材料 剪切强度的测定）；混凝土则包括矩形短梁直接剪切、单剪面 Z 形试件、缺口梁四点受力、薄壁圆筒受扭和二轴拉压等剪切强度测试方法；复合材料主要包括面内剪切性能试验方法（GB/T 28889—2012，复合材料面内剪切性能试验方法；ASTM D7078/D7078M-2005，V 形缺口轨道剪切复合材料剪切性能试验方法）；聚合物复合材料及其层压板的剪切强度常采用短梁剪切试验方法测量（ASTM D2344M-2000；GB/T 30969—2014）。

圆竹由于其中空管状结构，以及尺寸和性质的变异性，其剪切性能测试方法和装置备受研究者关注。前人研发了系列的竹筒、弧形弧片等单元的轴向剪切和劈裂测试方法，同时得出不同方法测试出的剪切强度也各不相同，因此圆竹顺纹剪切性能测试方法的统一性具有一定挑战性。竹材根据形状、尺寸和用途不同，其顺纹剪切强度测试方法也各不相同。如表 5.1 所示，圆竹剪切强度，根据试件尺寸和受力方式不同，可分为圆竹筒和圆竹杆，其中圆竹筒顺纹剪切强度采用"十字剪切"，而圆竹杆采用短梁剪切方式进行纵向剪切强度测试采用标准 *Bamboo structures — Determination of physical and mechanical properties of bamboo culms — Test methods*（ISO 22157:2019）和《圆竹物理力学性能试验方法》（LY/T 2564—2015）。

国内外学者对圆竹剪切应力学性能进行了多方面的研究。曾其蕴等（1992）研究带节圆筒状竹材的抗劈强度与不带竹节的相比提高了 58.3%，由于节间部分

表 5.1　圆竹剪切性能测试方法

序号	测试方法	优缺点
1		优点：类似于三点弯曲量的试件，装置简单； 不足：复杂的应力集中点，深梁行为，需要断裂理论来分析
2		类似于传统的双悬臂梁试件。 优点：裂纹扩展相对稳定，主要测量的是薄壁组织的剪切破坏强度； 不足：不同形状或者尺寸的试件需要不同的试件加工方式来保证裂纹起始点，基于穿销的尺寸，小径竹筒难以实现该试验操作

序号	测试方法	优缺点
3		两个半圆穿销插入竹筒中心位置，并向相反方向加载。 优点：试件制作简单，单中心加载，可测试薄壁组织剪切强度； 不足：需要通过断裂理论进行分析
4		楔形块穿透试件的改进，一个楔子以恒定的速度压缩至样品的中心。 优点：固定速率行进楔形块，可测量薄壁组织剪切强度； 不足：需要断裂理论进行分析
5		预制缺口梁测试的改进装置，在三点弯曲作用下，在竹藤正下方预制一缺口来进行。 优点：测试装置相对简单； 不足：需要提前预制裂纹起始点，同时测试过程中剪切应力在裂纹长度方向大小分布不同，不利于分析
6		优点：横向应力可以基于第一计算准则进行计算； 不足：难以在长度方向上获得均一的应力分布，且竹筒内径的变形更加复杂

序号	测试方法	优缺点
7		弧形试件的剪切强度测试，通过夹具在拉伸状态下测量，试件需在左端或者中间预制切口 优点：如果测试区域是家具宽度，则试件长度上测量区域的应力较均一； 不足：竹材可能会被夹具夹碎将会导致试验难以执行
8		ISO/TR 22157-2—2004 现行竹材顺纹剪切测试方法。 优点：试件加工简单，测试能保证竹筒 4 个剪切面的受力； 不足：竹筒直径的变异性，常常出现一个面或者两个面剪切破坏

注：P、F，载荷；R，径向；L，纵向；T，弦向；下同

纤维都是轴向排列，而竹节部位纤维呈多个方向走向，剪切应力除了剪切基质薄壁组织部位还需要剪切杂乱排列的纤维。张文福（2012）采用环刚度法研究圆竹径向抗压力学性能，得出圆竹环刚度测试试件的长度等于试件的直径，测得毛竹的环刚度在 $80\sim180kN/m^2$，远远大于 QB/T 1916—2004 中给出的最高级（SN16）。竹材在高度方向上的环刚度从基部到顶部呈增大趋势，4 年生毛竹的环刚度优于 6 年生毛竹的环刚度。竹节可以有效提高圆竹的径向承载能力，带有竹节圆竹的环刚度是无竹节圆竹的 2.3 倍。在圆竹上加喉箍可以增加其径向破坏应变，而圆竹打孔使得其径向抗压力学性能随孔径的增加呈下降趋势。

除此之外，Arce（1993）采用表 5.1 方法 1 研究了 3 种竹种的弧形竹材横向拉伸强度，并利用有限元进行模拟分析，基于不同的失效应变得出 3 种竹种的失效应变量大小相近，但是分析过程中忽视了竹壁厚度和弧形尺寸及非平面对拉伸应力状态分布的影响，这会使后续的分析更加复杂。Amada 和 Untao（2001）基于断裂力学预制 I 型裂纹研究了竹材 LR 面的断裂韧性，发现 LR 面的断裂韧性与纤维

含量相关，同时纤维界面比基质细胞界面破坏得早，竹材的断裂破坏特征与纤维复合材料的裂纹起始情况类似。在 Amada 和 Untao 研究的基础上，Low 等（2006）借助同步辐射、纳米压痕、夏比冲击试验和四点弯曲测试了不同年龄竹材的力学性能和断裂特征，结果表明幼龄竹具有较高的弹性模量、强度和断裂韧性，还得出裂纹偏转、裂纹桥联是能量吸收的主要机制。Mitch（2009）总结了前人对圆竹劈裂性能及其测试方法，重点采用表 5.1 中方法 1 对圆竹材的抗劈裂性能进行了研究。

二、圆竹材顺纹剪切性能研究

根据标准 *Bamboo structures — Determination of physical and mechanical properties of bamboo culms — Test methods*（ISO 22157:2019），测试时沿竹材顺纹方向以均匀的速度施加压力至破坏，破坏时的最大破坏强度即竹材的剪切强度（图 5.6）。

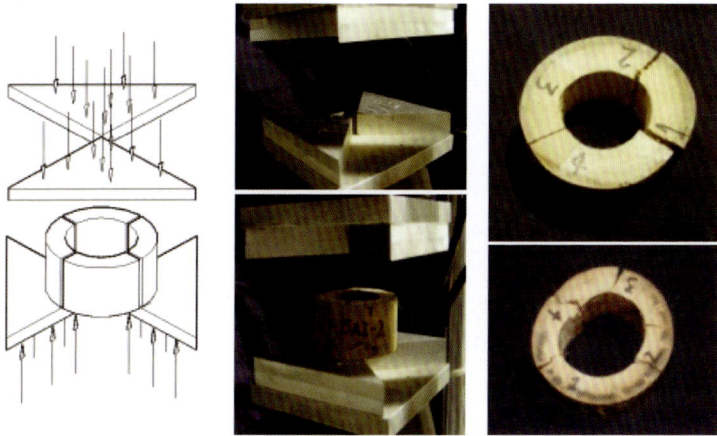

图 5.6 竹筒顺纹剪切试验方法

沿竹材顺纹方向，以均匀速度施加荷载直至试件发生破坏，破坏时最大载荷与 4 个破坏面面积总和之比即为试件十字剪切强度，采用式（5.6）计算：

$$\tau = \frac{F}{\varepsilon(t \times l)} \qquad (5.6)$$

式中，τ 为试件含水率为 $w\%$ 时的剪切强度，单位为兆帕（MPa）；F 为破坏载荷，单位为牛顿（N）；ε 为应变；t 为试件厚度，单位为毫米（mm）；l 为试件长度，单位为毫米（mm）。

试验结束后测定试件含水率，所有强度值按规定转化为含水率为 12% 时的剪切强度，以消除含水率差异的影响，计算公式及使用条件如下所示：

$$\tau_{12} = \tau_{\omega}\left[1 + 0.025(w-12)\right] \qquad (5.7)$$

式中，τ_{12} 为试件含水率 12% 时的拉伸剪切强度，单位为兆帕（MPa）；w 为试件含水率，单位为%。

试件含水率在 9%～15%按照式（5.7）进行计算有效。

依据 ISO 22157: 2019 测试方法，毛竹圆竹材顺纹剪切强度分布范围为 11～16MPa，其台阶式剪切应力学行为曲线如图 5.7 所示，其力学行为兼具压缩和剪切复合模式；在初始阶段，为压缩受力模式，载荷上升速率较快，随后圆竹强度薄弱的竹黄开始产生裂纹，载荷开始下降，随着载荷增大至最大破坏载荷，剪切面发生破坏，加载载荷呈瞬时下降。

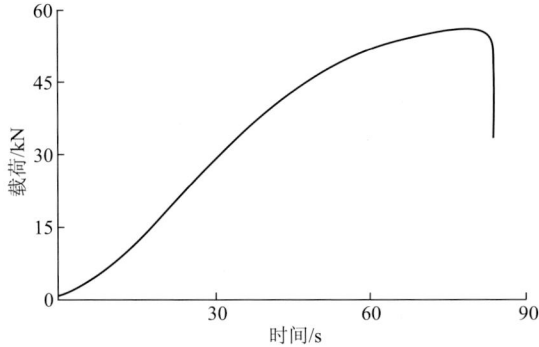

图 5.7　顺纹台阶式剪切应力学行为曲线

圆竹材顺纹剪切破坏模式如图 5.8 所示，虽然该加载方式下，圆竹筒有 4 个剪切面，但是由于竹筒为椭圆状，其破坏模式为沿竹筒强度最弱的部位发生纵向劈裂，破坏面一般为 1～2 个剪切面；从破坏特征可以看出，靠竹壁外侧的剪切破坏面较整齐，而内侧较为粗糙，这时因外侧纤维含量较致密，而最内侧主要是硅质细胞的破坏，同时因为试件面积较大，故破坏面为非直线形，有扭曲现象。

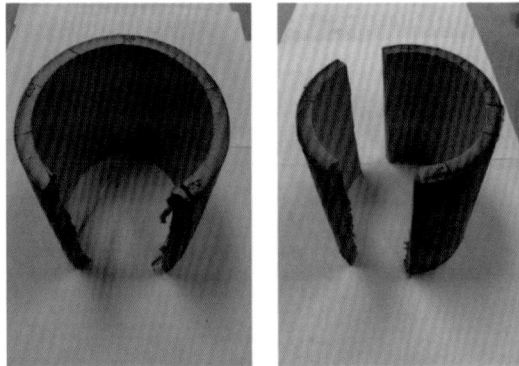

图 5.8　台阶式剪切破坏模式

竹材径向为梯度复合材料，梯度结构材料的剪切性能测试方法具有一定的挑战性，采用常规的管状材料或均匀材料剪切性能测试方法不能精确测量梯度复合材料的剪切性能。同时管状结构的圆竹材，精确地剪切试件需要平行的端面，由于竹子横截面纤维含量呈梯度分布，外侧硬度高、内侧硬度相对较低，因此上下两个平行面加工难度较大。

第三节　竹材剪切性能研究

一、竹材剪切性能研究方法

竹材抵抗剪切应力的能力称为抗剪强度。竹结构中最常见的是顺纹抗剪，顺纹抗剪根据剪切面的不同分为径面顺纹抗剪和弦面顺纹抗剪。木材和竹材常常测试其顺纹剪切强度，顺纹剪切试验原理也是通过加压的方式，在台阶式试件的剪切面形成剪切应力，使试件一表面对另一表面顺纹滑移，以测定木材顺纹剪切强度，测试方法如 GB 1937—91，ASTM D143—1994。与木材类似，竹材净材顺纹剪切强度也为台阶剪切，如 GB/T 15780—1995，然而，胶合板和竹材胶合板的胶层剪切强度常采用预制缺口的拉伸剪切测试（见 GB/T 9846）及胶层剪切强度台阶剪切测试方法（见 GB/T 17657—2013）。

而竹材净材与木材类似，其顺纹剪切强度则采用与木材类似的台阶式剪切测试方法[《竹材物理力学性质试验方法》（GB/T 15780—1995）]，同时还可以参照聚合物复合材料及其层压板的剪切强度常采用短梁剪切试验方法[*Standard test method for short-beam strength of polymer matrix composite materials and their laminates*（ASTM D2344/2344M—2016）；《聚合物基复合材料短梁剪切强度试验方法》（GB/T 30969—2014）]。用于制备竹集成材的单元——规格竹条，由于其厚度较薄，常采用拉伸剪切方法进行顺纹剪切强度测试[*Standard test method for strength properties of adhesives in plywood type construction in shear by tension loading*（ASTM D906）]。竹材人造板的层间胶层剪切强度则根据制备单元不同而不同，竹刨花板或颗粒板多采用胶合内结合强度表示，竹胶合板、竹木复合层积材则常采用拉伸剪切或者台阶剪切或者短梁剪切的方式进行测量[《人造板及饰面人造板理化性能试验方法》（GB/T 17657—2013）]。竹片材剪切性能主要测试方法如表 5.2 所示。

表 5.2　竹材及竹质复合材常用剪切强度测试方法

试验方法名称	参照标准	试件尺寸/mm	试验装置
拉伸剪切	*Standard test method for strength properties of adhesives in plywood type construction in shear by tension loading*（ASTM D906）		

试验方法名称	参照标准	试件尺寸/mm	试验装置
台阶剪切	《竹材物理力学性质试验方法》(GB/T 15780—1995)		
	《人造板及饰面人造板理化性能试验方法》(GB/T 17657—2013)		
短梁剪切	*Standard test method for short-Beam strength of polymer matrix composite materials and their laminates*(ASTM D2344/2344M—2016)		
双 "V" 型切口剪切测试	《复合材料面内剪切性能试验方法》(GB/T 28889—2012);*Standard test method for shear properties of composite materials by V-notched rail shear method*(ASTM D7078/D7078M—2005)		
面内双规剪切	*Standard test method for structural panels in shear through-the-thickness*(ASTM D 2719—13)		

二、竹材剪切性能研究

根据竹材性质、尺寸和用途，常用的剪切性能测试方法有：拉伸剪切、短梁剪切、台阶式剪切，不同测试方法得到的剪切强度、力学行为和破坏模式也各不相同，都得出纤维含量对竹材顺纹剪切强度具有重要影响。竹材的弦向面拉伸剪切强度并不与纤维含量呈正相关关系，纤维含量百分比为 37.35%的弦向剪切面的剪切强度大于纤维含量分别为 43.91%和 34.92%的剪切面；竹节对片状竹材的抗劈强度影响最为显著，带节竹材剪切强度比不带节竹材增加 59.1%，竹节部位杂乱的纤维排列对顺纹剪切强度起到的显著作用，同时也是中空竹杆在较大弯曲条件下不发生劈裂的重要原因。以下举例介绍几种测试条件下的竹材顺纹剪切应力学性能。

（一）台阶式剪切

根据《竹材物理力学性质试验方法》（GB/T 15780—1995），由加压方式所形成的剪切应力，使试件受剪面呈顺纹剪切破坏，从而测定竹材的顺纹抗剪切强度，该测试方法的试件形状、尺寸如图 5.9 所示，试件的受剪切面为径面，长度为顺纹方向。

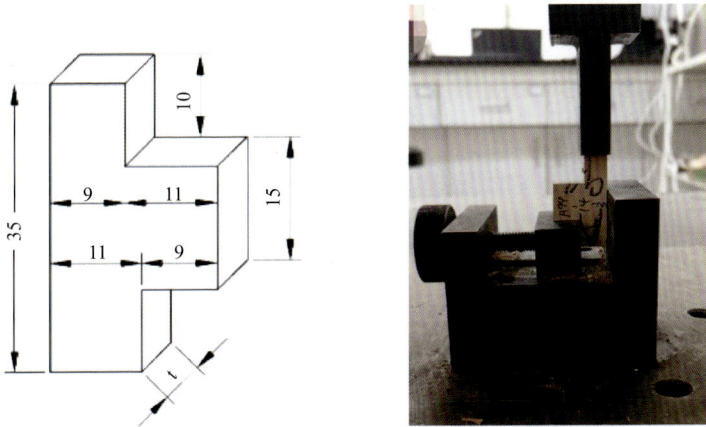

图 5.9　台阶式剪切试件尺寸（mm）和实验装置图

试件含水率为 w%时的顺纹抗剪强度，按式（5.8）计算，精确至 0.1MPa。

$$\tau_w = \frac{P_{\max}}{tL} \tag{5.8}$$

式中，τ_w 为试件含水率为 w%时的顺纹剪切强度，单位为兆帕（MPa）；$P_{\max}$ 为试件断裂的最大破坏载荷，单位为牛（N）；t 为试件厚度，单位为毫米（mm）；L 为试件受剪面长度，单位为毫米（mm）。

试验结束后第一时间测定试件含水率，同时转化为含水率为 12% 时的剪切强度，以消除含水率差异的影响，计算公式及使用条件同式（5.8）。

　　竹片材台阶式顺纹剪切强度测试过程中的力学行为曲线如图5.10所示，可分为载荷缓慢增大、快速增长和破坏三阶段，破坏阶段发生后载荷迅速下降；与之相应的台阶式剪切破坏模式如图5.11所示，由于竹材纤维含量在壁厚方向上的梯度变异，在破坏时，首先是强度较弱的竹黄部位产生裂纹，然后竹青部分瞬间断开，且竹青到竹黄，破坏表面从平整到粗糙，这是因为竹青处主要发生纤维的拉断，竹黄处主要发生硅质细胞的破坏。

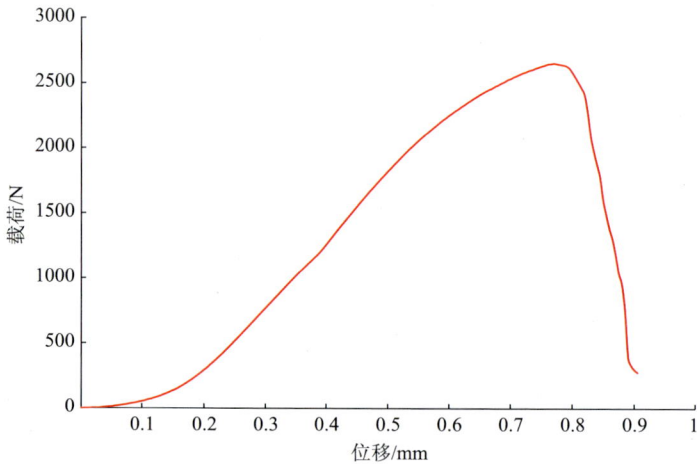

图 5.10　台阶式剪切应力学行为曲线

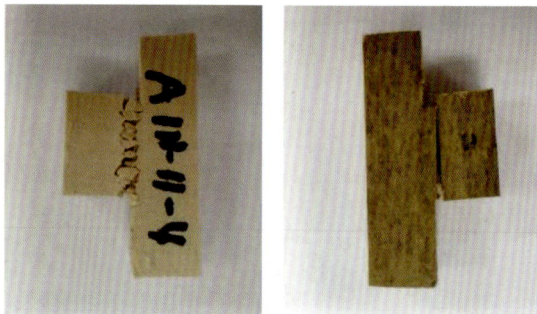

图 5.11　台阶式剪切破坏模式

（二）台阶式拉伸剪切

　　根据 *Standard test method for strength properties of adhesives in plywood type construction in shear by tension loading*[ASTM D906—98（2011）]，拉伸剪切测试方法原理是通过拉伸载荷使剪切面产生剪切破坏，以确定竹材顺纹剪切强度。该方法的试件形状及尺寸和加载装置如图5.12和图5.13所示，拉伸剪切试件的形状

为长矩形，并预制一定深度的切口。

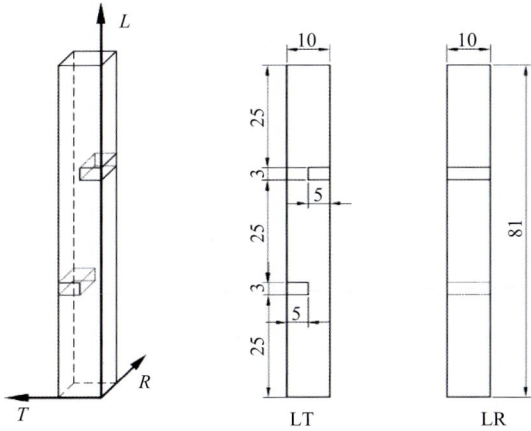

图 5.12　试件形状及尺寸（mm）示意图　　　图 5.13　拉伸剪切加载装置图

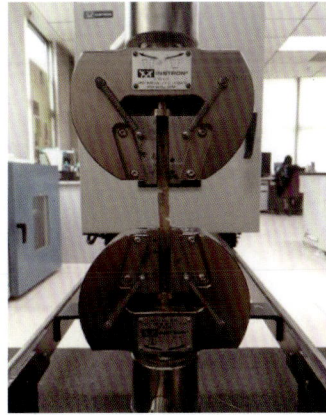

试件顺纹拉伸剪切破坏的最大载荷与拉伸剪切面积的比值，即为试件拉伸剪切强度。采用式（5.9）计算：

$$\tau = \frac{F}{A} \tag{5.9}$$

式中，τ 为试件含水率为 $w\%$ 时的剪切强度，单位为兆帕（MPa）；F 为破坏载荷，单位为牛顿（N）；A 为受剪面面积，单位为平方毫米（mm^2）。

毛竹拉伸剪切应力学行为曲线如图 5.14 所示，试验过程分为线弹性、屈服和破坏三个阶段。从试验曲线及破坏过程中可知，径向拉伸剪切试件在短暂的屈服后会表现为瞬间断裂，而弦向拉伸剪切试件则表现为缓慢的撕裂破坏，这与两个

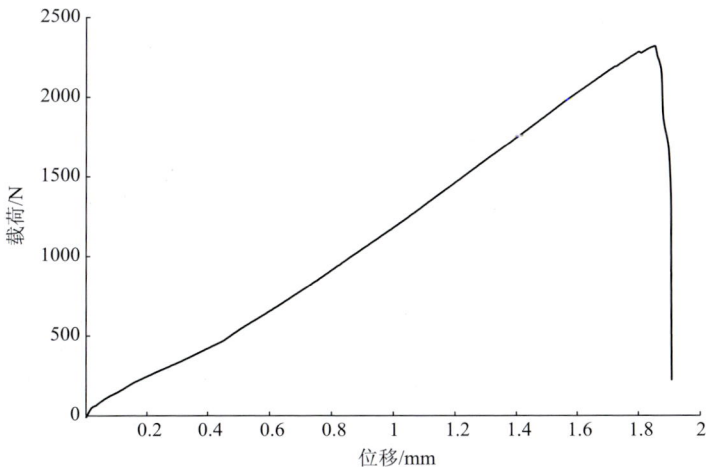

图 5.14　拉伸剪切过程中载荷-位移曲线

方向的断裂模式有关。竹材顺纹径切面剪切破坏模式如图 5.15 所示，径向拉伸剪切破坏面贯穿整个竹青到竹黄部位，破坏表面可以观察到维管束的拔出及薄壁细胞的破坏；弦向拉伸剪切破坏发生在竹青与竹黄之间的某一弦向面，破坏表面仍然可以观察到维管束的拔出及薄壁细胞的破坏。

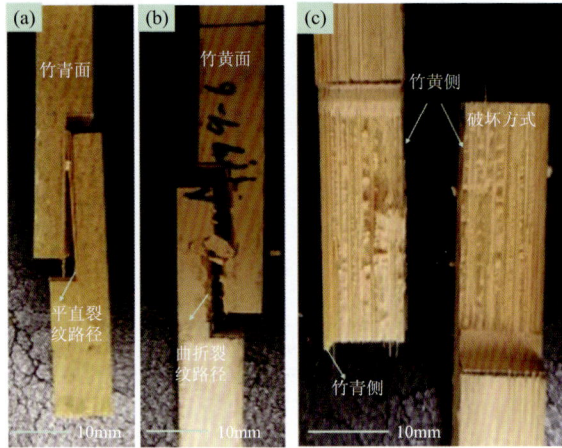

图 5.15 剪切破坏模式

（三）短梁剪切

参照《聚合物基复合材料短梁剪切强度试验方法》（GB/T 30969—2014），采用小跨厚比三点弯曲法，测试试件的短梁剪切强度，常采用的跨距为试件厚度的 4 倍，试件尺寸和加载装置如图 5.16 和图 5.17 所示。

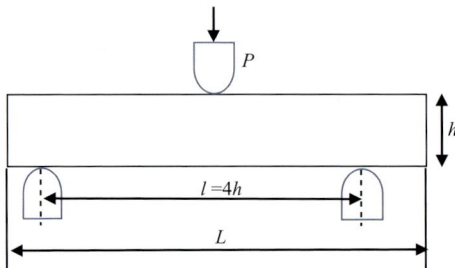

图 5.16 短梁剪切试件形状及尺寸示意图

h，试样高度；L，试样宽度；l，跨距；P，载荷

图 5.17 短梁剪切加载装置

测试过程中，在试件长度中央以均匀的速度施加集中载荷，直至试件破坏，破坏时最大载荷与破坏面积之比即为短梁剪切强度，短梁剪切强度计算如下所示：

$$\tau = \frac{3F}{4wh} \tag{5.10}$$

式中，τ 为试件剪切强度，单位为兆帕（MPa）；F 为最大破坏载荷，单位为牛顿（N）；w 为试件宽度，单位为毫米（mm）；h 为试件高度，单位为毫米（mm）。

竹材在短梁剪切测试过程中，载荷-位移力学行为曲线如图 5.18 所示，短梁剪切破坏过程中的力学行为与三点弯曲相似，力学行为可分为 3 个阶段：初始的弹性阶段，位移与载荷成正比，随着位移增大，载荷逐渐增大；其次为塑性阶段，在这一阶段中，位移与载荷呈非线性关系；最后为破坏阶段，载荷达到最大值后，试件发生剪切破坏，试件的受拉面产生断裂，载荷逐渐下降。其破坏模式如图 5.19

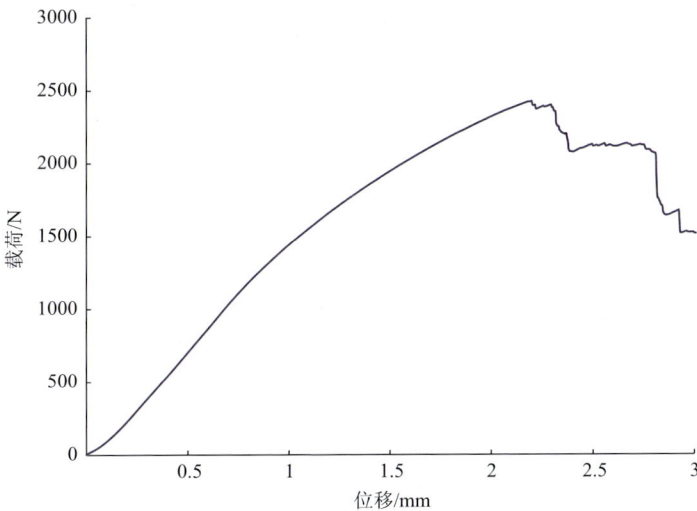

图 5.18 短梁剪切载荷-位移曲线

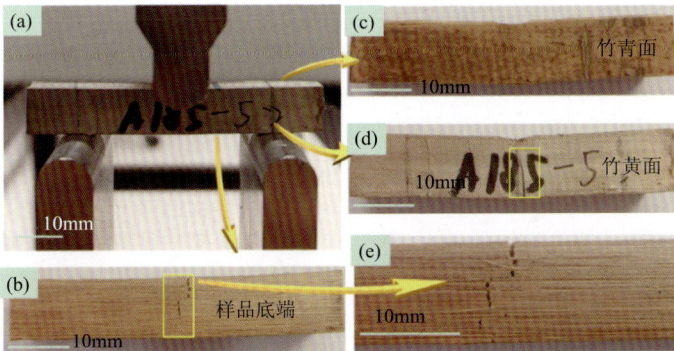

图 5.19 竹材短梁剪切破坏模式

所示，试件下表面受拉伸载荷作用，上表面受压缩载荷作用，在加载点最下方发生破坏，当试件受到向下的载荷后，首先试件内部产生层间滑移，之后再向纤维垂直方向进行裂纹的扩展，最后纤维被拉断，呈簇状拔出。破坏裂口呈"Z"形。

第四节　微观尺度下竹材剪切性能研究

一、微观尺度下竹材复合结构

从微观尺度到分子尺度水平，竹材都呈现复杂的复合结构。细胞尺度下，厚壁竹纤维和基本组织薄壁细胞是竹材最重要的构成单元，厚壁竹纤维约占竹材体积的 40%，重量的 70%～80%；纳米尺度上，纤维与薄壁组织细胞壁呈现多壁层层积复合结构，如图 5.20（b）所示。研究发现约占细胞壁体积 80%的次生壁是由微纤丝角为 3°～10°的厚层及微纤丝角为 30°～90°（多数为 30°～45°）薄层交替组成，最多可达到 18 层（Parameswaran and Liese, 1976）；在分子水平上，竹材含有 40%～60%的纤维素、14%～25%的半纤维素和 16%～34%的木质素（蒋乃翔，2011）。而在 12%含水率，20℃条件下，纤维素、半纤维素和木质素的轴向拉伸模量分别为 134～136GPa、20MPa 和 2GPa；半纤维素和木质素的水合混合物的弹性模量仅为 0.75GPa（混合定律计算），比纤维素微纤丝软 170 倍（Salmén et al., 2004; Gibson, 2012）。

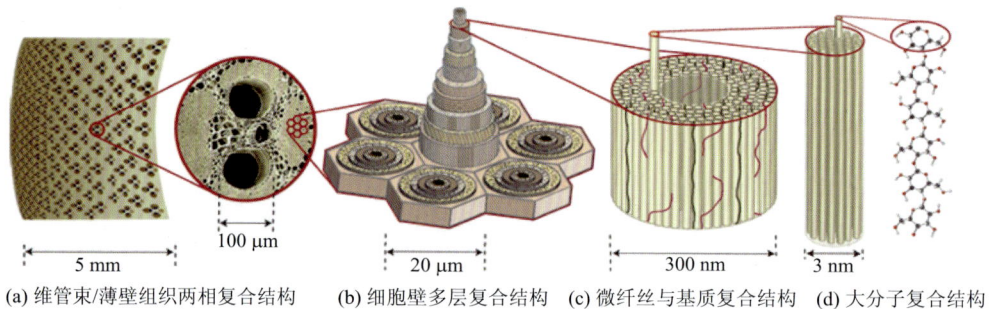

(a) 维管束/薄壁组织两相复合结构　　(b) 细胞壁多层复合结构　(c) 微纤丝与基质复合结构　(d) 大分子复合结构

图 5.20　不同尺度下竹材的复合结构（Srot et al., 2013）

二、微观尺度下竹材复合界面剪切性能

不同尺度水平下的复合界面，是竹材发生剪切破坏的主要位置，并决定其剪切性能和破坏模式。不同尺度水平下，竹、木材剪切破坏模式如图 5.21 所示。组织水平下，竹材纤维/薄壁组织界面决定着裂纹扩展条件及规律，破坏面主要发生在纤维与薄壁细胞界面，维管束有效阻滞裂纹横向扩展，受力过程中裂纹常常转向纤维/薄壁组织界面纵向扩展，破坏路径呈台阶状[图 5.21（a）]，在纤维束的阻滞和弱界面作用下，裂纹横向扩展则异常困难（邵卓平等，2008；田根林等，2012）。细胞尺度下，轴向拉伸时纤维束拔出、桥联和界面剪切破坏（Liu et al.,

2015）［图5.21（b）］；竹材径向局部压缩破坏的裂纹主要沿着纤维与纤维之间、薄壁细胞与纤维界面扩展［图5.21（c）］。

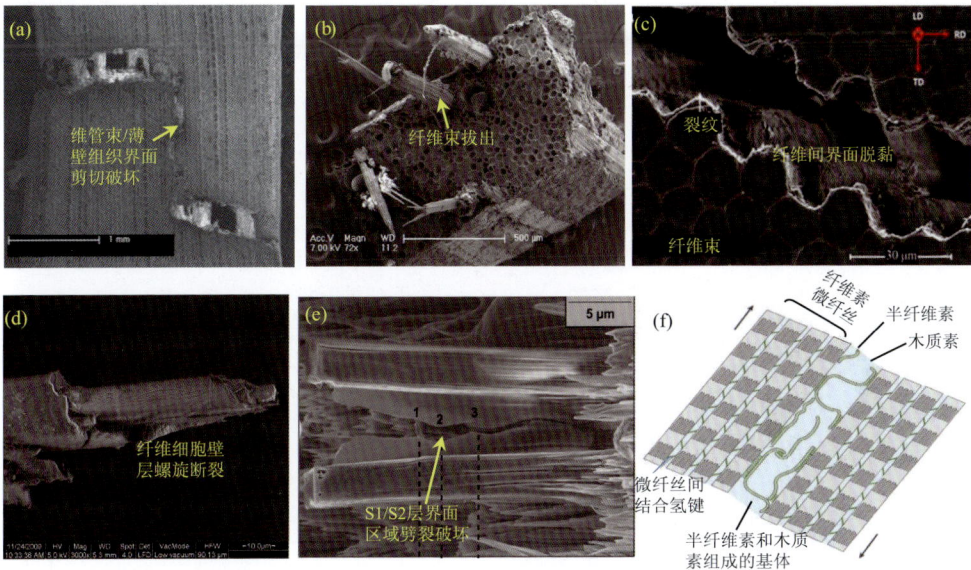

图5.21　竹、木材不同尺度复合界面剪切破坏模式

（a）竹材维管束与薄壁组织界面拉剪破坏方式（田根林等，2012）；（b）纤维束的拔出（Liu et al., 2016）；（c）竹纤维间界面剥离（Habibi and Lu, 2014）；（d）竹纤维细胞壁层螺旋破坏（Liu et al., 2019）；（e）木材细胞壁 S1/S2 层界面破坏方式（Maaß et al., 2020）；（f）主要化学成分间界面的"黏弹"力学行为（Barthelat et al., 2016）

纳米尺度下，竹纤维的拉伸断裂面呈螺旋状破坏方式［图5.21（d）］，微纤丝角较小的厚层断裂面几乎与轴向平行，而微纤丝角较大的薄层断裂面则与轴向垂直（Liu et al.，2015），胞间层和次生壁之间界面是裂纹扩展的主要位置（Wang et al., 2020）；安晓静（2013）和黄艳辉（2010）发现竹纤维具有较高的拉伸断裂应变，且断裂面呈多级脱层为主；且平行轴向破坏的竹材细胞壁壁层表面光滑，表明为厚薄层界面的剥离。Maaß 等（2020）通过研究木材细胞壁 S$_1$/S$_2$ 层界面的破坏形式揭示细胞壁层的韧性机制，发现预制在 S$_2$ 层的裂纹会沿着微纤丝排列方向偏转至 S$_1$/S$_2$ 层界面，随后裂纹在界面处被阻滞、裂纹尖端钝化，在裂纹尖端区域应力再集中至临界载荷时再次扩展，反复进行"停止—启动"的扩展模式，微纤丝桥联，裂纹尖端区域基质的黏弹性塑性变形减弱应力再集中的微力学机制。

分子水平上，关于木材分子相互作用机制先后提出了纤维的"螺旋弹簧拉伸力学机制"模型（Fratzl et al.，2004）和"尼龙搭扣"的微纤丝之间界面力学响应解释木材应力释放后的刚性和强度的复原机制（Keckes et al.，2003），即通过半纤维素和木质素在滑动和剪切过程中的黏结和脱黏来保持原来的刚度（Salmén et al.，2004；Adler and Buehler，2013）；在此基础上，纤维素微纤丝与半纤维素的桥联模型被提出（Åkerholm and Salmén，2001；Altaner and Jarvis，2008；Barthelat et al.，2016），即半纤维素不仅与纤维素分子链黏结，同时还在两纤维素分子链之间桥联；受力过程中，纤维素与半纤维素界面分离，半纤维素"黏滑"，应力释放后，重新结合的界面力学行为机制，从而保持了纤维的整体强度和塑性变形机制（Adler and Buehler，2013）[图5.21（f）]。

三、竹材两相结构剪切性能研究

竹材是以纤维为增强体、以薄壁组织为基体的典型两相复合材料，组织尺度下的竹材组分主要是指纤维鞘和薄壁组织，纤维鞘和薄壁组织的横截面尺寸都很小，纤维鞘横截面尺寸一般为 0.1～0.3mm，薄壁组织横截面尺寸一般为 0.1～3mm，因此，参考 *Standard test method for strength properties of adhesives in plywood type construction in shear by tension loading*[ASTM D906—98（2011）]，制取纤维鞘和薄壁组织试件，在预制切口条件下，采用具有一定普适性的拉伸剪切法测试竹材两相结构的竹材性能，试件的形状、尺寸及加载装置如图5.22、图5.23所示。

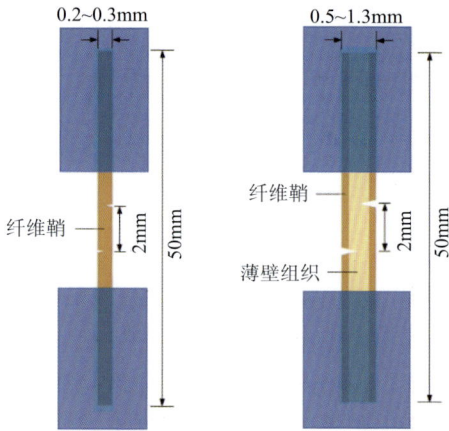

图5.22　竹材组织拉伸剪切试件尺寸示意图　　　图5.23　试件拉伸剪切加载装置图

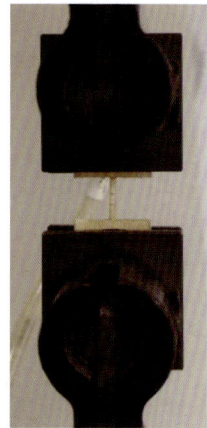

试件顺纹拉伸剪切破坏的最大载荷与拉伸剪切面积的比值，即为试件拉伸剪切强度。采用式（5.11）计算：

$$\tau = \frac{F}{A} \tag{5.11}$$

式中，τ 为试件含水率为 $w\%$ 时的剪切强度，单位为兆帕（MPa）；F 为破坏载荷，单位为牛顿（N）；A 为受剪面面积，单位为平方毫米（mm²）。

对比毛竹纤维鞘的拉伸剪切强度及纤维与薄壁细胞间的拉伸剪切强度发现（图5.24），纤维鞘的顺纹拉伸剪切强度是纤维与薄壁细胞间顺纹拉伸剪切强度的2～3倍。两种界面的拉伸剪切破坏力学行为相差较大（图5.25），纤维/纤维界面呈直线上升至最大破坏载荷时发生剪切破坏；而纤维/薄壁细胞界面剪切应力学行为曲线呈现典型的三段式，即弹性段、塑性段和破坏段，破坏阶段为缓慢剪切破坏，曲线呈阶段性缓慢下降；两种界面的破坏模式如图 5.26 所示，纤维/纤维界面破坏路径平直，偶有被掀起的丝状纤维；纤维与薄壁细胞之间的拉伸剪切破坏模式主要为薄壁细胞剪切破坏和纤维/薄壁细胞界面破坏，其主要表现为，薄壁组织的整体黏附破坏、阶梯状黏附破坏及齿状撕裂破坏。这与纤维和薄壁细胞的结构、力学性能和结合方式相关。

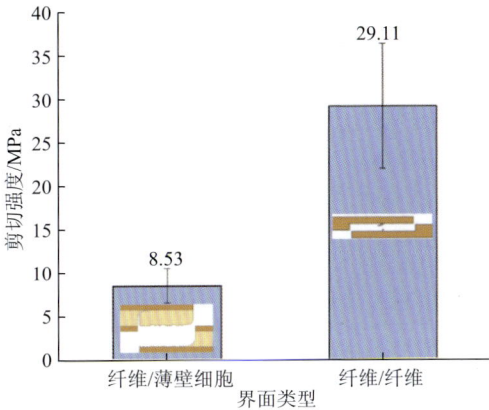

图 5.24　竹材两种细胞界面拉伸剪切强度　　　图 5.25　竹材两种细胞界面拉伸力学行为曲线

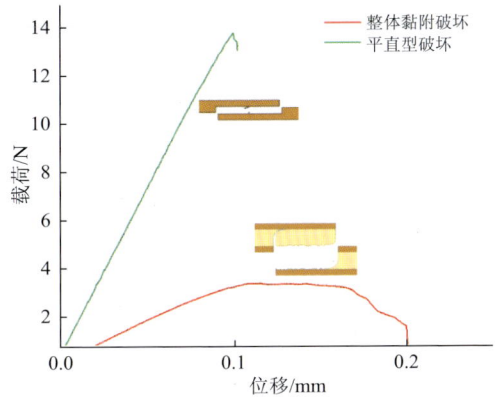

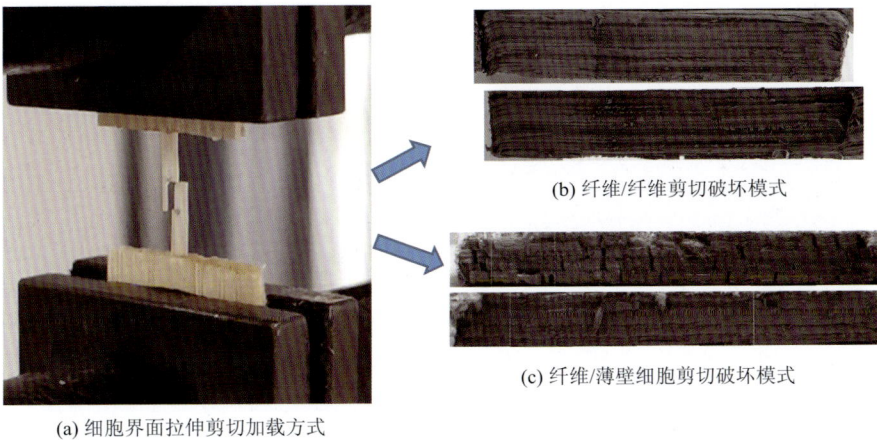

(a) 细胞界面拉伸剪切加载方式

(b) 纤维/纤维剪切破坏模式

(c) 纤维/薄壁细胞剪切破坏模式

图 5.26　纤维与薄壁细胞界面拉伸剪切破坏模式

第五节　竹材剪切性能的影响因素

竹材为天然的生物质材料，影响竹材顺纹剪切强度的主要因子有密度、含水率、年龄、高度、竹节等；同时其剪切性能还受外界生长环境影响。

一、竹材梯度变异特性对剪切性能的影响

（一）竹杆高度

竹杆部位不同，竹材力学强度变异较大。如表 5.3 所示，在同一竹杆上，顶部竹材比底部竹材的力学强度大，竹青比竹黄力学强度大。毛竹竹材的各项力学强度都随着竹杆高度的增加而增大，1～3m 较为显著，3～7m 变化不大，高度、方向、部位对竹材力学性能的影响一般在 10%～15%。竹壁外侧维管束分布较内侧密集，故外侧比内侧拉伸弯曲强度大，而顺纹剪切强度则不同，黄爱月等（2022）研究毛竹竹材中部的剪切强度高于最外和最内侧。

表 5.3　不同部位毛竹圆竹筒顺纹剪切强度

竹龄/年	指标	底部		中部		顶部	
		破坏载荷/kN	抗剪强度/MPa	破坏载荷/kN	抗剪强度/MPa	破坏载荷/kN	抗剪强度/MPa
4	平均值	57.67	11.8	39.79	13.99	31.23	15.36
	标准差	7.72	0.9	6.47	0.7	4.97	0.92
	变异系数	13.19	7.55	16.27	5.01	15.92	5.97
6	平均值	56.17	11.79	38.81	13.21	29.55	15.92
	标准差	7.77	0.78	3.29	1.57	4.09	1.18
	变异系数	13.84	6.61	8.48	11.87	13.82	7.74

李源哲等（1986）、王朝晖（2001）研究同一竹龄不同高度位置竹材的顺纹剪切强度随着高度增加呈直线增大，上部（第 24 节）比基部（第 12 节）增大 10%，毛竹上部（约 6.5m 处）顺纹抗剪强度比下部（约 1.5m 处）增大 12% 左右；同时，竹子生长过程中，中部抗剪强度增加较大（约增大 15%），而下部或上部增加较小（5%～7%），表明不同部位的竹材顺纹剪切强度增加程度不同，且竹材中部以上抗剪强度趋于稳定。不同竹杆高度方向的顺纹剪切强度如表 5.4 所示。

表 5.4　毛竹片材不同高度的顺纹剪切强度

项目	竹杆高度		
	基部 1～2m	中部 3～4m	上部 5～6m
顺纹剪切强度/MPa	11.4	12.2	13.5
顺纹抗劈力/MPa	2.2	2.4	2.5

（二）竹龄

竹材生长速度快，一般 1～3 年为幼龄竹，4～6 年为成熟竹，8～10 年为老龄

竹。随着竹龄增加，竹材的物理力学性能会发生变化，这主要是因为竹材材质的老化会使竹材在微观构造上发生变化，竹材的木质素、半纤维素和纤维素含量直接受竹材年龄的影响，竹材的力学性能与竹材纤维成熟度息息相关，此外，竹材的年龄直接或间接影响竹材中的抽提物，进而影响竹材加工特性和生物活性。当竹材处于幼龄期时，其纤维细胞壁较薄，木质化程度较低，当竹材完全成熟，细胞壁最厚，纤维成熟度最高，力学强度最好，当竹材年龄进一步增大，竹材材质出现老化，力学强度明显下降。于文吉和江泽慧（2003）发现 1 年竹到 3 年竹抗剪强度增加趋势明显，3 年到 4 年竹抗剪强度变化趋于平缓，不同竹龄的竹材剪切强度如表 5.5 所示。

表 5.5　不同竹龄的竹材剪切强度统计

剪切强度/年	1～2 年	3～4 年	5～6 年	7～8 年	9～10 年
顺纹剪切强度/MPa	8.4	10.3	11.9	12.4	10.8
抗劈裂强度/MPa	1.7	2.0	2.2	2.8	2.4

（三）竹节

竹节是竹杆的主要形态特征，对竹杆横向机械支撑起重要作用。如表 5.6 所示，竹材的节部对其力学强度有重要影响，节部的顺纹压缩强度、静曲强度、顺纹剪切强度、顺纹拉伸模量、压缩模量和静曲弹性模量等力学性能都略高于节间；而抗拉强度节部低于节间，主要原因是节部维管束分布弯曲不齐，受拉伸时易被破坏。毛竹竹材节部的抗拉强度（158.3MPa）约比节间（198.8MPa）低 20%，内侧节部的抗拉强度（100MPa）约比节间（119.3MPa）低 16.2%。与节间的纵向平行排列的维管束相比，竹节处维管束呈不同程度的弯曲、分叉或合并，引起竹节肿胀，有些维管束则向内迂回盘绕，与基本组织复合形成竹隔，这是提高竹材横向疏导和横向机械支撑及顺纹抗剪切能力的主要结构和原因。

表 5.6　竹节对毛竹片材顺纹剪切强度和抗劈强度的影响

项目		顺纹剪切强度/MPa	抗劈强度/MPa
毛竹片材	带节材	13.1	0.64
	无节材	12.2	0.82
圆竹材	带节材	环刚度破坏载荷：4.46KN	1.39
	无节材	环刚度破坏载荷：2.07KN	0.58

（四）含水率

竹材的力学强度随含水率的增高而降低。但是，当竹材绝干状况时，因质地变脆，强度反而下降。竹材是顺纹剪切强度与顺纹压缩、拉伸、静力弯曲及弹性模量等一样，都随着含水率提高而下降。王汉坤（2010）研究毛竹顺纹剪切强度从 5%到饱水状态的变化呈降低—增加—平稳—减小的趋势，与弯曲模量变化情况一致；而不同的是顺纹剪切强度最低值在含水率 6%左右，在 8%～10%时区域稳定，最高值出现在 8%～12%，之后随着含水率增加而显著下降；通过扫描电镜观察两种含水率的竹材的破坏模式发现，饱水状态下的纤维细胞断裂后其分离表面整洁，薄壁细胞之间的间隙分离；但气干状态下的纤维细胞断裂后其分离面有大量的纤丝残留，薄壁细胞本身断裂。5%到饱水状态下的顺纹剪切强度变化趋势如表 5.7 所示。

表 5.7　竹龄对毛竹顺纹抗剪强度从 5%到饱水态降幅的影响

竹龄/年	顺纹抗剪强度/MPa		降幅/%
	5%	饱水	
0.5	12.50±4.00	6.44±1.11	48.48
1.5	15.68±3.20	10.87±1.97	30.68
2.5	15.66±2.34	10.93±1.83	30.20
4.5	17.35±2.52	13.14±1.48	24.27
平均值	15.30	10.35	32.37

（五）密度

竹材是由约 50% 的薄壁组织、40%的纤维组织及 10%的疏导组织（导管和筛管）组成。单位面积内维管束密度决定了竹材密度的大小，密度是竹材重要物理性能指标，其与竹材的其他物理力学性能之间具有紧密的关系。宋光喃（2016）对不同密度等级的规格竹条进行了拉伸剪切强度试验，规格竹条的径向和弦向拉伸剪切强度随着密度的增大而增大，如表 5.8 所示，即竹材单位面积剪切强度与维管束的分布数量成正比。

表 5.8　不同密度等级规格竹条径向、弦向剪切强度

密度/(g/cm³)	径向拉伸剪切强度/MPa			弦向拉伸剪切强度/MPa		
	平均值	标准差	变异系数	平均值	标准差	变异系数
0.80～0.85	3.48	0.23	6.74%	3.20	0.52	16.33%
0.75～0.80	3.97	0.32	8.13%	3.10	0.41	13.37%
0.70～0.75	3.48	0.24	6.92%	3.18	0.76	23.81%
0.65～0.70	3.18	0.33	10.27%	2.85	0.47	16.34%
0.60～0.65	3.02	0.50	16.59%	2.22	0.39	17.66%
0.55～0.60	3.21	0.42	13.21%	2.33	0.34	14.39%
0.50～0.55	3.15	0.39	12.26%	2.39	0.46	19.36%

二、其他影响因素

　　竹子作为天然生长的植物，外界生长环境、气候条件对其外观尺寸和材质具有重要影响。同时，外部处理也可改善或影响竹材的抗剪性能，如加箍有助于增强圆竹的抗剪强度，且随着加箍数量的增加，圆竹的破坏载荷和纵向抗剪强度均略有上升。圆竹上打孔有助于提高其剪切强度，但与圆竹上孔径大小有关，随着孔径增加，圆竹的破坏载荷和纵向抗剪强度略有下降。与无孔圆竹纵向受压方式一样，圆竹在承受较大剪切作用力时，圆孔处易先发生破坏（张丹等，2012）。

第六章　竹　材　硬　度

硬度，是用于比较各种材料软硬的指标。1722 年，法国的 R．A．F．de 列奥米尔首先提出了极粗糙的划痕硬度测定法。其基本原理是以适当的力使被测材料在一根由一端硬渐变到另一端软的金属棒上划过，根据棒上出现划痕的位置确定被测材料的硬度。根据这一原理，针对各类矿物质，1822 年，F．莫斯以 10 种矿物的划痕硬度作为标准，定出 10 个硬度等级，如图 6.1 所示，即莫氏硬度，10 种矿物的莫氏硬度级依次为金刚石（10），刚玉（9），黄玉（8），石英（7），长石（6），磷灰石（5），萤石（4），方解石（3），石膏（2），滑石（1）。

莫氏硬度最初用于表示矿物硬度，是划痕硬度的一种，但其标准是随意定出的，不能精确地用于确定材料的硬度，如 10 级和 9 级之间的实际硬度差就远大于 2 级和 1 级之间的实际硬度差。随新材料、新技术的发展，人们对矿物之外的各类物质认知和应用需求的增加，针对材料的硬度程度不同，发展出压入硬度、洛氏硬度、布氏硬度、维氏硬度、邵氏硬度、显微硬度等多种硬度表示方法（图 6.1）。

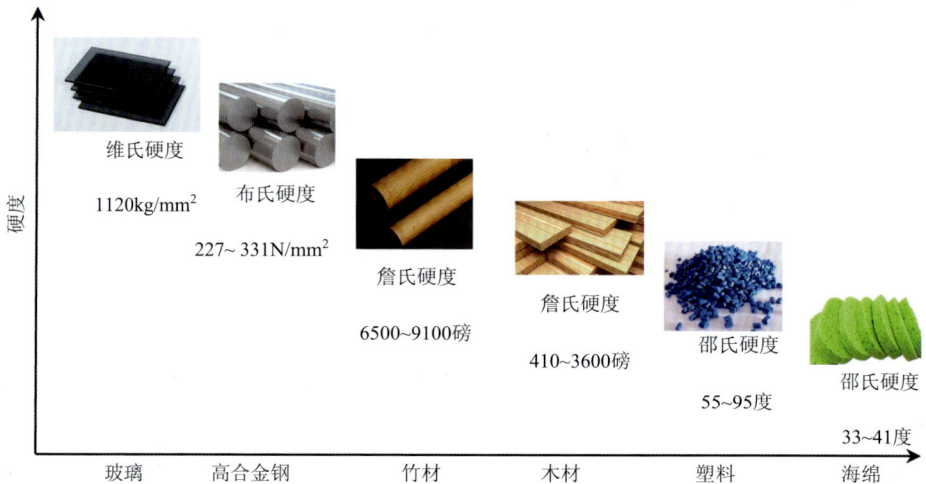

图 6.1　几种常见材料硬度表示方法及硬度值

第一节　硬度的概念与研究方法

一、硬度的定义

硬度是材料使用过程中应用最为普遍的物理概念之一，目前尚缺乏统一的定义，通常将材料局部抵抗硬物压入其表面的能力称为硬度。硬度是比较各种材料软硬程度的重要性能指标，是压痕影响区材料力学性能的综合指标，既可理解为材料抵抗弹性变形、塑性变形或破坏的能力，又可表述为材料抵抗残余变形和反破坏的能力。硬度是材料弹性、塑性、强度和韧性等力学性能的综合体现，其大小受材料、试验力、材料表面光洁度、平整度、温度等诸多因素制约，与强度值之间有近似的相应关系，对材料加工过程中的成型性、切削加工性及使用过程中的耐磨性等有较大影响。

二、研究方法

人们通常提及的硬度，即影响材料使用性能的直观性指标，是指材料的宏观硬度，其测试方法很多，根据测试方法性质的不同，可分为压入法、回跳法及刻划法三类。最常用的方法是压入法。

（一）压入法

压入法，即用一定的载荷将规定形状的压头压入被测材料，以材料表面局部塑性变形的大小比较被测材料的软硬，材料越硬，塑性变形越小。由于压头、载荷及载荷持续时间的不同，压入硬度有多种，如布氏硬度、洛氏硬度、维氏硬度和显微硬度等。

布氏硬度：用于测定铸铁、非铁金属、低合金结构钢及结构钢调质件等，由瑞典工程师 J. A. 布里涅耳于 1900 年提出。其测量方法是用规定大小的载荷（一般 3000kg）把一定大小（直径一般为 10mm）的钢球压入被测材料表面，持续规定的时间后卸载，用载荷值（千克力，1 千克力等于 9.8N）和压痕面积（m^2）之比定义硬度值。布氏硬度（HB）的计算式为

$$HB = \frac{P}{F} = \frac{P}{\pi Dh} = \frac{2P}{\pi D(D - \sqrt{D^2 - d^2})} \tag{6.1}$$

式中，d 为压痕直径（mm）；h 为压痕深度（mm）；P 为压入金属试件表面的试验力（N）；D 为试验用钢球的直径（mm）；F 为载荷（N）。

布氏硬度测定法只能在硬度不高于 HB450 的情况下使用，测试载荷与测试钢球的直径需根据材料的实际性能确定。为了在测定时得到清晰的压痕，试件必须经过表面准备和打磨等处理。因为太硬的材料会使钢球明显变形，布氏硬度一般用于材料较软的时候，如有色金属、热处理之前或退火后的钢铁。

洛氏硬度：理论上可用于各种材料，常用于淬火钢的硬度测试。由美国 S. P. 洛克韦尔于 1919 年提出。洛氏硬度采用的压头是锥角为 120°的金刚石圆锥或直径为 1/16in（1in=25.4mm）的钢球，并用压痕深度作为标定硬度值的依据。测量时，总载荷分初载荷和主载荷（总载荷减去初载荷）两次施加，初载荷一般选用 10 千克力，加至总载荷后卸去主载荷，并以这时的压痕深度来衡量材料的硬度。

洛氏硬度记为 HR，所测数值写在 HB 后，洛氏硬度值计算公式为

$$HR = \frac{k - h}{0.002} \tag{6.2}$$

式中，h 为塑性变形压痕深度（mm）；0.002 表示每洛氏硬度单位对应的压痕深度；k 为规定的常量，对于金刚石圆锥压头，$k = 0.20$mm，对于钢球压头，$k = 0.26$mm。

为扩大可测量范围，可采用改变载荷和更换压头两种办法。不同的载荷和压头组成不同的洛氏硬度标尺，常用的标尺有 A、B、C 三种。标尺 B 用于中等硬度的金属材料，如退火的低碳钢和中碳钢、黄铜、青铜和硬铝合金；压头为直径 1/16in 的钢球；载荷为 100 千克力。其标尺范围是由 HRB0 到 HRB100，硬度高于 HRB100 时钢球可能被压扁。标尺 C 用于硬度高于 HRB100 的材料，如淬火钢、各种淬火和回火合金钢。压头为顶角 120° 的金刚石圆锥；载荷为 150 千克力。标尺 C 的使用范围是从 HRC20 到 HRC70，标尺 B 和 C 是洛氏硬度的标准标尺。标尺 A 用于钨、硬质合金及其他硬材料，还用于淬硬的薄钢带。由于大载荷容易损坏金刚石压头，所以载荷改为 60 千克力。标尺 A 是所有洛氏硬度标尺中唯一能在退火黄铜直到硬质合金这样大范围硬度内使用的标尺。

维氏硬度： 维氏硬度的测定原理基本上与布氏硬度相同，所不同的是维氏硬度试验的压头是金刚石正四棱锥体。试验时，在一定载荷的作用下，试件表面上压出一个四方锥形的压痕，测量压痕对角线长度，计算压痕的表面积，载荷除以表面积的数值就是试件的硬度值，用符号 HV 表示。主要用于确定钢的表面渗氮硬化程度。维氏硬度采用两相对面间夹角为 136° 的金刚石正四棱锥，载荷有 5 千克力、10 千克力、20 千克力、30 千克力、50 千克力、100 千克力等几种，用压出的四棱锥压痕表面积除载荷所得的值作为维氏硬度值，记为 HV，即

$$HV = \frac{2P\sin\frac{\theta}{2}}{S^2} = 1.8544\frac{P}{S^2} \tag{6.3}$$

式中，HV 为维氏硬度（MPa）；P 为荷重（kg）；S 为压痕对角线长度（mm）；θ 为压头相对面夹角（°）。

显微硬度： 主要用于测定很薄的材料、细金属丝、小型精密零件（如钟表和仪表零件）等小面积内硬度的变化，以及在金相学中研究金属中不同相体的硬度等。测量方法与维氏硬度基本相同，但载荷很小，以克力计数；压痕的特征尺寸也很小，需要用读数显微镜测出，故得名。由于所用金刚石压头的形状不同，显微硬度又分为维氏（Vickers）显微硬度和努普（Knoop）显微硬度两种。

维氏显微硬度以对角面 130° 和 136° 常用。采用对角面 130° 的金刚石四棱锥作压入头时其值按式（7.4）计算：

$$HV = 18.18\frac{P}{d^2} \tag{6.4}$$

式中，HV 为维氏显微硬度（MPa）；P 为荷重（kg）；d 为凹坑对角线长度（mm）。

采用对角面为 136°的金刚石四棱锥压头时，其值按式（6.5）计算：

$$HV = 0.102 \times \frac{2F\sin\dfrac{136°}{2}}{d^2} \approx 0.1891 \times \frac{F}{d^2} \qquad (6.5)$$

式中，HV 为维氏显微硬度（MPa）；F 为实验力（N）；d 为两压痕对角线长度 d_1 和 d_2 的算术平均值（mm）。

努普显微硬度使用的金刚石压头是对面角分别为 172°30′和 130°的四角棱锥，在试件上得到长短对角线长度比为 7∶1 的棱形压痕，其值按式（6.6）计算：

$$HK = 139.54 \times \frac{P}{L^2} \qquad (6.6)$$

式中，HK 为努普显微硬度（MPa）；P 为荷重（kg）；L 为凹坑对角线长度（mm）。

中国和欧洲各国采用维氏显微硬度，美国则采用努普显微硬度。兆帕（MPa）是显微硬度的法定计量单位，而 kg/mm^2 是以前常用的硬度计算单位。两者间换算公式为 $1kg/mm^2 = 9.80665MPa$。

（二）刻划法

刻划法，即划痕硬度，1722 年，法国的 R. A. F. de 列奥米尔首先提出了简略的划痕硬度测定法。选用一端较硬的棒状物，在材料表面划过，根据出现划痕的位置确定被测材料的软硬。划痕较长的物体硬度较大，划痕较短的物体硬度较小。测试方法主要有莫氏硬度。

莫氏硬度：1822 年，F. 莫斯以 10 种矿物的划痕硬度作为标准，定出 10 个硬度等级，称为莫氏硬度。10 种矿物的莫氏硬度级依次为金刚石（10），刚玉（9），黄玉（8），石英（7），长石（6），磷灰石（5），萤石（4），方解石（3），石膏（2），滑石（1）。其中，金刚石最硬，滑石最软。莫氏硬度标准是随意定出的，不能精确地用于确定材料的硬度，如 10 级和 9 级之间的实际硬度差就远大于 2 级和 1 级之间的实际硬度差。但这种分级对于矿物学工作者野外作业是很有用的。

（三）回跳法

回跳法，使特制小锤从一定高度自由下落冲击材料表面，以材料在冲击过程中储存（继而释放）应变能的多少（通过小锤的回跳高度测定）确定材料的硬度。属于动力测定法，主要有肖氏硬度、里氏硬度等，主要用于金属材料测试。

肖氏硬度：由英国人肖尔（Albert F. Shore）于 1906 年研究淬火钢的硬度测定法时提出。测量原理是：用重量为 1/12 盎司力（1 盎司力=0.2780N）的带有金刚石圆头或钢球的小锤，从 10in 的高度自由落下，使小锤以一定的动能冲击试件表面。小锤的一部分动能转变成试件表面塑性变形功而被消耗；另一部分转变为弹性应变能被试件储藏。试件弹性变形恢复时释放出能量，使小锤回跳一定高度。

被测物越硬则弹性极限越高，储藏的弹性应变能越多，小锤回跳得越高。回跳硬度的符号是 HS，它以小锤回跳高度进行分度。回跳硬度数只能在弹性模量相同的材料之间进行比较，否则就会得出橡皮比钢更硬的结论。

里氏硬度：由瑞士 Leeb 博士 1978 年首次提出。测量原理为，通过弹簧力将规定质量带有硬金属压头的冲击体推向试件表面，当冲击体撞击检测表面时会使表面产生变形，用冲头距离试件表面 1mm 处的回弹速度与冲击速度之比表示。计算公式如下：

$$HL = 1000 \times \frac{V_b}{V_a} \tag{6.7}$$

式中，HL 为里氏硬度符号；V_a 为球头的冲击速度（m/s）；V_b 为球头的反弹速度（m/s）。

里氏硬度检测对产品表面损伤较小，可用于无损检测，且对各个方向、窄小空间及特殊部位具有较好的适应性。

金氏硬度：即詹氏硬度，1906 年由奥地利研究人员 Gabriel Janka 提出的一种针对木材硬度的测试方法，在布氏硬度的基础上发展而来，属压入硬度的一种。因竹材与木材在结构上有相似之处，现也采用此方法进行测试。其测试方法为，采用半径为 5.64mm 的半球型钢压头，以 3～6mm/min 的均匀速度压入试件表面，直至达到特定压入深度，记录其压入该深度时的载荷值，通常要求压入深度为 5.64mm，对于加压过程中易裂的试件，可减至 2.82mm。计算公式为

$$H = KP \tag{6.8}$$

式中，H 为材料硬度（N）；K 为压入深度为 5.64mm 和 2.82mm 时的系数，分别等于 1 和 4/3；P 为半球型钢压头压入时载荷（N）。

宏观硬度测定对于地板、台面、乐器等木制品的使用具有重要意义，如乐器制作时，硬度较大者音质清脆，较软者则沉稳醇厚。因木材结构的影响，测试方向、木材种类等对其硬度影响很大，在进行硬度测试时，必须对测试面等进行详细说明。

近几十年来，随科技的发展和进步，生物质材料在微观细胞层面的力学性能表征得以实现，纳米压痕技术实现了竹材细胞壁硬度表征，为分析研究竹材的生长发育、材质控制等提供了基础。

纳米压痕硬度：基于纳米压痕技术的材料微观硬度，是传统硬度测量技术在微纳米尺度下的应用。纳米压痕测试硬度的原理，是将具有特定形状的金刚石微小压针（针尖曲率半径一般小于 100nm）压入材料表面，并连续测量加卸载过程作用在压针上的载荷和样品的压痕深度，最后通过一定的理论模型获得样品的硬度。这种测试模式下的载荷通常只有几个微牛（力分辨率达到 1nN），最大压入深度只有几个微米（位移分辨率通常小于 1nm），因此习惯称为纳米压痕技术。其获得材料力学信息的来源是压痕深度-载荷曲线（图 6.2）。

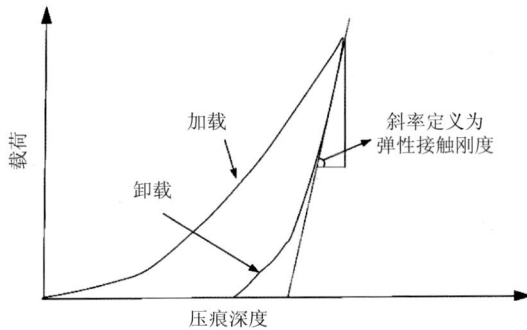

图 6.2 纳米压痕典型加卸载曲线

　　为了计算样品硬度，必须知道在相应载荷 P 作用下接触表面的投影面积（A）（图 6.3）。Oliver 和 Pharr（1992）得到抛物形压针的接触深度与总的压痕深度之间的关系：

$$h_c = h - \varepsilon \frac{P_{max}}{S} \tag{6.9}$$

式中，h，总压痕深度；h_c，压针接触深度；S，接触面积；ε，与压针形状有关的常数，对于球形或金字塔形（Berkovich）压针，$\varepsilon = 0.75$；接触表面的投影面积可根据经验公式 $A = f(h_c)$ 计算出。对于理想的 Berkovich 压针，$A = 24.56 h_c^2$。实际上接触面积一般表示为一个级数：

$$A = 24.56 h_c^2 + \sum_{i=0}^{7} C_i h_c^{\frac{1}{2^i}} \tag{6.10}$$

式中，C_i 为与压针形状有关的标定出的常数，对于不同的压针有不同的值，可以由试验确定；i 为从 0 到 7 的自然数。

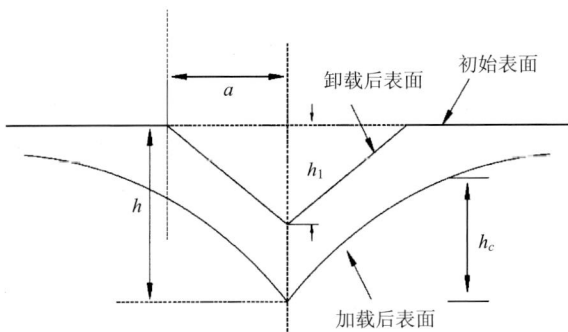

图 6.3 加卸载过程中压痕剖面的变化

纳米硬度（H）定义为

$$H = \frac{P}{A} \tag{6.11}$$

式中，P 为任意压痕深度时的实时载荷；A 为 P 作用下接触表面的投影面积，因此，纳米硬度是材料对接触载荷承受能力的度量，而传统显微硬度中 A 指的是残余压痕面积。对于黏弹性材料，Oliver-Pharr 方法在理论上存在一定的缺陷，材料的黏性越大，误差就越大。为减小黏性对测量结果的影响，在使用准静态加载模式时，可在卸载前加入一段保载阶段，以尽量减少卸载时的蠕变。

第二节　竹材的硬度研究

一、竹材硬度特征

竹材色泽质朴、形态典雅、生长周期短、资源分布广泛，在人类发展过程中具有悠久的使用历史，对人类发展进程和精神文化形成发挥了重大作用。竹制品，如傣族竹楼、竹圈椅、竹席、建筑模板等，在生产生活中广泛应用，当其作为面板类制品如竹地板、台面、座面等使用时，其表面性能受竹材硬度的影响极大，研究竹材硬度可为相关产品设计、制造及质量检测等提供技术依据。

同样由纤维素、半纤维素、木质素等构成，竹材与木材硬度却有着较大区别。同时，竹材的各个表面，其硬度也有显著差异，一般规律是横切面＞竹青面＞竹黄面＞径切面。造成这一现象的原因，主要是竹材的微观结构与化学成分构成有关。构成竹材的细胞类型，主要是纤维细胞和薄壁细胞，纤维细胞壁厚腔小，赋予竹材高强、高韧、高延展性等卓越的力学特性，薄壁细胞腔大壁薄，具有较大的可塑性，使竹材具有良好的柔韧性。这两类细胞均沿竹材纵向方向排列。同时，两类细胞沿竹材径向有明显的分布差异，沿竹青侧竹纤维细胞分布密集、近竹黄侧薄壁细胞分布较集中。此外，在竹壁最外侧的表皮层，分布有长形细胞、栓质细胞、硅质细胞等，特别是竹青侧，分布有大量的硅质细胞，含有大量硅质成分使竹材表层更为致密。从而使竹材较木材具有更高的硬度，同时竹材各表面具有明显的硬度差异。

竹材微观结构及化学成分分布的特点，使竹材在生物质材料中具有较高的硬度。此外，竹材硬度也受竹龄、竹材部位、处理工艺等的影响。成熟竹材细胞经充分木质化，提高了竹材细胞的机械强度，较幼龄竹及老龄材有较高的硬度。高度方向上，随竹材密度从基部向梢部增大，梢部硬度亦较中部、基部等有所增加。实际使用过程中，针对竹材淀粉等有机物质含量高，易出现发霉腐朽等问题，竹材在前期加工中通常需要采用蒸煮、药剂浸渍等处理。关于木材浸渍处理等方面的研究表明，浸渍处理后可一定程度提高其硬度（卞雪桐等，2019），但目前关于浸渍处理等对竹材硬度的影响尚未见报道。

二、竹材硬度测试方法

根据测试材料的大小，竹材硬度可分为两大类：宏观硬度和微观硬度。从测试载荷的施加方式，可分为划痕硬度和压入硬度。实际使用中，适用于竹材的硬度测试方法主要有金氏硬度、划痕硬度、纳米压痕硬度等。

（一）金氏硬度

也称为詹氏硬度，即 Janka 硬度法。是一种宏观硬度测试方法，属压入硬度的一种。目前在木材科学领域通常采用 Janka 硬度测定法测试木材的硬度，采用此方法测定的硬度，可用于不同材种间硬度的相互比较。竹材硬度测试尚未有统一的测试标准，目前主要借鉴木材硬度测试方法《木材硬度试验方法》（GB/T 1941—2009），即 Janka 硬度法进行测试。

由于竹材结构壁薄中空，试件加工时常出现不易加工、施载及尺寸难以满足标准要求的情况，采用 Janka 硬度测试时，测试过程中常出现由于竹材端面及竹青面施载时造成试件弹出或试件开裂严重而产生大量无效试件的情况。

（二）划痕硬度

用于测试宏观硬度。其方法是采用具有一定硬度的压头，将压头在被测材料表面划过，根据出现划痕的位置、长度等确定被测材料的软硬；是一种定性比较材料硬度的方法。早期主要用于非金属类物质，特别是矿物类材料的硬度比较。因操作简单、结果直观，除矿物质外，现已扩展到金属、漆膜、竹木等各类材料硬度的比较。根据被测材料硬度的不同，常见的划痕压头有金刚石压头、铅笔硬度计等。在竹木类材料中，以铅笔划痕硬度最为常用（图 6.4）。

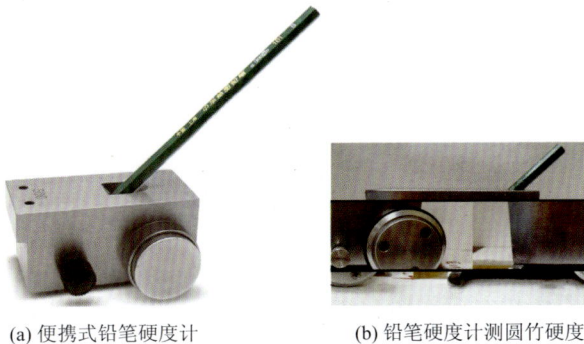

(a) 便携式铅笔硬度计　　　　(b) 铅笔硬度计测圆竹硬度

图 6.4　划痕硬度——铅笔硬度计

铅笔硬度计根据铅笔的硬度标号来测定材料表面硬度，具有体积小、重量轻、便于操作的特点。硬度级别从软到硬包括 6B、5B、4B、3B、2B、B、HB、F、H、2H、3H、4H、5H、6H、7H、8H、9H 共 17 种。

（三）纳米压痕硬度

纳米压痕硬度属于压入硬度的一种，用于微观测试。通过纳米压痕仪测试竹材细胞壁硬度，是检测材料微小体积内的力学性能的理想方法。

利用商业化的纳米压痕仪，一般使用者只需简单培训即可开展基本的测试工作。但在植物细胞壁的纳米压痕测试中，为尽量减少测量误差，得到重复性高的结果，不仅需要样品表面尽可能光洁，且要求制备过程对表层的损伤尽可能小。样品质量是植物性材料获得稳定可靠测试结果的保障。植物细胞壁的表面粗糙度对纳米压痕测试结果的可靠性至关重要，表面粗糙度越小，得到稳定测试结果所需的压入深度就越小。ISO 14577-1:2002 建议，当压入深度≥20Ra（轮廓算数平均偏差）时，表面粗糙度引起压入深度的不确定度小于 5%（费本华，2014）。

根据是否需要对样品进行包埋处理，植物样品制备纳米压痕试件的方法有两种：包埋法和无包埋法。

三、竹材硬度测试技术

宏观硬度测试中，由于圆竹天然的弧形表面，硬度测试中常出现试件劈裂破坏而造成失效。获取硬度而非劈裂破坏的极限载荷是其难点。微观测试中，由于竹材植物性细胞的中空结构，难点在于获得具有足够支撑力和平滑的表面的试件。

（一）基于压痕加载曲线的硬度计算方法

由于圆竹壁薄中空，宏观硬度试件不易加工及施加载荷。实际测试中竹块破坏时的极限载荷往往是竹块的劈裂强度而非硬度。针对竹材在采用金氏硬度测试法测试时试件难以加工及易出现无效试件的情况，葛建春等（2012）提出了以压痕加载曲线确定材料硬度的方法。

基于压痕加载曲线的硬度计算测试，其基本测试方法为，使用 Janka 压头正对试件中心位置进行压入试验，加载速度设置为 10N/s。采用加载过程的载荷和压痕（压入深度）数据，经数据处理得到载荷-压痕表面积数据，选取弹性阶段的直线部分（图 6.5 中 AB 段）进行一元线性回归，获取斜率用于表征材料的硬度。此方法对尺寸的适应性较好，可有效获得端、径、弦截面硬度数据。

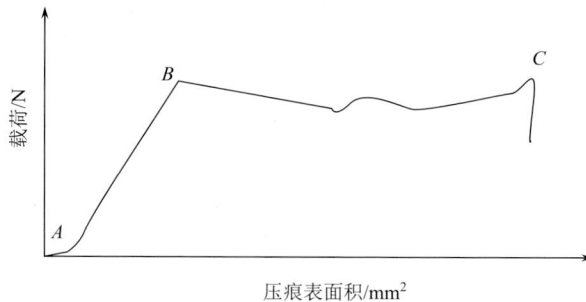

图 6.5 Janka 硬度测试过程中试件破坏过程

（二）纳米压痕硬度测试

1. 制样

包埋法：以锋利刀片截取竹材棍形小条，通常截面尺寸为 1mm×1mm、长 5mm。

将小条经不同浓度乙醇脱水至绝干，再用 Spurr 树脂真空浸注包埋，在烘箱内以逐步升温方式固化。包埋固化后的样品装在超薄切片机上，首先把样块修成截面约 0.25mm 的金字塔形，再用钻石刀进行抛光，进刀步进约 200nm。包埋的目的是使树脂尽可能填充到木材的细胞腔内起支撑作用，有利于得到光洁表面（图 6.6）。

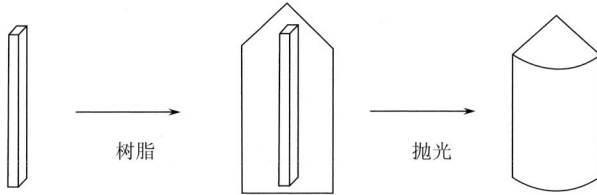

图 6.6 包埋法纳米压痕样品制备过程

包埋法制作的样品有利于获得抛光良好的测试表面。由于绝大部分树脂只是填充在细胞腔内，难以进入细胞壁，一般认为包埋树脂不会改变竹材细胞壁的力学性能。然而，当纳米压痕用于研究树脂改性对竹材力学性能的影响及胶合界面力学特性时，包埋法就变得不适用了。

非包埋法：为避免包埋树脂对植物细胞壁力学性能产生影响，美国农业部林产品实验室提出了一种无包埋纳米样品制备技术（图 6.7），其方法为，首先制取尺寸为 5mm（径向，R）×5mm（弦向，T）×12mm（纵向，L）的长方形小块。用滑走切片机小心地在横切面切成金字塔形，尽量使塔尖位于长方形小块正中心。用装有钻石刀的超薄切片机将塔尖逐步切除，进刀步进约 200nm。最终截面的大小根据需要而定。切除量太少，可能造成制备塔尖过程中损伤的细胞壁没有被完全移除，测试结果偏小；如果切除量过大，截面过大，对钻石刀的损伤则加大。

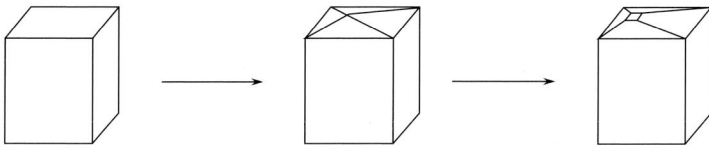

图 6.7 非包埋法纳米压痕样品制备过程

与包埋法相比，非包埋法排除了包埋树脂对结果可能的干扰，极大提高了样品的制备效率。

除样品制备，样品安装也会对纳米压痕硬度测试结果有重要影响。总的原则是要保证样品与样品台之间刚性紧密接触，尽可能减少测试过程中样品与样品台之间的额外位移。并应设法使样品测试表面尽可能水平，倾斜角不超过 2°。

2. 测试与数据分析

竹材为吸湿性材料，环境湿度变化会影响样品含水率，而含水率的变化会导致细胞壁力学性能改变。因此应尽量保持测试环境相对湿度和温度的稳定。可在测试样品仓内放置一定比例的甘油和水的混合液来控制湿度。测试过程中因设备运行产生热量，会造成纳米压针的热漂移，热漂移过大会显著降低测试结果的准确性和重复性。减少热漂移的方法，一方面借助实验室空调稳定室内温度；另一方面可使仪器预热 12h，以使仪器与外界环境之间达到热平衡。

纳米压痕测试的压针有圆柱形、球形及各种锥形。大部分纳米压痕测试采用三棱边金字塔形 Berkovich 压针。这种压针相对容易加工，而且较尖锐，很浅的压入深度就可使材料产生充分的塑性变形。压针曲率半径一般小于 100nm，好的可小于 40nm。除 Berkovich 压针，也可使用更为尖锐的 Cube Corner 压针。

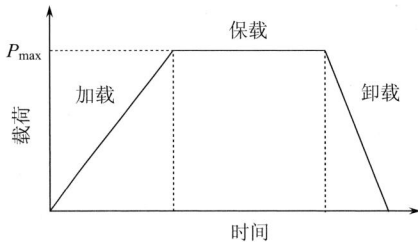

图 6.8 纳米压痕测试加载曲线

进行纳米压痕测试时，首先要选择合适的控制模式。大部分测试采用载荷控制模式（图 6.8），即控制峰值载荷大小、加卸载速率等。通过峰值载荷大小可以对压入深度进行控制。对弹塑性材料，加卸载速率对结果的影响不大。但对于黏弹塑性的高分子材料，由于存在时间相关的蠕变和松弛效应，卸载速率对测试结果有一定的影响。因此，在测试竹材细胞壁时，建议卸载速率大些为宜，以尽量减少卸载过程的蠕变对测试结果的影响。力控制模式分为开环和闭环两种。开环模式的测试速度快，但在峰值载荷的控制上不如闭环精确。对于具有黏弹性的竹材，开环下的峰值载荷会随保载时间延长而降低。因此，如果要测量材料的压痕蠕变，必须使用闭环力控制模式。若要精确控制压入深度，需采用位移控制模式。

测试过程。首先用光学显微镜选择感兴趣的研究区域，然后利用金刚石纳米压针对该区域进行接触式恒力扫描成像，从而获得具有较大倍数的图像，从该图像上精确选择感兴趣区域作为压痕位置。这种压痕定位方式的精度极高，理论误差小于 10nm。压入结束后，压针自动在同一区域重新扫描，原位获得压痕的拓扑形貌和在样品中的实际位置。

第三节　竹材硬度的影响因素

作为一种天然的生物质材料，竹材性能受到竹种、立地条件、竹龄、取材部位等诸多因素的影响。有关竹材性能方面的研究很多，硬度方面的研究尚缺乏，目前已有的研究主要集中于竹龄、取材位置等对竹材硬度的影响方面。

一、竹龄对竹材硬度的影响

生物所处的生长阶段是影响其生理代谢过程的重要因素。通过代谢过程在生物体内物质集聚，生物质材料体现出不同的性能特征。作为一种生物质材料，竹龄是影响竹材性能的重要因素，随竹龄增大，竹材的抗拉强度、抗弯强度、弹性模量等指标基本呈先增大后减小的趋势（Low et al., 2006）。

竹龄对竹材硬度的影响，董敦义等（2009）采用 Janka 硬度测定法对当年生至 14 年生的毛竹竹黄面的硬度进行测试发现（图 6.9），竹材硬度与木质化程度有关，与竹龄基本呈二次抛物线关系。当年生竹材由于木质化程度较低，硬度最小，2~8 年生竹材硬度随竹龄增加有增大趋势，10 年生毛竹硬度达到最大值，10 年以后，由于组织老化变脆，竹材硬度有下降趋势。

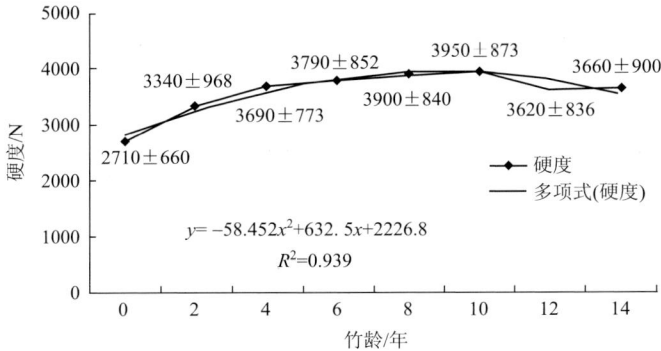

图 6.9　不同竹龄毛竹材硬度

微观层面，Huang 等（2016）对 1 月、2 月、6 月、18 月和 36 月生竹材纤维细胞的纵向纳米压痕硬度进行了测试，发现其随竹龄增加而增加，但变化范围较小（8.63%~4.32%），其纵向纳米压痕硬度值分别为 0.5452GPa、0.5468GPa、0.5706GPa、0.6022GPa 和 0.6142GPa。其中，1 月、2 月、6 月生竹材纵向纳米压痕硬度的变异性较 18 月、36 月生竹材纵向纳米压痕硬度变异性大，即竹纤维细胞壁纵向纳米压痕硬度随年龄变化差异显著（$p < 0.05$），竹龄对纤维细胞壁纵向纳米压痕硬度有显著影响（表 6.1）。

表 6.1　竹纤维纵向平均纳米压痕硬度方差分析

	平方和	自由度	均方	F 值	Prob>F
模型	0.110 55	4	0.027 64	22.772 72	$1.665\ 33 \times 10^{-14}$
误差	0.169 91	140	0.001 21		
总变异	0.280 47	144			

与其他植物材料相似，竹子也是变异性较大的生物材料。成熟的竹纤维由于机械值高和变异系数低，其细胞壁表现出更优越和稳定的纵向纳米压痕硬度。

刘苍伟等（2018）对 0.5 年生幼龄毛竹材、4.5 年生成熟毛竹材及 10.5 年生过熟毛竹材进行纳米压痕硬度测试发现，竹龄对细胞壁纳米压痕硬度的影响规律与宏观相似，即随竹龄增加，毛竹细胞壁纳米压痕硬度呈先增加后降低的趋势：0.5

年生幼龄毛竹细胞壁硬度最小，4.5 年生成熟毛竹细胞壁硬度最大，10.5 年生过熟
毛竹细胞壁硬度居中，三者分别为 0.358GPa、0.498GPa 和 0.445GPa（图 6.10）。

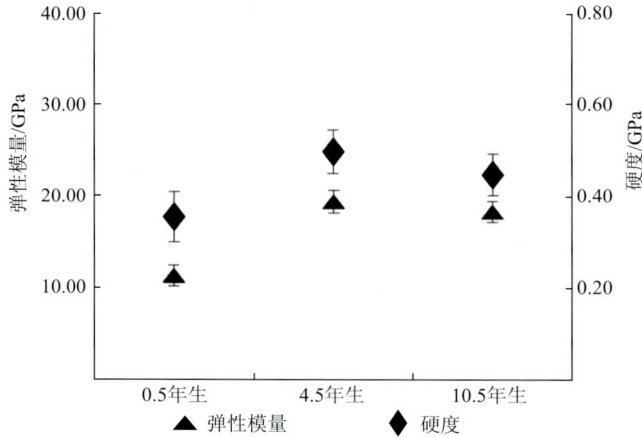

图 6.10　不同生长期毛竹材纤维细胞壁的硬度和弹性模量

不同竹龄的成熟竹，竹龄对细胞壁硬度的影响不大（图 6.11）。秦韶山等（2017）
分析测试 2 年生、4 年生、6 年生毛竹细胞壁的纳米压痕硬度，结果显示随竹龄增
加，细胞壁硬度变化幅度在 10%以内，其细胞壁硬度分别为 0.67GPa、0.59GPa、
0.59GPa。

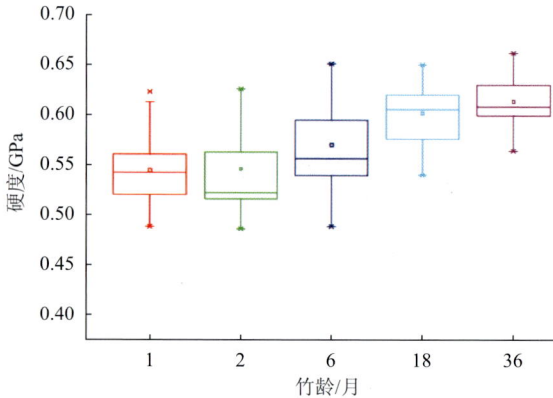

图 6.11　不同竹龄纤维细胞壁纳米压痕硬度及分布

二、竹杆高度对竹材硬度的影响

从基部到梢部，竹材不同部位的细胞大小、形态、维管束密度等不同，从而
对材性产生不同影响。竹材高度位置对硬度的影响，董敦义等（2009）采用 Janka
硬度测定法测试毛竹根部、中部、梢部竹黄面的硬度，结果发现，毛竹材根部、

中部、梢部硬度有显著差异：随竹杆高度增加硬度呈线性增加，这可能是由于随竹杆增高，竹壁及竹肉厚度减小，竹材密度增加，单位面积上纤维维管束含量增大，从而造成竹黄面硬度随高度增大而升高（图6.12）。

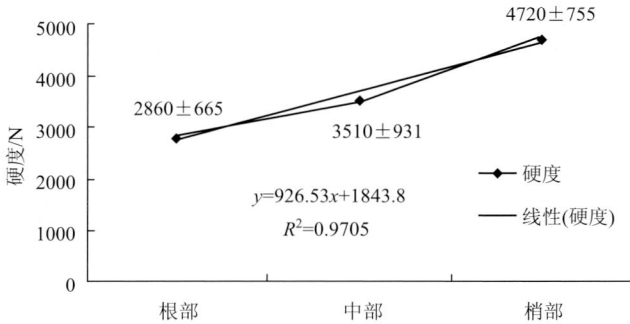

图 6.12 毛竹材不同部位硬度

竹杆中部不同高度竹材硬度的变化，秦韶山等（2017）分析了毛竹中部3m、5m、7m处的竹材细胞壁纳米压痕硬度，发现中部不同高度对竹材细胞壁硬度的影响不大，细胞壁硬度变化幅度在9%以下，其3m、5m、7m处的硬度分别为0.58GPa、0.59GPa、0.53GPa。

三、不同截面及竹壁部位对毛竹材硬度性能的影响

生物质材料的典型特征，是其生长过程所造成的各向异性。竹材的各向异性，体现在横、径及弦三切面上材性明显不同。另外，竹壁内外两侧，即竹黄面及竹青面由于组织构造的不同，材性也有显著差异。不同截面对竹材硬度的影响，葛建春等（2012）利用Janka压头对竹块试件（顺纹10mm×弦向10mm×壁厚 t）加载，得到载荷-压痕表面积曲线。

典型载荷-压痕表面积曲线可分为3个阶段：①AB段为弹性阶段，压痕表面积和载荷基本呈线性关系；②BC段为屈服后弱线性强化阶段，当载荷达到屈服点B之后，维管束细胞壁开始向细胞腔内塌陷，因细胞壁厚薄及细胞直径不等而逐渐压溃，因此出现载荷变化不大，而压痕表面积急剧增大的塑性屈服现象，此阶段压痕表面积-载荷曲线比较平坦，竹材处于弱线性强化阶段；③C点以后阶段为压密强化阶段，随着细胞壁相互接触，细胞腔逐渐被完全填充密实化，材料抵抗变形能力急剧增大，处于幂强化阶段（图6.5）。

试件在AB段处于弹性变形过程，其斜率趋于定值，故可用其斜率表征硬度。通过压痕加载曲线计算毛竹的端面、径切面、竹黄面、竹青面的压痕硬度值如表6.2所示，硬度从高到低为：端面＞竹青面＞竹黄面＞径切面。

竹材各截面硬度差异显著，与其构造密切相关。维管束的数量和其排列方式及维管束自身的力学强度是主要影响因素。竹材维管束在端面具有较高的韧性和

表6.2　毛竹各面硬度值

端面/MPa	径切面/MPa	竹黄面/MPa	竹青面/MPa
64.77±9.82	23.77±6.58	35.61±9.84	44.64±8.66

稳定性，径切面上则容易被压弯甚至压溃，从而使端面硬度较径切面大。竹青面维管束主要由纤维组织构成，竹黄面由输导组织占据维管束的大部分，另外，竹青面含有大量硅质细胞，也造成竹青面硬度明显大于竹黄面硬度值。

由于密度、纤维组织比量等的径向变化，竹壁不同径向位置，特别是竹青、竹肉、竹黄三个部位的密度、弹性模量、抗弯强度等物理力学性能有明显的径向差异。秦韶山等（2017）对毛竹材竹青、竹肉、竹黄部位纵向纳米压痕硬度测试，发现沿细胞壁由外到内（竹青到竹黄），细胞壁硬度明显减小，其竹青、竹肉、竹黄的平均硬度依次为 0.54GPa、0.49GPa、0.44GPa，这可能与竹壁木质素含量从外侧到内侧（竹青到竹黄）逐渐减小有关。

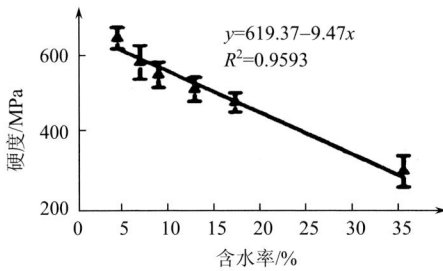

图6.13　含水率对硬度的影响

四、环境温湿度对竹材硬度的影响

（一）水分对竹材硬度的影响

作为一种生物质材料，水分对竹材的性能有很大影响。王汉坤等（2010）研究了水分对毛竹细胞壁纳米压痕硬度的影响，发现竹材细胞壁硬度与含水率间存在线性相关性（图 6.13）。随含水率增大，毛竹细胞壁硬度发生了显著的下降：含水率从 3.75%增加到饱水，硬度从 604.85MPa 下降到 316.80MPa，降低了 47.6%。

（二）高温软化对竹材硬度的影响

由于竹材的中空结构不利于直接利用，高温软化是竹材加工过程中常用的工艺。为分析软化处理后的竹材性能，程瑞香和张齐生（2006）采用 Janka 硬度法以 4mm 非标准压头对 120℃高温软化处理 30min 后毛竹材近竹青和近竹黄面的硬度进行了测试，发现软化后竹材的硬度大幅度下降，近青面和近黄面分别下降了42.0%和54.7%（表6.3）。

表6.3　高温软化30min和对照组竹材的硬度

试验号	对照组/N		120℃软化处理30min/N	
	近青面	近黄面	近青面	近黄面
1	1580	1210	910	450
2	1900	1500	1110	820
3	2110	1780	1330	610

续表

试验号	对照组/N		120℃软化处理30min/N	
	近青面	近黄面	近青面	近黄面
4	1420	1200	820	460
5	2240	1820	1270	810
6	1860	1590	1080	680
7	1920	1460	1030	710
8	1720	1360	1000	560
9	1850	1420	1070	800
10	1480	1200	860	680
平均	1808	1454	1048	658
CV/%	14.53	15.53	15.68	20.73

注：无软化处理的竹材含水率为10%；120℃软化处理30min竹材的平均含水率为44.5%

五、处理工艺对竹材硬度的影响

为延长使用寿命、提高耐腐蚀性等，竹材在使用之前通常要进行化学药剂浸渍或加热等处理。关于处理工艺对竹材硬度方面的影响研究较少。目前相关研究有：Dawam和Nasution（2018）分析了热处理时间对竹材纵向和横切面硬度的影响，发现加热时间越长，竹子硬度就越高。对于纵向面，加热2h后，硬度增加了31%，加热4h较加热2h的试件硬度仅增加了10%。但横切面硬度略有不同，加热4h内试件硬度连续增加达82%。一般加热时间越长，竹子中的含水量就越少，因此会使竹子硬度提高。

竹材是一种优良的绿色环保材料，随着人类环保意识的增强、木材资源供需缺口增大和科学技术的发展，竹质材料的重要性日渐凸显，竹制品应用将越来越普遍。但在竹材硬度性能评价方面，目前尚无完善的硬度测试方法及评价体系。开发适用于竹材的硬度测试方法，建立测试标准及硬度性能评价体系，对竹制品，特别是面板类制品的性能评价、指导制品设计、制造过程及质量检验等具有重要意义。

第七章　竹材蠕变性能

　　严格来讲，蠕变性能属于流变学学科，是探讨物体变形和流动性质的一门科学，介于力学、化学、物理和工程科学之间。它的研究关键在于其与时间相关的特性，蠕变属于流变学中一种典型的静态行为体现。材料在长期荷载下，变形随时间延长而缓慢增大的现象称为蠕变（creep）。蠕变后去掉外力，应变随时间增加而逐渐减小，称为恢复（recovery）。蠕变性能是结构设计的关键，其各项系数是现代工程结构中高阶模型的基本输入参数。结构件强度会随着蠕变时间延长而降低，如实木在承载 10 年后，强度折减率高达 40%，所以在木结构设计规范中，将永久荷载（permanent load）设定为木结构承载 10 年后强度的 90%。因此，蠕变是关系结构安全的重要指标。木质材料与其他金属材料不同，除了传统意义上的普通蠕变外，在温湿度变化的动态环境下，材料会产生在恒定环境条件下约 20 倍的大变形，从而导致材料迅速破坏。这种变形来源于木质材料的机械吸湿特性。木质材料在动态湿度条件下受应力作用而产生的"永久性"蠕变被称为机械吸湿蠕变。

第一节　蠕变的基本原理

一、蠕变的基本概念

　　早在 19 世纪，工程材料的蠕变现象就为人们所发现，但对其机理的研究始于 20 世纪初，Andrade（1910）正式提出蠕变这个名词，他认为理想的蠕变材料分为三个阶段，如图 7.1 所示。第一阶段为初始阶段，即初始加载后，变形速率逐渐降低，应变趋于稳定的过程；第二阶段为稳态阶段，变形速率基本保持不变；第三阶段为终了阶段，挠度和变形速率骤然加快，直至破坏。根据《木质材料流变学》（王逢瑚，2005）中蠕变简化分子构造释因中的理论，这三个阶段分别为三种变形：弹性变形、黏弹性变形和黏性变形。其中，弹性变形是瞬时且可恢复的变形，从分子层面可以解读为分子的一类和二类化学键的弹性变形；黏弹性变形是与时间相关且可恢复的变形，被认为与分子链在外力作用下张紧和少量二类化学键断裂及重组有关；黏性变形为永久且不可恢复的变形，被认为是分子间移位后，形成新的氢键造成的。

二、蠕变的表征方法

　　蠕变的定量表征一般通过蠕变柔量 $J(t)$ 来表达，即单位应力引起的蠕变应变，是表征材料本身蠕变特性的物理量。蠕变柔量的计算随材料黏弹性的不同而

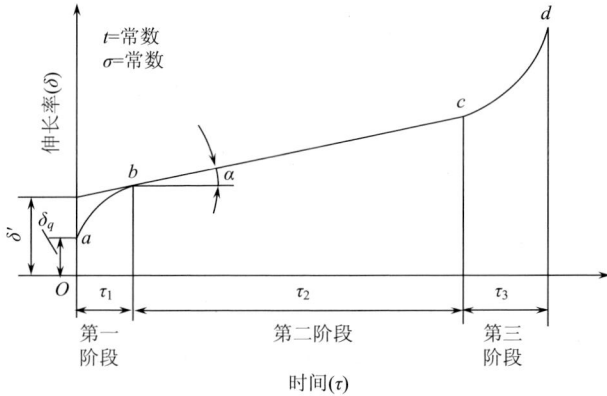

图 7.1　蠕变行为的三个阶段

有所区别。对于线性弹性材料，应力与应变成正比，弹性模量 E 或柔量 J 均可表示其弹性；对于线性黏性流体材料，应力与应变速率成正比，表征蠕变的物理量则为黏度 η，这两者均与时间无关。但对于黏弹性材料而言，应变随时间变化，蠕变柔量就成为整个时间谱范围内的 $J(t)$，且此物理量随材料微观结构的不同而呈现差异性，间接表征了材料的内部结构。

因此，黏弹性材料的蠕变柔量公式为

$$J(t) = \varepsilon(t)/\sigma \tag{7.1}$$

式中，$\varepsilon(t)$ 为蠕变应变；σ 为应力。

材料的黏弹性一般分为线性和非线性两种。线性黏弹性一般表现为理想弹性和理想黏性的组合，应力和应变之间存在线性关系。所有黏弹性材料均存在线性黏弹区域（linear viscoelastic region），在这段区域内，材料的变形可以恢复，黏弹性试验数据的重现性好，易于进行数学描述，也可以简化试验现象的解释。值得注意的是，木（竹）等生物质材料仅在预设应力条件下呈现线黏弹性特性，如南洋杉、云杉等木材在应力水平为极限载荷的 40% 以内时，多呈现线黏弹性性质；当应力水平、含水率或温度条件超过某范围时，会呈现非线性性质。

三、蠕变的测试方法

竹材蠕变的测试一般参考木质材料的蠕变测试方法，如 *Standard specification for evaluation of duration of load and creep effects of wood and wood-based products*（ASTM D6815—2009）、*Wood-based panels-Determination of duration of load and creep factors*（BS DD ENV1156—1999）和《木材和木基产品的荷载持续时间效应和蠕变性能评定》（GB/T 31291—2014）。根据加载方式的不同分为弯曲蠕变、拉伸蠕变和压缩蠕变等。

以木材抗弯蠕变为例，一般采用简支梁法（图 7.2），即 3 分点加载法。加载方向与产品正常使用时的受力方向一致。对于格栅状材料，跨距大于试件高度的

17 倍，推荐采用 18 倍试件高度的跨距。宽度不小于 25mm，高度不小于 64mm。对于结构人造板，试件厚度采用板材的厚度。试件宽度不小于 300mm。跨距不小于试件厚度的 48 倍，也不小于 600mm。

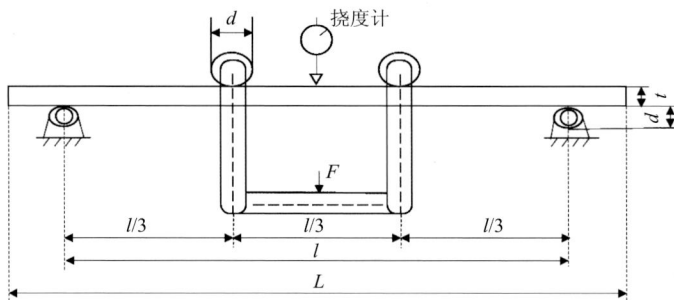

图 7.2　抗弯蠕变示意图

F. 施加的荷载；L. 试件长度；t. 试件高度；l. 跨距；L=(l+6)cm；d=(15±0.05)cm

　　蠕变加载至预定应力水平的平均时间不允许大于短期抗弯试验从加载开始至破坏的平均时间。加载结束之后，进行至少 90 天的蠕变试验或者试件破坏为止。注意合理选择应力水平，应力过高容易破坏试件，应力过低不易观测变形特征。试件所受的最低弯曲应力值按式（7.2）计算：

$$f_b = 0.55 \times (5\%\mathrm{PE}) \tag{7.2}$$

式中，f_b 为试件所受的最低弯曲应力，单位为兆帕（MPa）；$5\%\mathrm{PE}$ 为试件抗弯强度的 5%分位值的估计值，单位为兆帕（MPa）。

　　施加的集中荷载（F）大小应按式（7.3）计算：

$$F = \frac{f_b}{100l} bt \tag{7.3}$$

式中，f_b 为施加的最低弯曲应力，单位为兆帕（MPa）；b 为试件宽度，单位为厘米（cm）；t 为试件高度，单位为厘米（cm）；l 为抗弯蠕变试验中两支点之间的距离，单位为厘米（cm）。

　　在 90 天试验时间内未破坏试件的蠕变应趋于稳定，并符合式（7.4）要求：

$$(D_{30} - D_i)/30 > (D_{60} - D_{30})/30 > (D_{90} - D_{60})/30 \tag{7.4}$$

式中，D_i 为初始挠度，单位为毫米（mm）；D_{30} 为第 30 天测量的试件蠕变挠度，单位为毫米（mm）；D_{60} 为第 60 天测量的试件蠕变挠度，单位为毫米（mm）；D_{90} 为第 90 天测量的试件蠕变挠度，单位为毫米（mm）。

　　对于 90 天或超过 90 天时间的试验之后，未破坏试件的蠕变系数应小于 2.0。

四、普通蠕变的计算模型

　　普通蠕变是纯黏弹性蠕变，由一些时间相关的参数量化，被认为是纤维素分子链逐渐伸展/卷曲，分子链内部或分子链之间的氢键发生断裂、滑移和重新连接产生。数学模型由弹性元件和黏性元件组成，一般用广义模型进行描述，包含Maxwell 或者 Kelvin 元件。例如，使用频率最高的 Burger 模型，分为三参数和四参数等不同类型，被用来模拟过实木、层积材、重组材等。一般来说，三参数模型适用于描述短期蠕变，四参数或者五参数模型适用于描述长期蠕变。此外，Aoyagi 和 Nakano（2009）用 Nutting 方程描述过竹材蠕变特征，也获得了不错的拟合效果。

Burger 模型在竹材中使用较为频繁，由 Maxwell 模型和 Kelvin 模型组合而成，前者可很好地模拟木质材料的弹性变形和黏性变形，后者则能很好地模拟黏弹性变形，因此两者结合后的 Burger 模型常用来模拟木质材料的普通蠕变。公式如下：

$$\varepsilon = \sigma \left[\frac{1}{E_e} + \frac{1}{E_{de}} \left(1 - e^{-t/\tau'} \right) + \frac{t}{\eta_v} \right] \tag{7.5}$$

式中，E_{de} 为瞬时弹性模量；E_{de} 为延时（黏弹性）弹性模量；$\tau' = \eta_{de}/E_{de}$；η_{de} 为黏弹性系数；η_v 为黏性系数；ε 为应变；σ 为应力；t 为时间。

Burger 模型主要用于描述材料的初始阶段和稳态阶段，对蠕变的三类变形特征描述得非常清晰，其中，σ/E_e 表示弹性变形部分；$\sigma/E_{de}\left(1 - e^{-t/\tau'}\right)$ 表示黏弹性变形；$\sigma t/\eta_v$ 表示黏性变形。

第二节　机械吸湿蠕变

一、机械吸湿蠕变的定义

按照普通蠕变规律设计的木构件在安全期内产生过量变形，甚至不到使用寿命的一半就发生破坏，这源于木质材料在动态湿度环境中产生的机械吸湿特性。在湿度变化条件下，材料在应力和含水率变化的双重作用下，变形加速的行为被称为机械吸湿蠕变（mechano-sorptive creep）。机械吸湿行为（Armstrong and Kingston, 1960）自发现以来就成为许多研究的重点，这一特性是结构材在应用时变形加剧甚至过早发生破坏的根源。此外，机械吸湿蠕变对木竹材成型有重要意义，如木竹材弯曲成型、竹展平过程中的应力释放都蕴含了机械吸湿理论，与普通蠕变不同，它只存在于含水率发生变化时，与含水率和应力直接相关，与时间无直接关系。

典型的机械吸湿蠕变曲线见图 7.3。材料在吸湿—解吸的循环湿度条件下，加载应力后，先是产生瞬时弹性变形；然后进入吸湿阶段，变形迅速增加；进入解吸阶段后，变形增加量减小，并随解吸时间的延长，蠕变特性曲线逐渐平缓。值得注意的是，机械吸湿蠕变有两个典型行为。第一个是相对于恒定湿度条件下的蠕变有相当大的变形，第二个是解吸阶段的变形大于吸湿阶段。如图 7.3 所示，吸湿和解吸阶段的机械吸湿蠕变曲线有明显的不同；而相同应力（$3/8P_{max}$）条件下，普通蠕变总变形约为 2%，机械吸湿蠕变可加速材料变形，使材料在 28 天后就发生破坏。

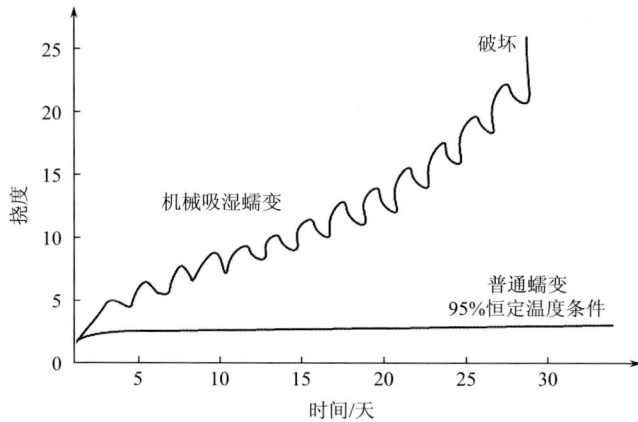

图 7.3　恒定湿度和循环湿度下某木材的蠕变曲线

二、机械吸湿蠕变的机理

机械吸湿蠕变的机理与模型远比普通蠕变复杂得多，其物理过程与纯黏弹性应变（普通蠕变）截然不同，可以看作是一种由分子流动增加而加强的黏弹性蠕变，而这种分子流动是因为木质材料受湿-力耦合效应的影响。简化来讲，可以将机械吸湿蠕变的总应变分为 4 个部分，即弹性部分、自由水引起的应变部分、普通蠕变部分和机械吸湿蠕变部分。

自机械吸湿蠕变发现以来，研究人员就试图通过各种方式解读其机理。目前主要从分子水平和微观构造两个方面进行解读。从分子水平可以将机械吸湿行为解释为氢键的断裂和重组。分子流动性增强使得解吸阶段细胞壁产生"空穴"或"自由体积"，同时，吸着点与吸着水分子之间相互作用，吸着水分子运动引起木材分子构象发生变化，从而导致蠕变变形增大（曹金珍等，1998）。也有学者从孔隙扩散角度去分析，认为机械吸湿蠕变源于大孔隙的宏观扩散，即细胞腔和细胞壁内大空腔中的液态水，在含水率发生梯度变化时，大孔隙中水的势能产生变化，导致微孔中的吸附水同时变化，从而影响材料的力学性能。Stevanic 和 Salmén（2020）从分子水平上研究了机械吸湿蠕变机理，通过动态 FTIR 光谱观察氢键模式的变化，发现机械吸湿变形是由于纤维素原纤维/聚集体相互滑移，使得结构松动导致变形加速。当氢键因吸附而断裂时，湿度的变化使得纤维素分子间的氢键模式从平衡发展到非平衡，在相对湿度建立新的平衡之前，氢键模式一直处于膨胀和断裂的过程中。

分子水平的解读虽然简单可靠，却未考虑复杂的微观构造。Mukudai（1987）从细胞壁微观构造出发，认为解吸过程中细胞壁的 S_1 和 S_2 层之间形成松散区域，从而导致解吸阶段蠕变增大及吸湿阶段蠕变恢复。因此，也有研究认为阐明机械吸湿机理，需要解读超微结构水平的细胞壁、细胞壁之间相互作用，以及更宏观水平的"界面滑移"等特征。机械吸湿蠕变的研究已经持续了半个多世纪，随着试验手段的进步，研究也逐渐从宏观尺度过渡到分子尺度，这有利于我们更深入地解读机械吸附行为的机理，也为下一步构建更简单实用的预测模型打好坚实的基础。

第三节　蠕变的影响因素

一、载荷特性的影响

应力水平、加载方式和加载周期等对材料的蠕变影响很大。根据加载方式的不同，可以分为弯曲蠕变、拉伸蠕变和压缩蠕变等，但因为木竹材构件多用于弯曲承载环境，所以弯曲蠕变测试最多，常见的有悬臂梁端部加载、简支梁中部集中加载等。材料承受不同水平的应力时产生的蠕变不随应力水平的增加而成比例增加，表现出的流变学特性有很大差异。例如，在低应力水平下，木材的蠕变发展得十分缓慢，尤其是黏弹性变形特征很难区别；圆竹在低应力水平下（350N）迅速到达蠕变极限，之后中点处的挠度几乎不再随时间而变化。而高应力水平下（700N），蠕变会在很长一段时间内持续迅速增加。

二、结构的影响

结构对蠕变的影响包含了从宏观到微观的多级结构因素。木质材料，如木竹材等的宏观结构存在典型的非均质和各向异性。在径向面上，木材存在早材晚材、幼龄材与成熟材等差异性，如木材中的轴向蠕变变形小于横向蠕变变形，径向蠕变变形小于弦向蠕变变形。竹材也存在从竹青到竹黄的梯度结构差异，竹青部位的蠕变变形显著小于竹黄部位。在微观层面，影响较大的因素主要是细胞壁结构和微纤丝角（Roszyk et al., 2010; Peng et al., 2020）。蠕变速率会随着微纤丝角的增加而增大。研究人员发现微纤丝角在 12°～18°时，木材机械吸湿蠕变几乎不受影响；超过 18°时，蠕变变形会随着微纤丝角增加而增大。而竹材的竹纤维和薄壁细胞的微纤丝排布及壁层结构也有明显区别，二者的黏弹性变形相差较大，且各自的占比对宏观蠕变的影响非常显著。

三、化学组分的影响

不少学者曾尝试以木质材料主成分之间的相互作用为切入点，解析木质材料的黏弹性特性。竹材和木材具有相似的化学组分，纤维素（55%）、木质素（25%）和半纤维素。其中，纤维素对黏弹性行为影响较小，半纤维素和木质素则显示出较明显的黏性行为，解析三大素的相对含量及空间分布方式有利于从本质上认识木质材料蠕变的发生和演变机制。不同化学组分的吸湿能力存在差异（半纤维素>非结晶纤维素>木质素），基于此特点，化学组分对黏弹性的影响研究一般都是结合水热处理或化学处理方式等。湿热处理或脱除部分 Matrix 物质（由半纤维素和木质素组成）处理会引起纤维素聚合度增加。半纤维素因其不定型结构的原因吸湿性强、热稳定性最差，脱除后，纤维的增长率降低，机械吸湿蠕变也会显著降低。木质素吸湿性弱，受水分影响小，脱除后能够增强材料的吸湿能力，增加蠕变变形。通过原位和傅里叶红外光谱联用方法进行蠕变分析，发现化学组分中的木质素参与了蠕变过程中的应力传递，可见化学组分的特性对蠕变也有重要影响。

四、温度的影响

温度对木竹材蠕变影响很大，高温下干燥木材的蠕变远大于低温木材的蠕变。蠕变速率和变形量会随着温度的升高而增大。这种现象在分子层面的表现是，细胞壁分子链的伸展/滑移造成分子内化学键断裂，进而增加分子链的流动性和延展性。温度不同，对蠕变的影响不同。例如，在 60℃以内时，温度对云杉、扁柏等材料的瞬时弹性变形影响较大，但对整体的蠕变变形无显著影响。但超过一定温度后，由于纤维素、半纤维素或木质素发生玻璃化转变，蠕变速率和变形量就会急剧增加。尤其是温湿度叠加效应时，机械吸湿现象体现得更为复杂，解吸与吸湿过程中木材机械吸湿蠕变对温度依存性也存在差异，这种差异可以归结为"与木材细胞壁无定形区的分子链对水分变化的响应有关"。

五、含水率和湿度的影响

含水率对黏弹性材料的影响分为平衡含水率和动态含水率。木材蠕变随平衡含水率的增加而增大，而变化的湿度会引起材料含水率的动态变化，即发生机械吸湿蠕变。湿度变化范围是影响机械吸湿蠕变速率的一个重要环境变量。每个湿度循环中的湿度差越大，材料的蠕变速率越大。研究发现，循环湿度在 30%～100%时，相较恒定湿度下的木材蠕变量增加 285%，而循环湿度在 30%～70%时，蠕变量增加 165%（Abdul-Wahab et al., 1998）。循环湿度范围对机械吸湿蠕变行为的恢复现象也有影响。湿度循环在 65%RH↔0%RH 时未发现木材有明显的蠕变恢复现象，而在 73%RH→88%RH→49%RH→73%RH 循环湿度下测定云杉机械吸湿蠕变时也未发现明显的蠕变恢复现象。此外，还要结合材料结构的各向异性对机械吸湿蠕变进行分析，因为各向异性材料不同方向的吸湿性差异，机械吸湿变形也不同。以杉木为例，湿度对径向和横向试件的机械吸湿变形影响显著大于纵向试件。

竹材蠕变柔量随含水率的增加而增大，且竹材蠕变柔量对水分的响应小于木材。同等条件下，饱水木材在 24h 内的纵向蠕变柔量可以增加 100%，而竹材蠕变仅增加 5%～20%。不同含水率的竹青侧和竹黄侧蠕变差异明显，解吸速率也不同，前者到达最大解吸速率的时间更短。解吸条件下的机械吸湿蠕变显著大于恒定湿度条件的蠕变，且竹黄侧试件的蠕变增加幅度大于竹青侧试件（图7.4）。依据竹黄侧薄壁细胞含量大于竹青侧的结构特点，有学者认为竹材中的薄壁细胞是决定机械吸湿蠕变的最大因素（Takashi and Nakano, 2010）。

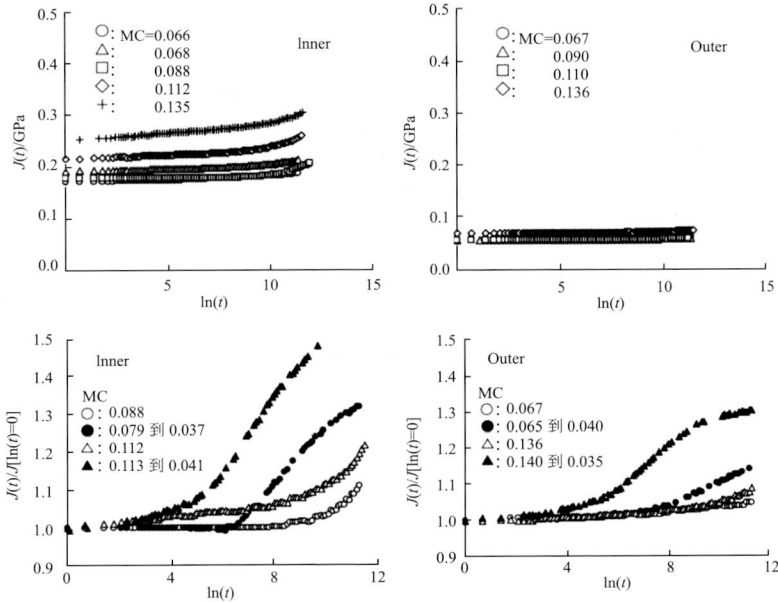

图7.4 不同含水率条件下的竹材蠕变柔量

Inner，靠近竹黄的部分；Outer，靠近竹青的部分；t，时间，单位为s；MC，含水率

第四节 竹材蠕变的研究进展

一、竹材微观蠕变研究进展

研究人员发现在相同的加载条件下，竹纤维和薄壁细胞表现出截然不同的黏弹性行为（Yuan et al., 2022）。竹纤维的黏度（黏性参数）随着载荷时间的延长大幅下降，最终保持在一个较低的水平；而薄壁细胞则表现出相反的行为，黏度（黏性参数）随着载荷时间延长而增加。前者是典型的触变特性，后者是典型的流凝特性，如图7.5所示。

竹材细胞壁的研究主要采用纳米压痕进行分析。曲线一般分为三个阶段（图7.6），加载、恒载和卸载。加载时间一般在0～5s，恒载的时间不定，卸载时间同加载时间相近。测试的主要参数包含加载时间、载荷值、投影面积和压痕深度等。

$$C_i = \frac{h_2 - h_1}{h_1} \times 100 \tag{7.6}$$

式中，C_i为蠕变率；h_2为恒载阶段结束时的最大穿透深度；h_1为加载段结束时的深度。

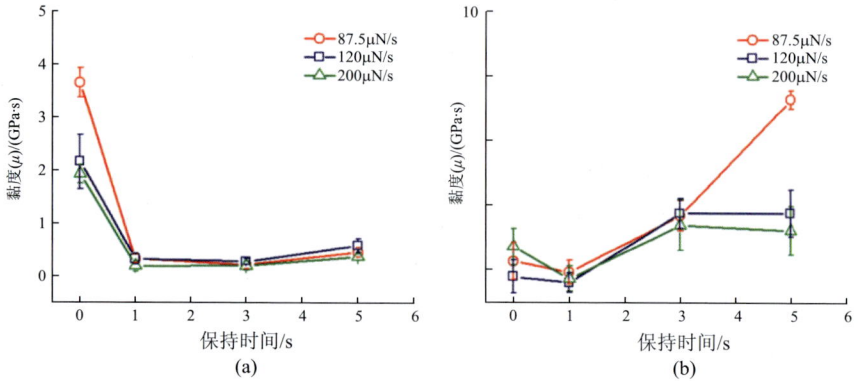

图 7.5　竹材主要细胞的黏性参数变化规律

（a）恒载时间对竹纤维黏性参数的影响规律；（b）恒载时间对薄壁细胞黏性参数的影响规律

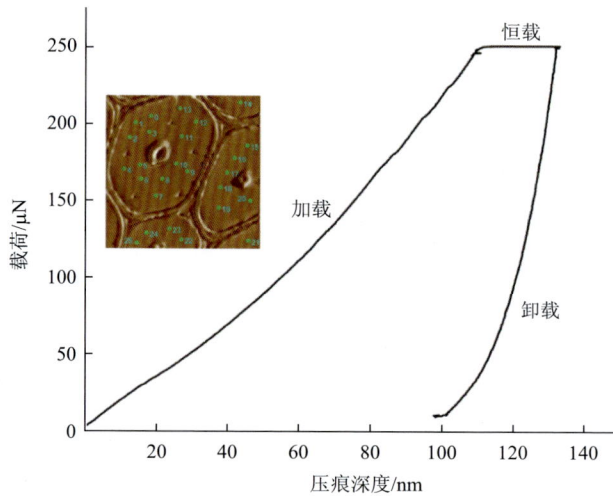

图 7.6　载荷和压痕深度的曲线图

蠕变柔量[$J(t)$]的计算公式为

$$J(t) = \frac{A(t)}{2(1-v^2)P_0\tan\delta} \tag{7.7}$$

式中，v 为细胞壁泊松比；δ 为压头的半开角；P_0 为保持阶段的载荷值；接触面积 $A(t)$ 由尖端的面积函数计算，与压痕深度密切相关。

获得的蠕变数据由 Burger 模型拟合，则蠕变柔量 $J(t)$ 可以表示为

$$J(t) = J_0 + J_1 t + J_2 \left[1 - \exp(-t/\tau_0)\right] \tag{7.8}$$

式中，$J_0 = \dfrac{1}{E_e}$；$J_1 = \dfrac{1}{\eta_l}$；$J_2 = \dfrac{1}{E_d}$；$\tau_0 = \dfrac{\eta_2}{E_d}$，$E_e$、$E_d$、$\eta_1$、$\eta_2$、$\tau_0$ 分别为弹性模量、黏弹性模量、塑性系数、黏弹性系数、滞回时间；t 为时间。

弹性模量和硬度可以根据载荷-深度曲线进行计算：

$$H = P_{max} / A \tag{7.9}$$

式中，H 为硬度（GPa）；P_{max} 为单次压痕时在最大压痕深度处的峰值载荷；A 为压头和试件之间的接触投影面积。

$$E_r = \frac{\sqrt{\pi}}{2\beta} \cdot \frac{S}{\sqrt{A}} \tag{7.10}$$

式中，E_r 为弹性模量（GPa）；S 为刚度，即载荷-深度曲线中卸载段的切线斜率；β 为与压头几何形状相关的矫正因子；A 为投影面积。

蠕变率（C_i）会随着温度的升高而降低。未经处理的竹材细胞壁平均蠕变率为 13.1%。经 180℃/150min 处理后下降到 6.2%。半纤维素含量的降低和纤维素含量的增加对抗蠕变性能有积极的促进作用。木质素缩聚反应也有助于降低蠕变。

为了更深入了解竹材蠕变机理，对竹材细胞壁主要组成成分：纤维素、半纤维素和木质素的蠕变进行深入的分析与模拟，如图 7.7 所示。纤维素分子的应变与时间无关，表现出典型的弹性行为，采用 Hookean 模型可以拟合。半纤维素和木质素则具有相似的时间依存性，表现出典型的黏弹性行为，采用 Maxwellian 模型可以进行拟合。在恒定载荷下，半纤维素和木质素分子更易出现滑移、断裂和重组，对宏观蠕变行为影响更为显著。总体来看，竹材的弹性变形由结晶区纤维素、半纤维素和木质素共同决定，黏性变形主要由半纤维素和木质素决定。

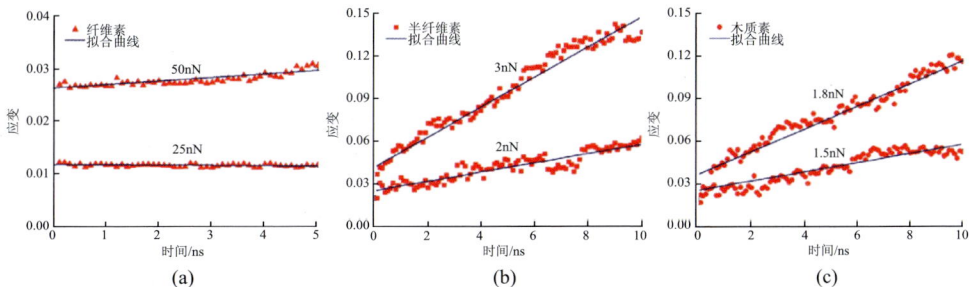

图 7.7　分子蠕变试验结果

（a）纤维素；（b）半纤维素；（c）木质素

二、圆竹的蠕变研究进展

图 7.8 是典型的蠕变-恢复变形曲线，大致包含三个部分：弹性变形、黏弹性变形和黏性变形。埃因霍芬理工大学研究人员对长约 8m 的圆竹桁架在 80%极限载荷下的蠕变进行测试分析，瞬时弹性变形约占蠕变总变形量的 39%，黏弹性变

形约占总变形量的 12%，而蠕变造成的永久塑性变形是瞬时变形的 3%～5%（Janssen et al., 1981）。

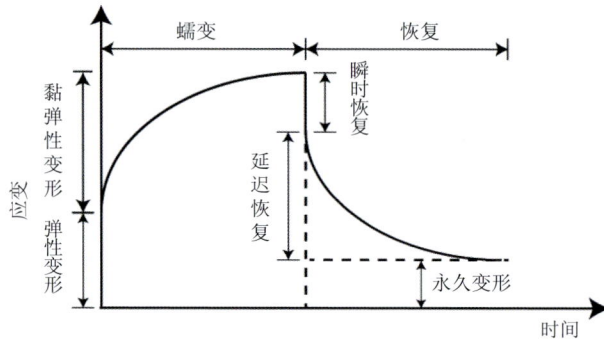

图 7.8　蠕变–恢复变形示意图

　　各阶段的变形量随加载条件的不同而有所差异。重庆大学研究人员对原态毛竹材进行了蠕变研究，并根据 ASTM D6815—2015 对各时间点的位移进行了归一化处理，消除了弹性变形的影响。图 7.9 显示的是圆竹在不同应力条件下的归一化挠度与时间的关系曲线。根据蠕变速率的不同将蠕变分为两个阶段，初始阶段和稳定阶段（第二阶段），初始阶段的蠕变速率很快，并呈递减的趋势；稳定阶段的蠕变速率保持恒定，低应力下稳定阶段的蠕变几乎不变。用 Burger 模型拟合后发现，黏弹性变形的比例随着加载时间的延长快速增加，并在很短时间就达到最大比例；黏弹性比例以缓慢且几乎恒定的速率逐渐减小，而黏性变形的比例以线性趋势逐渐增加，且应力水平越大，黏性占比越大。同时，弹性变形是圆竹的主要变形，并且与应力水平无关；只有在极高的应力水平下，且圆竹未发生蠕变破坏前，黏性变形所占比例才会在某些时刻超过瞬时弹性变形。所以对于圆竹蠕变研究而言，应关注各级应力水平下的瞬时弹性变形和高应力水平下的黏性变形，才能更好地揭示圆竹承载过程中的不利因素。

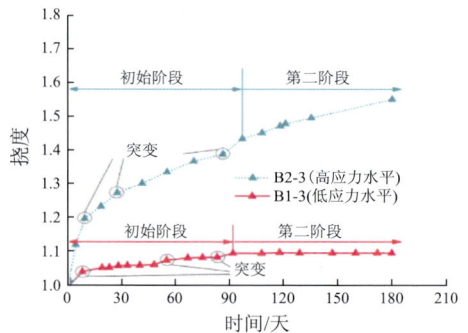

图 7.9　圆竹在 350N（B1-3）和 700N（B2-3）条件下蠕变随时间的变化规律

三、竹条的蠕变研究进展

竹条是制备竹质复合材料常用的结构单元，因此，研究人员对竹条的蠕变性能研究非常多，主要针对维管束比量的分布、维管束形状和密度等因素。

一般采用长径比、角度和面积等几个变量对维管束形状进行表征（Kanzawa et al.，2011），图 7.10 是维管束长径比和角度的示意图。竹材蠕变的初始柔量与密度呈负相关关系，随密度的增加而降低。竹青侧的初始蠕变柔量与纤维束体积分数或长径比有显著关联，梢部竹青侧的初始蠕变柔量约为根部竹材的 10 倍。竹黄侧的初始蠕变柔量与纤维的长径比无明显关系。密度对蠕变强度的影响更为复杂。例如，第 4 到第 22 个竹节的竹

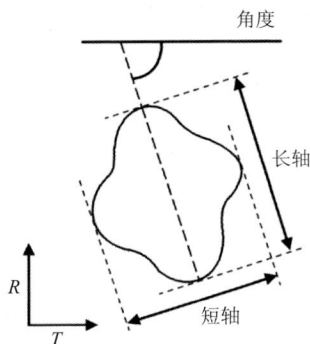

图 7.10　维管束的长径比和角度示意图

材蠕变强度变化不大，密度在 $0.5\sim0.7\text{g/cm}^3$，所以蠕变强度与密度、维管束形状等因素的关联性可能较弱，更多地取决于竹材的微观结构，如分子链构象或细胞间的相互作用。

维管束梯度变异方向对竹材蠕变有显著影响（Gottron et al., 2014; Ma et al., 2022）。如图 7.11 所示，不同加载方向下竹材抗弯蠕变规律不同。竹青侧（维管束密度较高侧）受拉应力时（OT 组）比竹青侧受压应力（OC 组）有较高的静曲强度，而 OC 组弹性模量较高。竹青侧受拉时的静曲强度约为 139.95MPa，竹青侧受压时的静曲强度约为 132.2MPa，且从整个弯曲性能的曲线可以看出，前者的总能耗更大，具备更好的柔韧性。经历 90 天蠕变后，OT 组表现出较大的蠕变变形。但是对蠕变进行归一化处理后，消除弹性变形的影响，OC 组则表现出较大的相对蠕变量，如图 7.11（c）所示。

薄壁细胞被认为是关键的调节力学和蠕变性能的组成部分。受外力加载时，薄壁细胞通过增加纵向和横向面积之比来吸收宏观上的弯曲变形，从而起到应力缓冲作用。维管束和薄壁细胞的吸湿能力也不同，薄壁细胞具有较高的平衡含水率和较低的滞回能力。湿度变化时，维管束的机械吸湿蠕变速率低于薄壁组织的机械吸湿蠕变速率。此外，由于竹材自身基体分布的不均性和强弱多元的化学键结合特征，竹材中存在典型的弱界面。组织之间的弱界面对蠕变影响显著。弱界面会降低细胞的回弹率，进而影响宏观蠕变性能。竹材中的典型弱界面，复合胞间层、纹孔和细胞壁薄层等，在外力加载时弱界面区域的弹性和黏弹性会急剧下降（Chen et al., 2021b; Wang et al., 2021）。

四、竹质复合材料的蠕变性能

影响竹质复合材料蠕变性能的因素很多，原材料单元形态、制作工艺及胶黏

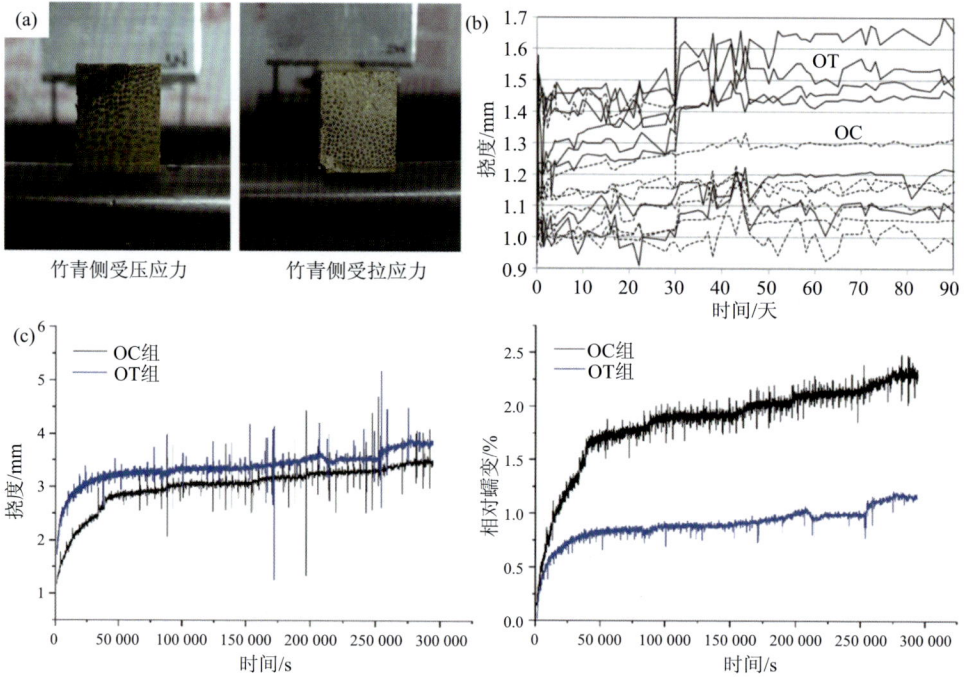

图 7.11　竹材在不同加载方向下的蠕变和相对蠕变曲线

OT，竹青在拉伸侧；OC，竹青在压缩侧

剂类型等对蠕变都有显著影响。例如，竹席贴面刨花板的弯曲蠕变小于竹材刨花板，脲醛胶刨花板的蠕变残留量比酚醛胶刨花板的蠕变残留量大（陈士英等，1999）。竹胶合板模板的横向初始蠕变大于纵向初始蠕变，高含水率模板的初始蠕变显著大于低含水率模板，纵向稳定阶段的蠕变速率是低含水率模板的 2 倍。竹木复合材料托盘在使用过程中会出现货物装卸和承载行为（李玲等，2007），属于疲劳/蠕变交互式行为，其交变载荷的最大值不可超过静强度的 75%，超过这一数值，会导致断裂寿命的下降。在这一交互作用下，会产生 3 种破坏形式，分别为纤维撕裂、层间开裂和界面剪切破坏等。

湖南大学对自主建造的碳纤维增强竹质结构桥梁进行了长达 1330 天的蠕变试验，3 年后桥梁的蠕变挠度为 8mm。然后，研究者通过一次短周期破坏试验来考察桥梁的残余强度，在 18.5t 的加载力值下桥梁发生破坏（Li et al., 2012）。该研究对竹结构桥梁的设计和竹质板材的应用具有十分重要的意义。

重组竹是当前应用较为广泛的竹质工程材料之一（Luo et al., 2022）。图 7.12 是重组竹的拉伸蠕变测试情况，应力水平是静强度的 46%，65MPa。以应力比（S）代替不同的应力水平，即短期静载强度与长期试验的强度（65MPa）之比。在低应力比时（$S=0.402$，0.371，0.362），前 30 天的蠕变应变迅速增加，从第一阶段平稳过渡到第二阶段，并一直保持在这一水平。在高应力比下（$S=0.505$），48 天后蠕变从第一阶段直接进入蠕变破坏阶段，并于53天后达到最大值，并未出现第二阶段。

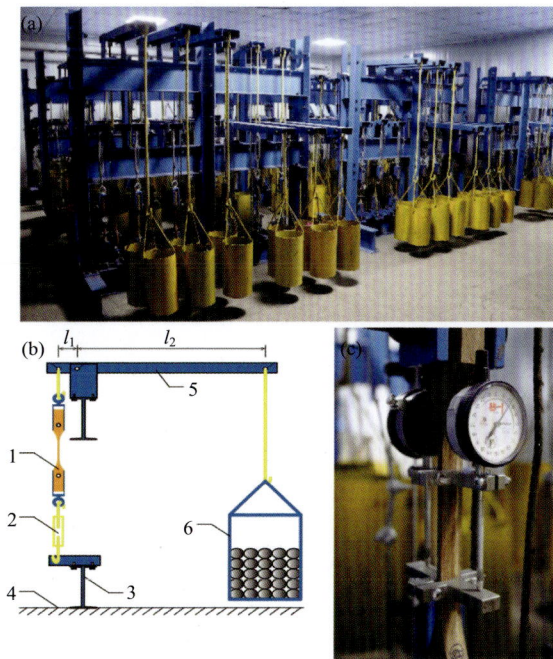

图7.12　重组竹的长期力学试验

（a）拉伸蠕变加载照片；（b）加载示意图，1. 样品，2. 螺栓，3. 固定轴，
4. 地面，5. 平衡杆，6. 砝码；（c）挠度测试

应用经验模型对蠕变进行拟合，计算公式如下：

$$\varepsilon(t) = a + bt^m \tag{7.11}$$

式中，ε为绝对蠕变；t为载荷周期；a，b，m为通过回归分析获得的参数。图7.13是重组竹的蠕变曲线及拟合曲线。根据拟合后的方程预测，重组竹经50年加载后的相对蠕变是0.41，远小于胶合木的相对蠕变2.17和锯材的相对蠕变0.8，可见其抗蠕变性能非常优良。

重组竹在抗弯条件下的使用更常见，因此对抗弯蠕变研究较多。图7.14是重组竹的抗弯蠕变曲线，蠕变周期为106天，应力水平分别为静强度的10%、20%、30%、40%和50%。蠕变速率随应力水平的增加而增大，50%应力水平下的终了挠度是10%应力水平的5.3倍。第0到第3天的蠕变速率最大；第4到第60天，蠕变速率中等；从第60天之后，增长速率变得非常缓慢。通过模型预测发现，在低应力水平下（10%～20%），重组竹使用5年后的蠕变挠度小于极限承载力对应的最大挠度；但是在高应力水平下（30%～50%），5年后的蠕变挠度会超过最大挠度。这一预测结果不符合一些国家现行的木竹结构使用标准。因此，重组竹在抗弯条件下使用时，应注意应力水平的设定。

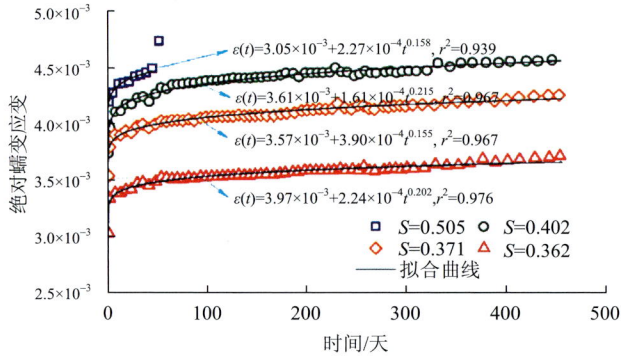

图 7.13　重组竹在不同应力水平下的拉伸蠕变

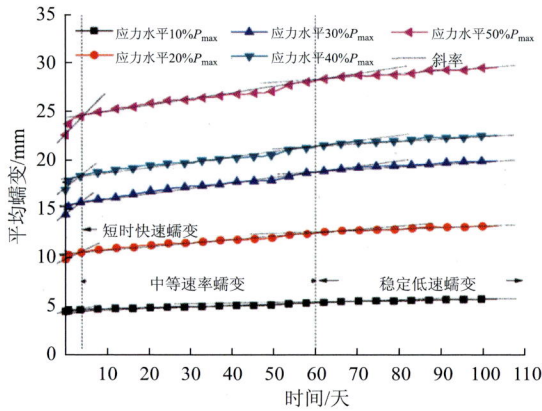

图 7.14　重组竹在不同应力水平下的抗弯蠕变

　　竹束单板层积材是一种与重组竹工艺类似的板材，为了便于在大跨度结构中使用，会采用间歇式热压法制备竹束单板层积材。表 7.1 是竹束单板层积材和竹集成材在三种不同应力水平下的弯曲蠕变和恢复的数据。蠕变周期 6 个月，蠕变

表 7.1　竹束单板层积材和竹集成材的抗弯蠕变及恢复数据

试件类型	应力等级	初始挠度	终了挠度	蠕变增长率/%	初始残余	终了残余	初始恢复率/%	总恢复率/%	恢复曲线斜率
竹束单板层积材（BLVL）	30%	2.48	2.95	18.95	0.83	0.64	71.86	78.31	0.0004
	50%	4.39	5.53	20.61	1.97	1.49	64.30	73.05	0.0022
	70%	5.84	8.69	32.80	—	—	—	—	—
竹集成材（GLB）	30%	2.69	3.65	26.30	1.26	0.93	65.48	74.52	0.0011
	50%	6.07	9.14	33.59	4.36	3.18	52.30	65.21	0.0019
	70%	7.23	11.26	55.74	6.23	5.80	44.67	48.49	0.0023

恢复周期 6 个月。除 70%应力水平下的竹束单板层积材发生破坏外，其他均呈现出蠕变第一阶段和第二阶段的变形特征，且具备明显的应力水平相关性。同应力水平下，竹集成材的蠕变增长率大于竹束单板层积材，恢复率小于竹束单板层积材。这表明竹束单板层积材的抗蠕变性能优于竹集成材。

蠕变速率在三个阶段呈现截然不同的表现。其中第二阶段是最稳定，也最能体现蠕变特性的阶段，这段介于一、三阶段之间的转折区域一般呈线性增长，直至进入第三阶段的断裂为止。但是当载荷超出某一数值时，第二阶段不会出现。也有另外一种情况，即在某一应力范围内，第二阶段的蠕变速率几乎不随时间延长而增长（dδ/dt=0），蠕变状态保持稳定，这表示材料此时达到蠕变极限，不会发生破坏，而这一使材料不发生蠕变破坏的应力值即为容许应力值。因此，研究蠕变第二阶段的增长速率是获取容许应力值的一条途径。

$$\delta = \left(\frac{\mathrm{d}\delta}{\mathrm{d}t}\right)t + c \tag{7.12}$$

式中，δ 为蠕变速率；t 为时间；c 为系数。

用式（7.12）对蠕变挠度曲线进行拟合，斜率即是各曲线第二阶段的蠕变速率。如图 7.15 所示，竹束单板层积材在 30%和 50%应力水平下的蠕变速率分别为 0.0005mm/d 和 0.0017mm/d。竹集成材在 30%、50%和 70%应力水平下的蠕变速率分别为 0.002mm/d、0.0066mm/d 和 0.0103mm/d，两种材料第二阶段的蠕变速率均随应力水平的增加呈增大趋势。且同一应力水平下，竹束单板层积材的增长速率小于竹集成材。将蠕变速率 y 和应力水平 x 建立线性关系，获得关系方程式。给蠕变速率 y 赋值为零，即可以得出二者的蠕变极限。竹束单板层积材和竹集成材的容许应力分别为静强度的 16.6%和 19.05%，即在这一应力水平之内，二者不会发生蠕变破坏。

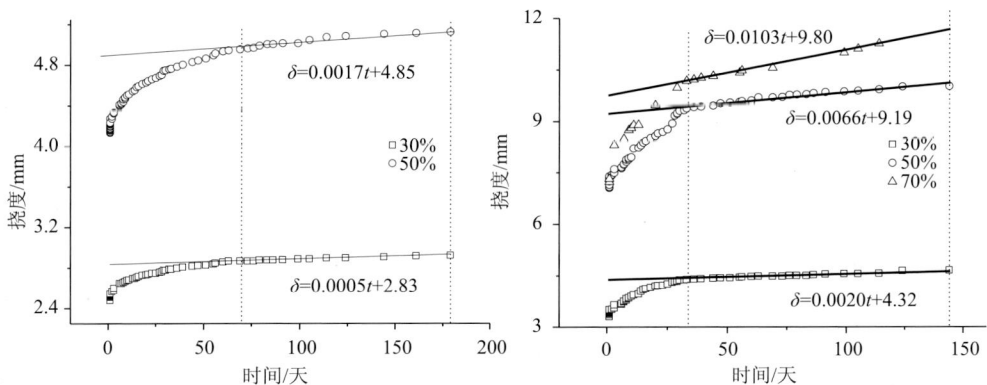

图 7.15 竹束单板层积材和竹集成材的蠕变速率

第八章 竹材冲击韧性

我国竹类资源极为丰富，竹材相较木材具有生长周期短、成本低、抗压抗弯强度高的优点，是一种具有优良力学性能的可再生材料。目前工程竹材已成为竹木结构材料的首选，被广泛应用于建筑交通领域，具有广阔的工程应用前景。竹材在工程结构中使用，会受到垂直方向和水平方向的外界冲击载荷，对冲击韧性有一定要求，因而研究竹材的冲击韧性，揭示材料在冲击载荷作用下的力学行为、断裂特性，对于竹材结构力学性能的探究和应用领域的拓展具有十分重要的意义，不可忽视。

第一节 基本原理与方法

韧性是指材料在发生弹性或塑性变形及断裂过程中所吸收能量的能力，韧性好的材料在力学作用下不轻易发生脆性断裂，从而得到安全保障。竹材冲击韧性是竹材在冲击荷载作用下，产生抵抗变形、破坏的能力。冲击韧性具有时间短、速度快、应力集中的特性，对材料内部组织十分敏感，是材料力学性能重要的参考指标。竹材冲击韧性的测试方法通常采用《竹材物理力学性能试验方法》（GB/T 15780—1995）、《建筑用竹材物理力学性能试验方法》（JG/T 199—2007）、《木材冲击韧性试验方法》（GB/T 1940—2009）等，以水平方向的摆锤式和垂直方向的落锤式加载方式为主。

一、水平方向冲击测试原理及方法

材料在水平方向的冲击测试，以摆锤加载、三点弯冲击为主。摆锤式冲击韧性测试及试件加载装置如图8.1所示。在竹材试件（尺寸为15 mm × 200 mm × t mm）长度中央施加冲击荷载，使试件产生弯曲破坏，利用冲击吸收功数值来评价竹材

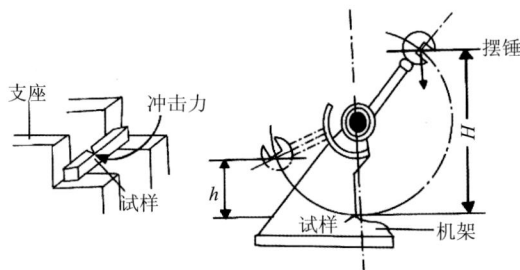

图 8.1 冲击吸收功示意图

h、H，高度；下同

的抗冲击性能。冲击吸收功的测量原理为，冲击前以摆锤位能形式存在的能量，在受冲击后发生断裂的过程中，一部分被试件吸收。摆锤的起始高度，与它冲断试件后所达到的最大高度之间的差值可以直接转换成试件在冲断过程中所消耗的能量，试件吸收的功被称为冲击功。冲击功越大，竹材的冲击吸收性能越好。

摆锤式冲击试验机是针对各类竹材、木材、人造板及饰面人造板，进行动负荷下抵抗冲击性能而研制的，目前常用的试验机的参数为，冲击能量（100J）、冲击速度3～5m/s、支座跨距240mm，可满足试件尺寸20mm×20mm×300m的试件测试。符合《人造板及饰面人造板理化性能试验方法》（GB/T 17657—1999）、《MJB-100 摆锤式人造板冲击试验机技术条件》的要求。该摆锤式人造板冲击试验机通过手动来控制冲击摆锤，度盘显示不受电源限制，操作简单方便；单立柱展开式机架使试验空间外露，便于调试、标定及试件的装载。圆形度盘显示数值测量结果，增加了单位显示空间，一定程度上提高了试验结果的准确度。

二、垂直方向冲击测试原理及方法

垂直方向以落锤荷载为主，包括三点弯和穿刺冲击两种方式。落锤式冲击测试主要采用 INSTRON Dynatup 9250HV 型全数字落锤冲击试验机进行（图 8.2），该试验机的试验体系包括落锤冲击加载机架、数据采集系统及控制系统等。目前常用型号主要技术参数为，最大冲击能量0.59～1800J、主锤体质量 2～70kg、最大冲击速度 7～20m/s（70～2kg）、锤头定位精度 0.1mm。通过调节落锤高度及加载质量砝码实现不同的冲击速度和冲击能量，机架上端的蓄能弹簧可加载至最大冲击速度 20m/s。测试开始时，通过气动夹具固定试件，冲击头与试验间的作用力通过压电传感器进行探测，冲击速度通过冲击头

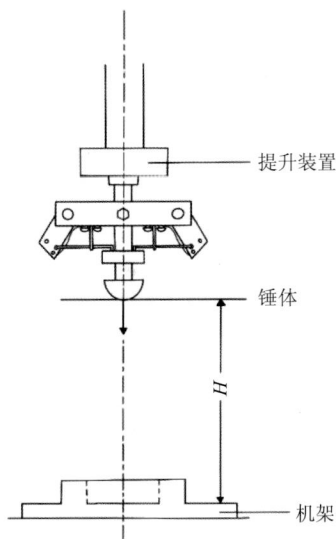

图 8.2 INSTRON Dynatup 9250 HV 型全数字落锤冲击试验机

附近的速度光栅记录。设备可用于各类塑料、金属材料和复合材料的冲击性能测试，适用标准包括 ASTM D3763、ASTM D7136、ASTM D7192、ASTM E23、ISO148、EN10045、DIN50115 等。

另外，在特种设备领域，安全帽的冲击测试通过安全帽检测仪进行，也属于垂直方向冲击测试。参照《安全帽测试方法》（GB/T 2812—2006）的规定，测试安全帽的冲击吸收性能和耐穿刺性能。将安全帽送检样品进行高温(50＋2)℃、低温(−10＋2)℃和浸水(20＋2)℃预处理3h，再将预处理的样品佩戴在标准头模上，如图 8.3 所示，落锤、穿刺锤的高度为1000mm，记录冲击吸收力值和穿刺结果。

安全帽冲击试验过程中，根据能量守恒定律，落锤撞击产生的动能被分为3部分，第一部分能量以应力波的形式发射进入落锤，被称为E_1；第二部分被安全帽吸收的能量，被称为E_2；第三部分为进入头部模型的能量，被称为E。根据安全帽检测规范规定，安全帽经高温、低温、浸水预处理后，进入头模的冲击力不高于4.9kN，则安全帽冲击性能达到合格要求。

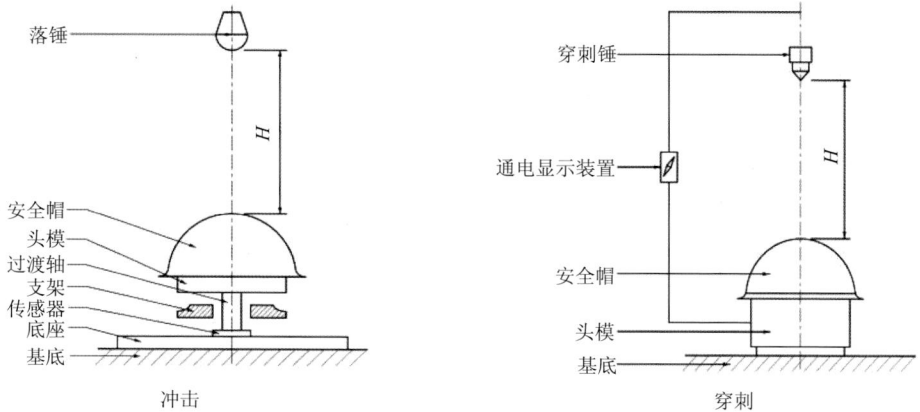

图8.3 冲击吸收和耐穿刺性能测试装置示意图

第二节 冲击韧性的研究进展

竹质材料冲击韧性的研究主要以竹材、原态工程竹材及竹板材为对象，研究内容涉及竹材本身的冲击韧性、不同成型方式和改性剂对竹材冲击韧性的影响等。

一、竹条的冲击韧性

莫弦丰等（2010）参照《建筑用竹材物理力学性能试验方法》（JG/T 199—2007），利用摆锤试验机，对毛竹的冲击韧性和断口形貌进行了测试分析，得出了毛竹的冲击韧性值在101~126kJ/m²，冲击韧性与竹龄成正比，会随着竹龄的增大总体上有增高的趋势，竹龄基本划分为三个阶段：2~6年竹龄的毛竹冲击韧性没有明显差异，耐冲击性最低，为101~107kJ/m²；8~14年竹龄的毛竹冲击韧性差异也不明显，抗冲击性能稍高于2~6年毛竹，为116~126kJ/m²；当竹龄达到10年时冲击韧性达到最大值。不同部件的冲击韧性也会有所差异。由于竹杆的梢部维管束排布较密，梢部的冲击韧性最高，中部和基部的冲击韧性则基本保持齐平。冲击试件的断口形貌分为四大类，如图8.4所示，分别为双边开裂、单边开裂、凸形断口和较平整断口。这几种断口形貌的产生均由于竹材断裂时裂缝产生扩展性发展，呈现出各向异性的特征，且竹材基本组织与维管束界面之间的结合强度不高，在一些薄弱界面维管束与基本组织界面剥离和维管束断裂从基本组织中凸出，所以属于带纤维拔出型断裂。另外，毛竹在冲击作用下，它的受力面均不会发生破坏，但是由于冲击能量向内传递导致受力面与次表层发生一定的开裂与剥离。在这几种断口形貌中，单边开裂试件的强度大于双边开裂的试件。在这几种断口类型中，双边开裂及单边开裂出现频率最多，凸形断口其次，约占20%。而较平整断口出现的概率比较小，这种断口出现时竹材会呈现出明显的带纤维拔出脆性断裂。

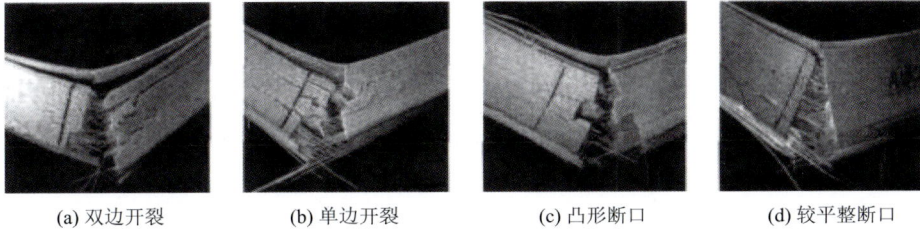

(a) 双边开裂　　　　　(b) 单边开裂　　　　　(c) 凸形断口　　　　　(d) 较平整断口

图 8.4　毛竹冲击韧性断裂的几种断口形貌

二、原态弧形竹片的冲击韧性

弧形竹材原态重组材料充分合理利用竹材纤维材料的固有特性（中空、竹隔等结构），使竹杆抗弯、抗压和抗剪能力增强，张建等（2010）认为其既保留了竹材原有的物理力学性能，又保证了竹材的高利用率，强度高、规格大、密度分布均匀，保持了竹材的天然纹理结构，具有广泛的应用前景。Huang 等（2022）利用有限元方法，分析了弧形竹片在冲击作用下的受力特征，测试了原态弧形竹片在穿击作用下的冲击性能（图 8.5），构建了冲击断裂荷载与竹龄、竹材密度、化学组分之间的关系。随着竹龄增加，竹材的冲击最大荷载先增大后降低，4 年生竹材的冲击最大荷载高达 4373N，是 2 年生竹材的 1.75 倍，8 年生竹材的 2.32 倍。2 年生竹材的冲击最大荷载虽然低于 4 年生竹材，但断裂后有二次承受荷载的能力，具有好的韧性。竹材经穿刺冲击后的断裂特征，横纹断裂和顺纹断裂同时存

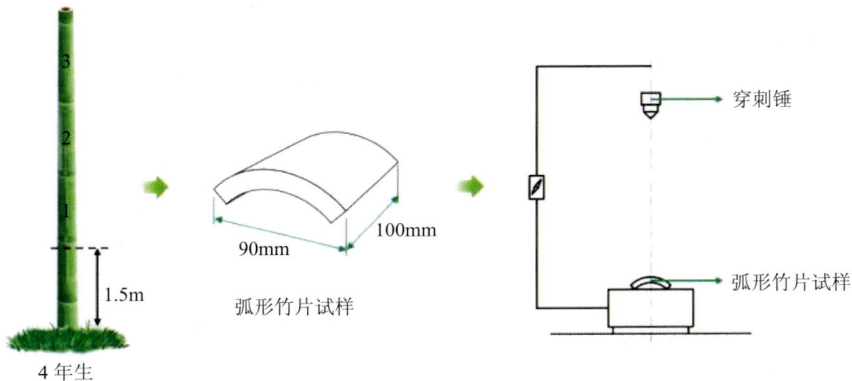

图 8.5　竹材落锤穿刺实验示意图

在，多以顺纹断裂为主。竹材天然的梯度结构引起的裂缝偏转、纤维剥离和裂缝桥接，增强了竹材的断裂荷载。竹材冲击的最大荷载与竹材的密度、含水率和化学组分之间具有明显的相关性。初步建立了竹材冲击荷载与理化性质之间的构效关系，为竹材的工程应用提供数据指导，也为生物仿生材料提供借鉴。

三、竹板材的冲击韧性

竹束单板层积材具有高韧性特性，可用作室内结构材、隔层材、车厢底板、集装箱底板等承重材及楼面板、屋面板等建筑覆面板类材料。在使用过程中，常面临极端环境，易受来自冰雹、风携重物、外来物体的高强度的冲击，往往会导致复合材料产生开裂和瞬间破坏，使材料发生局部脱落或损坏，对结构和建筑物整体的安全性及使用寿命造成威胁，因此冲击能量的吸收性能及耐冲击破坏特征的考核也成为衡量材料综合性能的重要指标。

于子绚等（2012）利用 INSTRON Dynatup 9250HV 型全数字落锤冲击试验机对不同密度和组坯结构的竹束单板层积材进行冲击测试（图8.6），竹束单板层积材的冲击过程先后归纳为两个阶段：载荷增长阶段和峰值载荷之后的载荷下降阶段。在第一阶段，竹束单板层积材由于受到冲击外力作用而使相应载荷不断增大，当作用力达到一定程度使板材内部产生微裂纹并以不同方式扩展，由于此时并未形成贯通裂纹，因而试件尚未发生明显破坏，随后载荷达到竹束单板层积材的损伤临界值，即载荷-时间曲线上的峰值，此时裂纹开始贯通并致使试件部分失效，此区域也被称为裂纹起始区；在第二阶段，板材经过一个塑性变形及裂纹扩展的过程，因而被称为裂纹扩展区。竹束单板层积材在整个抵抗冲击的过程中，其能量吸收不断增加，直至板材完全破坏。孙玉慧等（2018）在能量吸收这一阶段，尤其是裂纹起始与扩展区域的时间段内，板材的能量吸收与时间呈正比关系，随着时间的增长而急剧增加，随后板材对能量的吸收呈现小幅度增长的形势并最终

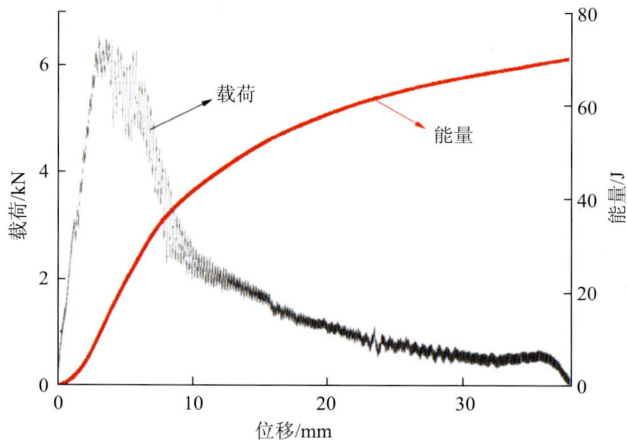

图 8.6　竹束单板层积材的载荷-位移与能量-位移曲线

趋于稳定。竹束单板层积材的单板质量、组坯方式、板材类型和结构特征决定了其在冲击过程中变形和破坏机制的复杂性和多元化。高密度竹束单板层积材的耐冲击性能优于低密度竹束单板层积材；纵横交错的竹木复合重组材耐冲击性能优于竹束单板层积材，二者总吸收能分别为 105.1J 和 66.39J。耐冲击性能随着竹束单板层积材组坯层数的增加而增大，相同铺装层数下随帚化频数的增加而降低。竹束单板层积材在落锤入射面时产生的损伤主要表现形式为纤维压缩断裂，在落锤出射面时则以纤维拉伸断裂为主。

另外，朱辛等（2015）将竹材用于杨木单板层积材，明显改善了杨木单板的冲击性能；羡瑜等（2015）利用基本断裂功法（EWF）认为竹浆纤维的增加可增强竹塑复合材料的冲击韧性。有关竹质材料的增韧研究也是竹材冲击韧性研究领域很重要的发展方向，值得进行广泛的研究与讨论。

四、竹编结构材的冲击韧性

我国有大量从业人员需佩戴安全帽，随着安全要求的不断提高，安全帽的需求量逐年增加。然而，市场现有的玻璃钢壳和塑料壳所制的安全帽存在巨大的安全隐患。竹编安全帽的编织工艺充分利用了竹材天然优良的劈篾性能和力学强度，一方面由于编织工艺具有透气性，另一方面编制成的安全帽坚固耐用，可以竹代塑，具有很高的应用和推广价值。林朝阳等（2021）对竹编安全帽产品进行了性能测试。对竹编安全帽样品进行了第三方抽样送检，每个样品耐穿刺性能合格，穿刺锤均未接触头模表面，帽壳无碎片脱落，表明竹材可作为安全帽的生产原料，其性能能够满足耐冲击和耐穿刺要求；冲击过程中，竹编帽壳依次产生顶丝和筋篾断裂、撞击点塌陷、帽顶塌陷等破坏方式（图 8.7）；浸胶处理对竹编安全帽冲击吸收性能有显著效果，可显著增加竹编安全帽的冲击韧性，并有效防止帽顶塌陷发生；安装钢板对浸胶处理后的竹编安全帽的冲击吸收性能提升不显著，但可有效防止撞击点塌陷发生。

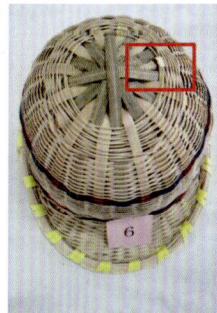

　　　　帽顶塌陷　　　　　　　　　　顶丝断裂　　　　　　　　　　筋篾断裂

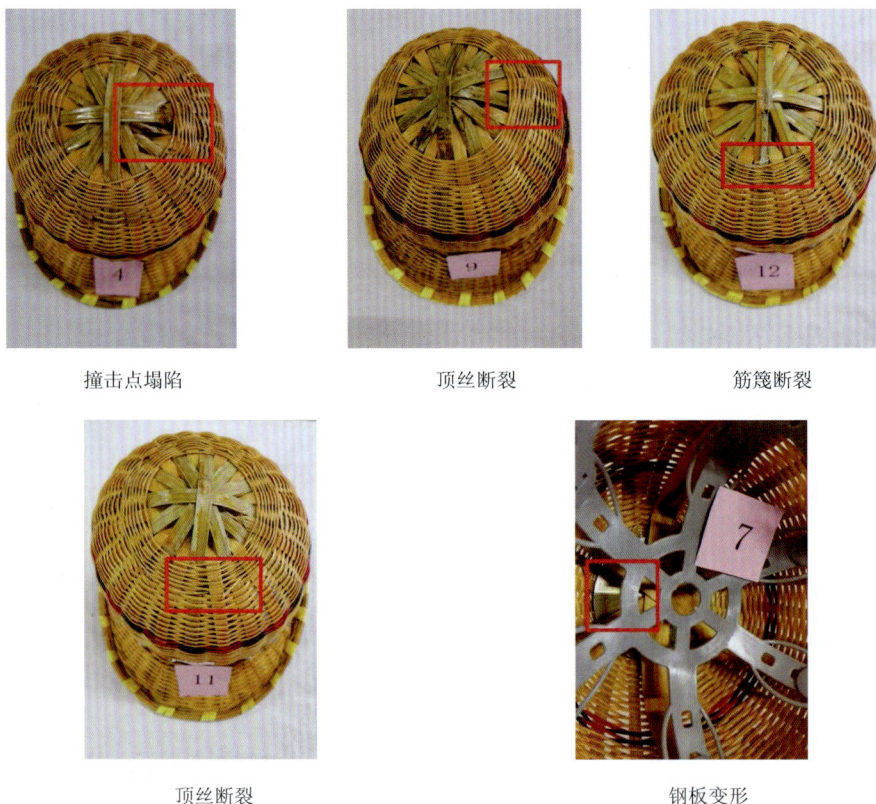

撞击点塌陷　　　　　　　　　　顶丝断裂　　　　　　　　　　筋篾断裂

顶丝断裂　　　　　　　　　　　　钢板变形

图 8.7　竹编安全帽冲击破坏图像

第三节　冲击韧性的影响因素

竹材的冲击韧性能够有效地反映其材质的状况，也是衡量竹材特性的关键指标。它的影响因素较复杂，竹材的解剖构造、化学成分、密度、含水率、环境温度等因素都会影响竹材的冲击韧性。

一、解剖构造影响

竹壁由外而内由竹青、竹肉和竹黄组成，解剖结构包括表皮、皮层、基本组织、维管束和竹腔壁五部分。薄壁细胞组织是竹材的非木质结构，薄壁细胞组织会形成一个基质，将维管束置于其中。Askarinejad 等（2020）认为维管束主要由木质部、韧皮部和纤维帽组成，这种特殊的分布是对竹杆高弯曲刚度和强度的完美结构适应。竹材从宏观尺度到纳米尺度的复杂多级结构，使竹材在快速冲击过程中内部结构、显微组织、缺陷的变化很敏感，马芹永等（2014）、汪佑宏等（2019）、李梦林等（2015）认为在相同冲击荷载下，不同结构部位的冲击韧性不同，表现出多向断裂形貌，横纹断裂和顺纹断裂同时存在。顺纹方向的层间结合面是竹材的弱界面，冲击过程中竹材的断裂形式多以顺纹断裂为主。在不同竹龄的冲击断裂试件中均看到了明显的薄壁组织基体的破坏、纤维与基体界面的分离、纤维束的断裂和桥接现象。如图 8.8 所示，在竹材断裂瞬间，裂纹首先主要从纤维和薄壁细胞边缘附近扩展，而后裂纹穿过导管。裂纹在导管处发生偏转，导管（vessel）通过吸收（absorb the crack-tip energy）或偏转裂纹（deflect the crack growth direction）来改变裂纹扩展模式，降低了疲劳裂纹扩展速率（Huang et al.，2022）。李忠明等（2002）认为裂纹扩展过程中，纤维束的拔出往往是破坏周围的薄壁组织，而纤维束的断裂则是从边缘纤维到中间纤维依次发生破坏。俞祁浩等（1997）认为纤维和薄壁细胞弱界面断裂及导管在很大程度上可能是竹材显著断裂韧性的原因。

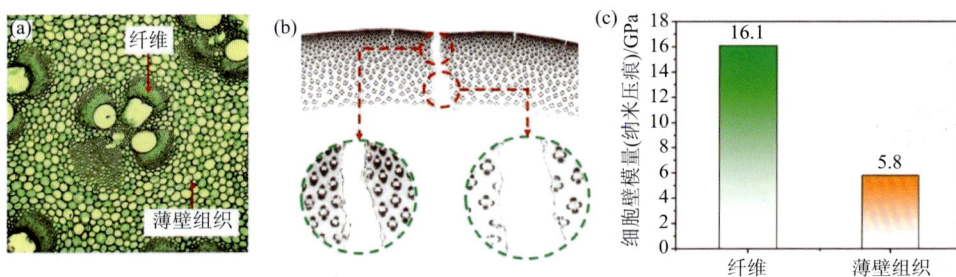

图 8.8　竹材冲击断裂破坏界面分析

二、物理性质影响

（一）密度

竹材的密度指的是单位体积竹材的重量。在竹材中，由于维管束分布不均匀，竹材密度、干缩、强度等随着竹杆高度和部位不同而存在差异。一般来说，竹身外侧维管束的分布相较内侧更密集，其耐冲击性也就更高。竹杆的密度自下而上递增，故竹杆尾部抗冲击性更强。但该规律也会受到竹种的影响，毛竹、撑篙竹和粉单竹的力学性能基本上呈现从基部至梢部由小逐渐增大的趋势。而红竹、淡竹、刚竹、青皮竹等上下部位差异不大，规律不明显。

另外，密度取决于竹纤维密度及其构成，竹纤维截面小，纤维壁厚，胞腔小，总的空间也相对较小，竹材的密度就会大。Jia 等（2023）对竹龄为 2 年、4 年、8 年的弧形竹片进行穿刺冲击试验，竹龄 4 年的竹材平均冲击最大荷载值达到了4373N，是 2 年生竹材的 1.75 倍，8 年生竹材的 2.32 倍。4 年生新鲜竹材的密度为 1.28g/cm³，全干密度为 0.94g/cm³，大于 8 年生和 2 年生竹材。冲击荷载与竹材密度之间具有明显的正相关性。刁倩倩等（2018）通过控制竹束单板的密度等级，测试冲击韧性与密度的关系，随着密度等级的增加，竹层板的冲击韧性和冲击吸收功均呈现先增加后减小的趋势。纤维是板材抵抗冲击损伤的主要单元，重组竹内部单位体积的竹纤维含量越多，密度越高，在整个冲击过程中，断裂载荷和断裂能量相应增大，板材抵抗变形的能力提高。

（二）水分

含水率是竹材力学性能的重要影响因素，陈琦等（2018）认为不同含水率的竹材，其力学性能差异很大。新鲜竹材的含水率与竹龄、部位和采伐季节有一定的关系。一般说来，幼龄竹材比老龄竹材含水率高，自基部至梢部含水率逐步降低，竹壁外侧含水率比中部和内部低，夏季采伐的竹材含水率比其他季节采伐的要高。相同条件下，含水率高，水分的进入使竹材中原先紧密笔直的分子变得松散扭曲，在冲击过程中得以承受较高的荷载值。

三、化学成分影响

竹纤维的性能高度依赖于其主要化学成分，而化学成分则受竹种、竹龄、营养物质和灰分因素等影响。虞华强（2003）认为竹材的有机组成与木材相类似，主要由纤维素（40%～60%）、半纤维素（戊聚糖 14%～25%）和木质素（16%～34%）组成。这些成分实际上是相同的高聚糖，约占竹纤维总重量的 90%。纤维素和半纤维素作为竹材的"骨架物质"，木质素填充在其中，对植物细胞壁的硬度起着至关重要的作用。木质素具有较高的刚性，其黏附性能也最优。毛竹材冲击韧性与木质素的含量呈正相关，断裂能量与灰分、冷水抽提物、热水抽提物、苯醇抽提物呈正相关，与综纤维素、戊聚糖、气干密度、基本密度呈显著负相关。随着竹杆高度的变化，冲击力学性能与其化学成分的相关显著性逐渐降低。

四、温度影响

外界温度的变化对竹材冲击韧性也有较大影响，如工程上的脆性断裂事故多发生于环境温度、工作温度较低的情况下，这导致人们非常关注温度对力学性能的影响。当试验温度低于某一温度 t_k 时，材料从韧性断裂转变为脆性断裂，冲击吸收功明显下降，断裂机理由微孔聚集型转变为脆性断裂，冲击吸收功明显下降，断裂机理由微孔聚集型转变为穿晶解理，新口特征从纤维状变为结晶状现象，这就是低温脆性。通过测定不同温度处理下竹材的冲击吸收功，就可以测出冲击吸收功与温度的关系。温度升高至某个温度区间，冲击吸收功发生急剧下降，试件发生弹塑性变化，这个区间被称为竹材玻璃化温度，玻璃化转变温度越高，材料高温冲击性能越好。温度降低至某个温度区间，冲击吸收功发生急剧下降，式样端口由韧性断口过渡为脆性断口，而这个区间被称为韧脆转变温度范围，韧脆转变温度越低，材料高温冲击性能越好。例如，竹材在极地高温和低温地区的应用，冲击韧性是横向竹材耐候性的重要指标。在冲击试验中，既可以显示材料低温脆性的倾向，也可用于测定韧脆转变温度，当温度降低时，材料的趋附强度急剧增加，而塑性和冲击吸收功急剧减小，所以材料趋附强度、急剧升高的温度或者是材料的断后生产率、断面收缩率及冲击吸收功急剧减小的温度就是韧脆转变温度，通常人们采用缺口试件冲击弯曲试验测定材料的韧脆转变温度，在低温到高温区间内进行系列冲击弯曲试验，测出试件断裂所耗的功，或者是断裂后试件的塑性变形量，又或者是断口形貌随温度转化的温度曲线，然后以此求得材料的正确转变温度。另外，冲击弯曲试验也具备一些局限性，如冲击吸收功的大小并不能真正反映材料的韧性程度，在设计中不能定量使用；材料相同，缺口形状和尺寸不同，测得的冲击吸收的大小也不同。

竹材天然的多尺度结构增加了竹基材料结构和性能的复杂性。现阶段，有关竹材冲击韧性的研究，仅限于对竹冲击韧性的简单测试，有关竹材冲击韧性的规律性研究和定性定量分析并不深入。针对竹材内部结构不均匀，竹节和节间的跨距不统一，竹子内的微观构造和化学成分分布不均匀等特点，进一步探明竹材冲击韧性的影响因子，揭示竹维管束、薄壁组织、胶黏剂等多级界面对竹材冲击韧性的吸能机制、协同贡献机理和破坏模式，并将其与竹基材料的选材、设计、工艺技术和性能评价相互关联，对于竹材基础力学理论的研究、传统竹加工工艺技术瓶颈的突破和可持续发展具有非常重要的科学指导价值和现实意义。目前，有关竹材冲击韧性的研究主要涉及毛竹材、弧形竹片、竹板材和竹编结构材，为评价竹材冲击韧性及竹材在竹木结构中的设计使用，提供了一定的借鉴。但竹材冲击韧性的标准及规格竹材、标准构件的冲击特性还有待加强。

第九章　竹材疲劳性能

疲劳（fatigue）破坏是工程中最常见、最重要的失效模式之一。与前面几章介绍的静载荷作用下的力学特性不同，疲劳是在动态载荷下发生的行为。当材料受到如风载、雪荷、地震、车辆及人群荷载时，在交变载荷重复作用下发生破坏的现象均可归属到疲劳破坏的范畴。这种特点反映到实际应用时，不可避免地导致结构系统的损伤积累和抗力衰减，在极端情况下引发灾难性突发事件。实际生活中，50%～90%的工程构件破坏失效属于疲劳破坏。

疲劳问题的研究起源于19世纪上半叶，从德国采矿工程师Albert对矿山卷扬机焊接铁链的研究开始，逐渐引发人们对金属材料疲劳问题的兴趣。1854年，Braithwaite在其关于金属疲劳断裂的著述中，首次采用"fatigue"这个术语描述金属在载荷的反复作用下发生的开裂现象和行为。1852～1869年，德国工程师Wöhler首次提出采用应力幅-寿命曲线（S-N）描述疲劳行为的方法及"疲劳极限"的概念。20世纪50年代，英国3架彗星号客机坠毁，其原因均是金属疲劳。Harris（2003）将这几起事故的起因定为低周疲劳裂纹扩展，这是人们正式认识疲劳性能的开始。之后，随着复合材料、生物质材料的广泛使用，研究人员发现除了金属会发生疲劳破坏，其他具有黏性特征的材料都会发生疲劳破坏。可见，任何具有流变行为（flow behavior）的材料在一定条件下都会展现出疲劳特性，这种特性依赖于应力循环次数、应力速度或应力时间等。

与金属材料相比，生物质材料的疲劳性能相对复杂。例如，在高载荷状态下，经过200万次的循环就足以确定金属材料的疲劳极限，但是对木材进行超过5000万次的循环加载后，依然无法准确地获得疲劳极限值。因此，在20世纪90年代以前，研究者普遍认同第一次世界大战时期著名飞机设计师Dr. Fokker的结论：木材不会发生疲劳破坏，其容许应力低于疲劳极限值。这种情形一直持续到木材开始应用于风电叶片和抗震房屋设计。对于风电系统来说，最终目的是尽最大可能开发风力从而产生更多的能量，因此，叶片在承受低水平应力的条件下，需要具备抵抗百万次以上循环次数的性能，这种行为属于高周疲劳（>10 000次）；地震是在极端情况下发生的破坏，因此，房屋需要在相当高的载荷下，抵抗较少次数的循环，这属于低周疲劳（<10 000次）。

第一节　疲劳性能的基本原理

一、基本概念

疲劳是力学的一个分支，它主要研究在交变荷载重复作用下材料和构件的强度问题，研究应力应变状态与寿命的关系。美国材料与试验协会（ASTM）在"疲劳试验及数据统计分析之有关术语的标准定义"中作出定义：在某点或某些点承受扰动应力，且在足够多的循环扰动作用之后形成裂纹或完全断裂的材料中所发生的局部的、永久结构变化的发展过程。当结构或材料受到多次反复变化的载荷作用时，其应力值虽然没有超过材料的强度极限，甚至还低于弹性极限，仍旧有可能发生破坏，这种破坏现象就是疲劳破坏。疲劳破坏是指材料在交变载荷的作用下，发生的非弹性（in-elastic）或破坏的行为（Bonfield and Ansell, 1988）。交变载荷是在载荷的大小、方向随时间做周期性或不规则改变的载荷。疲劳破坏由微裂纹开始，逐渐发展成为宏观裂纹，直至断裂。图 9.1 显示的是两种典型的疲劳加载方式（Bonfield and Ansell, 1991），随机加载和恒幅加载。前者常见于设备的组件中，后者常见于实验室疲劳试验中。

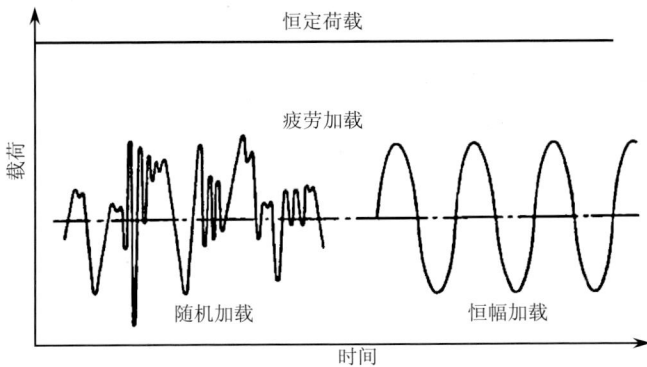

图 9.1　疲劳加载方式中的随机加载和恒幅加载

二、研究方法

　　无论是均质材料还是复合材料，疲劳试验最常用的评价方法是采用公称应力或公称应变作为评价参数，通过实验获得应力幅与寿命的关系，即 S-N 曲线。这种方法可以用来比较材料的疲劳性能，从而在工程中选择更加合适的材料。这种方法的影响因素较多，受尺寸、表面光洁度、几何形状等影响，能够获得结构的设计寿命。最早起源于 19 世纪的金属疲劳领域，被称为"经典"方法。但这种方法的缺点是无法评价大型在役结构的剩余寿命（residual life）。

　　从 20 世纪 50 年代起，开始应用损伤力学研究疲劳行为，该方法侧重于对宏观裂纹发生前材料内部的各种缺陷及演化进行解读，如金属材料的结晶缺陷及复合材料在制造时出现的孔隙缺陷等。但是损伤力学缺乏有效的损伤检测手段，工程设计时仍采用材料力学的方法。

　　20 世纪 60 年代和 70 年代，断裂力学成为研究高韧性材料疲劳问题的常用方法，促进了疲劳裂纹扩展规律发展。前文提过，疲劳分为高周疲劳和低周疲劳，但是对于不同材料而言,高和低的概念不同。比如,对于金属材料来说,10^6 属于高周循环次数,并经常用来定义疲劳极限,但在聚合物基复合材料的应用中,如风力叶片的设计寿命一般达到 10^7 或更高,这种超高周次的疲劳循环试验费时且价格昂贵,所以会采用疲劳裂纹扩展机制来进行研究。断裂力学对疲劳研究的发展起到重要的推动作用,并达到了工程应用的程度。

三、测试技术

根据材料的工作状态不同,疲劳试验的测试方式也有所不同,包括应力控制疲劳(stress controlled fatigue)和应变控制疲劳(strain controlled fatigue)。应力控制疲劳是指在循环载荷作用过程中应力幅保持恒定或受到变幅控制的疲劳形式,参考标准如金属材料的轴向力控制方法(GB/T 3075—2021);应变控制疲劳是指在循环载荷作用过程中公称应变幅保持恒定或受到变幅控制(此时应力幅可以是变化的)的疲劳形式,参考标准如金属材料的轴向应变控制方法(GB/T 6398—2017)。当然,实际应用时,疲劳形式往往介于二者之间。根据循环载荷的频率,疲劳可以分为高频疲劳(high frequency fatigue)和低周疲劳(low frequency fatigue)。通常而言,高频疲劳采用应力控制疲劳方式,低周疲劳采用应变控制疲劳方式。此外,根据应力状态的不同,还可以分为单轴疲劳(uniaxial fatigue)和多轴疲劳(multi-axial fatigue),单轴疲劳是指只有一个方向承受循环载荷,多轴疲劳是指两个以上的方向承受循环载荷,参考标准如金属材料的多轴疲劳试验设计准则(GB/Z 40387—2021)。还有一种情况是材料同时产生蠕变损伤和疲劳损伤,如黏弹性材料的疲劳,我们习惯上称之为蠕变疲劳(creep fatigue)。如需测试疲劳裂纹,则参考:疲劳裂纹扩展方法(GB/T 6398—2017)。

金属材料的所有疲劳试验方法都影响着复合材料的疲劳测试研究,复合材料的疲劳性能测试标准可以参考:聚合物基复合材料疲劳性能测试方法(GB/T 35465),其中包含拉-拉疲劳、拉-压疲劳、压-压疲劳、弯曲疲劳、拉伸剪切疲劳等。

常规的疲劳试验先确定试件的静载强度,即在固定的加载速率下进行强度试验,一方面检验材料的静强度是否符合要求,另一方面是根据静强度选定疲劳试验时的各级应力水平。由高应力到低应力逐级进行疲劳试验,记录试件破坏时的循环数,即疲劳寿命。

试验参数需要考虑以下几个方面:

(1)材料是否为简单的几何状;

(2)加载方式:三/四点弯、拉伸、剪切、扭转等;

(3)频率和振幅的形状;

(4)恒幅荷载还是随机荷载;

(5)是否为大气环境,温度和湿度的选择;

（6）应力控制还是位移控制。

疲劳承受的是扰动应力，即随时间变化的应力，可以通过力、位移、应变等表示，因此多称为扰动载荷或循环载荷。最典型的循环荷载是恒幅应力循环，可以以正弦波为例，如图 9.2 所示。这种变化也可以是无规则或随机的，此时材料承受的就是变幅载荷或随机载荷。一个应力循环至少需要两个参量，在工程设计时，一般采用最大循环应力 S_{max} 和最小循环应力 S_{min} 来直观地确定循环应力水平，其中，还会应用到以下参量：

应力幅（S_a）：

$$S_a = (S_{max} - S_{min}) / 2 \qquad (9.1)$$

平均应力（S_m）：

$$S_m = (S_{max} + S_{min}) / 2 \qquad (9.2)$$

应力比（R）：

$$R = S_{min} / S_{max} \qquad (9.3)$$

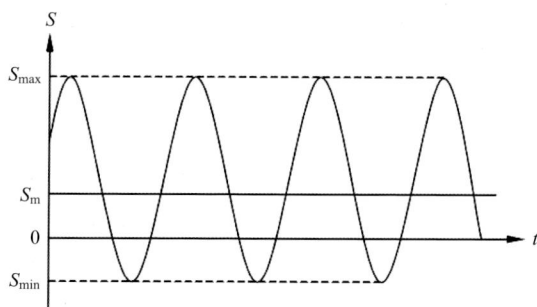

图 9.2　恒幅应力循环

材料或构件正常工作的时间，称为寿命。所有的疲劳寿命曲线都是在给定应力比（R）的条件下得到的，应力比可以反映载荷的循环特征。当 S_a 确定时，S_m 会随着 R 的增大而增大，从而加速疲劳裂纹的萌生和扩展。

疲劳试验分为高周疲劳模式和低周疲劳模式。高周疲劳指的是材料承受较低载荷时，循环破坏次数较高。低周疲劳指的是材料承受较高载荷时，循环破坏次数较低。高周疲劳和低周疲劳没有明确的界限，根据前人的研究，疲劳寿命为 $10^2 \sim 10^5$ 的疲劳断裂称为低周疲劳。

第二节　疲劳性能的特点

一、疲劳寿命

研究疲劳的目的是预测寿命。从材料或构件承受扰动载荷开始，就进入了疲劳的发展过程，这一过程中包含裂纹的萌生和扩展，不断形成损伤累积直至断裂，这一过程所经历的时间或扰动载荷作用的次数，称为寿命。一般采用载荷作用次数"N"表达疲劳寿命。要计算疲劳寿命，必须有精确的载荷谱、材料特性、构件的应力-寿命（S-N）曲线、应变-寿命（ε-N）曲线，或合适的累积损伤理论、合适的裂纹扩展理论等，同时还要考虑影响疲劳寿命的各种因素。因此，对疲劳性质的分析方法也具有多样性。

1. 伍勒（Wöhler）曲线

伍勒曲线（Wöhler，1870）又称为 S-N 曲线，是预测材料疲劳寿命最常用的模型，表达的是应力（S）与循环破坏次数（N）之间的关系（图9.3）。一般 S-N 曲线多用来预测材料在简谐荷载下的疲劳寿命。通常循环次数采用对数坐标，应力振幅采用普通线性坐标(有时也采用对数坐标)。疲劳寿命中一般包含三个区域，即裂纹萌生处、裂纹扩展区域和失稳断裂面。即 S-N 曲线对应的实际上是起裂寿命，裂纹扩展寿命一般很短，所以可以忽略。S-N 曲线与平均应力或循环比有关，不同的平均应力下，疲劳极限不同。

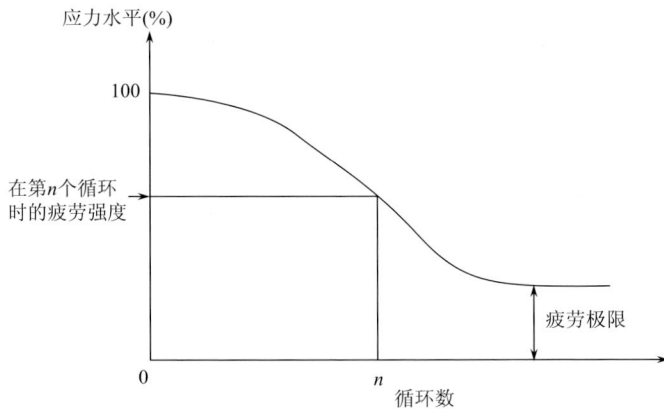

图 9.3   S-N 曲线

2. Smith 理论

Smith 理论是基于应变法的思想建立的，根据应变-寿命曲线计算每一载荷循环造成的损伤。主要是针对在简谐载荷下发生破坏的情况。建立 Smith 公式需要的参数与伍勒曲线基本一致。

对于应变控制疲劳，在各种不同的应变振幅下进行疲劳试验，测得的应变振幅与破坏发生时的循环次数的关系曲线，称为 ε-N 曲线。通常采用双对数坐标，在高应变幅和低应变幅处可分别近似为斜率不同的直线。总应变振幅可分解为弹性和塑性应变振幅。在高应变幅（低寿命）侧，塑性应变占支配地位，在低应变幅（高寿命）侧，弹性应变占支配地位，实际上是应力控制疲劳。

3. 过载

多数实际情况中，材料会遭遇过度载荷的情况，如地震和风力发电时突然的荷载变化。过载直接造成的结果就是强度下降和疲劳寿命的降低。所以有时也根据强度、刚度退化模型来表征材料的疲劳寿命。

4. Miner 法则

Miner 法则（Miner, 1945）又被称为线性累积损伤规律，这是一个半理论公式，主要原因在于缺少可替代变量。Miner 法则是基于应力法建立的，产生的损伤可以定义为 $D_i = n_i / N_i$。当 D_i 等于 1 时，材料疲劳失效。

公式如下：

$$\sum_{i=1}^{k} \frac{n_i}{N_i} = 1 \quad \text{其中} \begin{cases} k = \text{载荷水平的次数} \\ n_i = \text{第} i^{\text{th}} \text{载荷水平的循环次数} \\ N_i = \text{在} i^{\text{th}} \text{载荷水平下的破坏次数} \\ \dfrac{n_i}{N_i} = \text{第} i^{\text{th}} \text{载荷水平下的损坏率} \end{cases} \quad (9.4)$$

例如，SL_1 载荷下循环次数 n_1，则有破坏次数 N_1；SL_2 载荷下循环次数 n_2，则有破坏次数 N_2。

那么，$\dfrac{n_1}{N_1} + \dfrac{n_2}{N_2} = 1 \Rightarrow n_2 = N_2 \left(1 - \dfrac{n_1}{N_1}\right) \Rightarrow N = n_1 + n_2$

对于黏弹性材料而言，Miner 法则和 Wöhler 曲线对其进行的疲劳性能拟合是非常接近的。因此，进行拟合时，可以考虑两个公式单独进行拟合，也可以结合起来一起进行拟合。

5. 能量法

材料在疲劳过程中的荷载-位移曲线反映的是力学性能演化过程。在循环载荷的作用下，各应力水平下的荷载-位移曲线均呈现周期循环特征，加载段和卸载段组成了典型的"滞回环"，也称为滞回曲线。形成原因是材料在卸载后，位移并未沿着其加载段曲线返回，而是沿着低于加载段的曲线返回，变形呈现明显的滞后特性。在滞回曲线中，加载阶段的载荷-位移曲线包围的面积表示吸收能量的大小。滞回曲线可以归纳为 4 种基本形态，如图 9.4 所示。图中：（a）为梭形，（b）为弓形，反映了一定的滑移影响，具有显著的"捏缩"效应；（c）为反 S 形；（d）为 Z 形，均反映了大量的滑移影响。上述 4 种滞回曲线的滑移依次增大，耗能能力逐渐减弱。

滞回环的形状反映材料的塑性变形能力。形状越饱满，说明材料的塑性变形能力越强，吸收振动能量的能力越好；反之，形状不饱满，则说明材料吸收振动能量的能力较差，不易用于抗震设计。每循环损耗的能量可以分为两个部分，一部分与断裂无关，一部分与断裂有关。能量损耗可以反映疲劳损伤，通过能量损

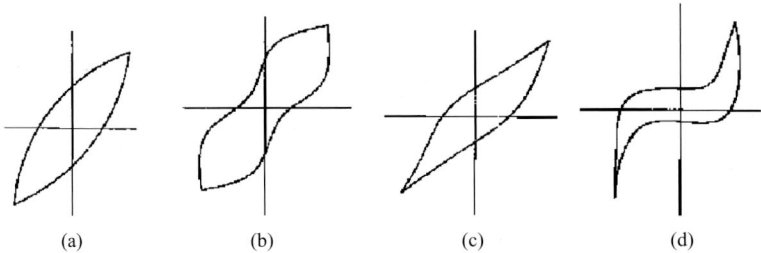

图 9.4　4 种滞回曲线

耗分析疲劳损伤过程和疲劳机理是一种科学简便的分析手段。滞回环面积被用来表征损失的能量，这种情况主要由无法恢复的塑性变形产生。因此，1965 年，Morrow 以损耗能量为基础，对疲劳寿命进行了预测，公式为

$$N_f{}^{C_1}W = C_2 \tag{9.5}$$

式中，W 为每循环损耗的能量；N_f 为疲劳寿命；C_1 和 C_2 分别为疲劳指数和能量吸收能力的参数，这两个参数可以在疲劳寿命和能量的关系方程式中获得。

这个方程式包含两个部分，"未破坏时的能耗"（safe dissipated energy）及"破坏能耗"（damage dissipated energy）。即 W 可以表达为

$$W = \begin{cases} W_d + W_s(\sigma_a \geqslant \sigma_{-1}) \\ W_s(\sigma_a \leqslant \sigma_{-1}) \end{cases} \tag{9.6}$$

式中，W_d 为未破坏的安全能耗；W_s 指在应力 σ_a 超过极限值 σ_{-1} 时发生的破坏能耗。之后能量法又经过不断的改进，成为模拟疲劳寿命的一种有效手段。

二、疲劳破坏的特点

一般情况下，疲劳破坏会分成以下几个阶段：①初始损伤萌生阶段，这个阶段主要是基体产生大量微裂纹；②进入缓慢的损伤累积阶段，微裂纹进一步扩展，同时出现了界面脱黏、层内及层间损伤等情况。一般在疲劳寿命的 50%左右时出现局部分层，之后分层不断扩展，并伴随随机纤维折断或拔出；③快速失效破坏阶段，在该过程中多种损伤的累积及相互作用使得裂纹进一步扩展，直至失效破坏。

疲劳破坏和静强度破坏的主要区别有：疲劳破坏的应力水平较低，静强度破坏的应力一般要达到或超过极限应力；疲劳破坏要经历局部损伤累积过程，静强度破坏一般无损伤累积过程。值得注意的是，在宏观裂纹出现之前，疲劳损伤的生长与累积会发生在材料内部的任意微观缺陷处，当损伤最严重的区域损伤累积到一定程度时便会在该处出现宏观裂纹。但一旦形成宏观裂纹，其他损伤区域一般就不会再形成宏观裂纹，即其他部位的损伤累积会受到遏制，破坏过程主要表现为该裂纹（主裂纹）的扩展过程。

不同的材料表现出来的疲劳破坏特点不同。例如，金属材料的疲劳破坏，在萌生裂纹时，金属内部会形成晶粒滑移带，从而阻止裂纹继续扩展。而在复合材

料中，尤其是疲劳破坏的第二阶段，微观结构是纤维桥接基体裂纹的屏障。这些纤维通过降低能量释放率（或者通过减少裂纹表面位移）来提高抵抗裂纹扩展的能力，裂纹尖端的纤维可以阻止裂纹的扩展。这种纤维桥连机制在竹材断裂力学研究中被发现，竹材的外在增韧机制与纤维桥接有关，因此，参与桥连的纤维含量变化对竹材的疲劳极限有决定性影响。以重组竹为例，其疲劳破坏过程主要表现为，跨中附近的纤维首先出现纤维撕裂，继而出现界面脱黏现象；随着循环次数增加，界面脱黏沿垂直方向渐渐延伸，在内部出现上下贯通的竖向裂缝，直至破坏。其疲劳破坏的主要模式有：纤维断裂、纤维和基体之间的界面脱黏、局部分层等。

第三节　疲劳性能的影响因素

影响疲劳性能的因素很多，应力水平、加载方式、加载频率及外界的温湿度环境都对疲劳性能有一定影响。

一、载荷变量

虽然所有荷载都可以看作是循环荷载，但这里的循环荷载指的是荷载频率以Hz 为单位的荷载。木材在循环应力作用下的损伤累积取决于每个周期所做的功和所采用的波形（Smith et al., 2003）。波形的形状决定了很多因素，如应力速率和在波峰的宽度等。图 9.5 显示的是在同样应力水平和加载频率条件下的不同波形，

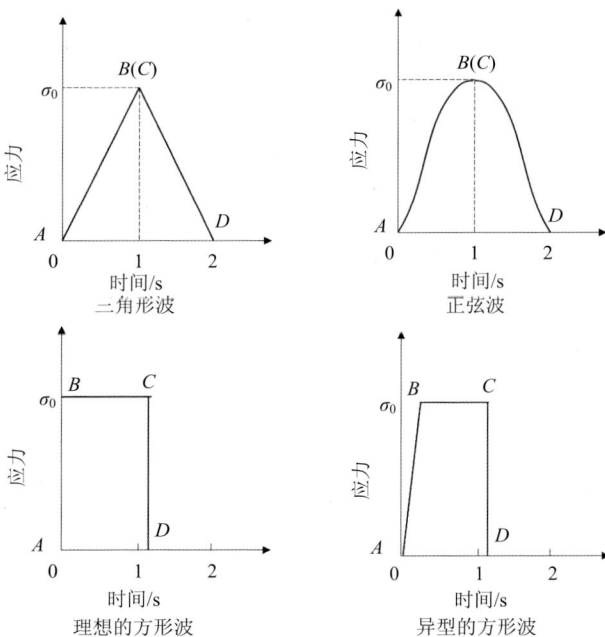

图 9.5　加载频率为 5Hz 的波形

AB 段反映的是应力速率，BC 段反映的是停留时间。在方形波和三角形波中，A、B、C、D 点与应力变化的峰值速率一致。在三角形和正弦波中，B 和 C 点重叠，停留时间为零。而理想的方形波在实际应用中几乎不可能出现，只有近似方形波的存在。

方形波疲劳是最易发生破坏的，因为它具有最大的应力速率，且在顶端停留时间最长，变化率最大。三角形波和正弦波的疲劳相比，三角形波疲劳更难破坏，二者的相同点是应力速率的峰值一致，不同点是应力速率的变化率不同，三角形波的最大应力速率恒定，而正弦波的最大应力速率并不是常数。应力速率的变化率是循环荷载作用下损伤累积的主导因素。

频率（f）对疲劳寿命（N）的影响很大，应力比不变的前提下，频率越高，疲劳寿命越长。例如，在 0.1～10Hz，挪威云杉的压缩疲劳寿命随频率（0.1～10Hz）的增加呈非线性增长趋势，可以用双对数进行表示：

$$\log_{10} N = a \times \log_{10} f + b \rightarrow N = cf^{a} \tag{9.7}$$

式中，a、b、c 都是拟合时的系数。

加载频率对疲劳寿命的影响被称为"循环影响"（cycle effect），表示为公式中的指数 a，指数越小，单次加载的影响越大。

当 $a=0$ 时，Wöhler 曲线中的 N 作为失效准则：

$$\log_{10} N = A + B \times \log_{10} S \tag{9.8}$$

式中，A 和 B 取决于应力比（R），见式（9.3）。

当 $a=1$ 时，则根据载荷的持续时间（T）判定失效：

$$T = \frac{N}{2f} \tag{9.9}$$

式中，f 为频率，每个循环周期的负载时间是 $1/2f$。

二、湿度变量

湿度和应力相互作用时的效应非常显著，形成一种复杂的破坏机理。湿度在一定程度上能够加速木材的疲劳破坏过程。对比干、湿木材的疲劳破坏规律可以发现，湿材的疲劳强度衰减程度取决于机械吸附的影响，同时水分子移动和蒸发时的能量损耗也有一定作用。湿材对疲劳过程中的应变、强度均有显著影响。研究人员（Pritchard et al., 2001）对中密度纤维板（MDF）、刨花板（OSB）和木屑板（chipboard）等常用木质板材在不同频率、湿度等条件下的疲劳性能进行了测试，发现低湿条件下 OSB 的刚度最好；但是高湿条件下，MDF 表现出更高的动态模量。麻纤维增强复合材料在水中浸泡 35 天后，由于纤维和基体之间的黏着力下降，疲劳强度也随之出现明显降低。

第四节　竹材疲劳性能的研究进展

一、圆竹疲劳性能的研究进展

对于圆竹疲劳性能的研究主要从材料形态和加载方式两个方面进行展开。都柏林大学的 Keogh 等（2015）对圆竹进行了疲劳性能测试，加载频率是 1Hz，应力比是 0.1，应力水平为静力学试验中最大载荷的 50%、60% 和 70%。轴向压缩测试时，即使最大应力已经高达 90%，且循环次数超过 10 万次，圆竹仍未发生疲劳效应。而径向压缩时，圆竹表现出显著的疲劳破坏，可以分为三个阶段。第一阶段是纵向开裂，如图 9.6（a）所示，裂纹起始于水平轴的一端，裂纹由外向内延伸，迅速贯穿壁厚的 1/3；第二阶段，如图 9.6（b）所示，裂纹出现在另一侧，裂纹发展规律和第一阶段相似，均不会出现完全破坏；第三阶段，裂纹在上述两个破坏点的竹壁内侧产生，并最终完全破坏。整体来看，对于原态毛竹材而言，在最大载荷 40% 应力水平下，循环次数为 10^5 时就会出现典型疲劳行为，这与大多数的工程材料类似。图 9.6（c）是毛竹的疲劳寿命曲线，圆竹疲劳寿命的分散性非常大，在同一应力水平下，破坏次数可以相差 4 个数量级，这与天然材料的变异性大有直接关系，材料密度和尺寸的不均一都有可能导致这种差异性。

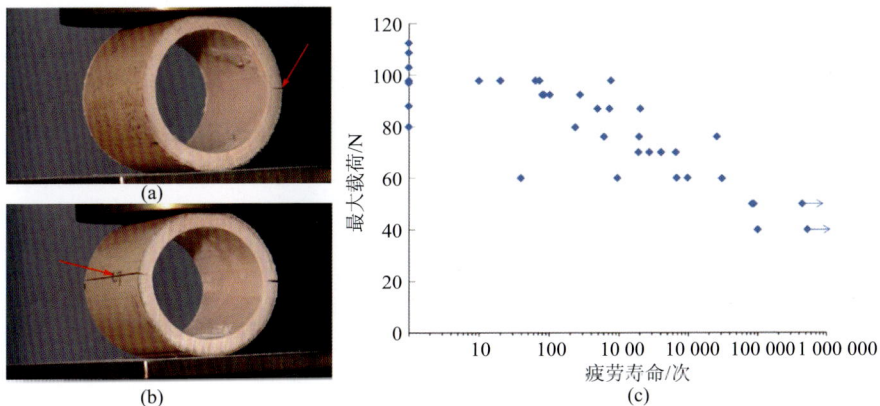

图 9.6　圆竹轴向压缩疲劳裂纹及疲劳寿命曲线

图中红箭头示裂纹

二、竹条疲劳性能的研究进展

由于竹材典型的梯度特性，在进行竹条的疲劳研究，尤其是抗弯疲劳研究时，通常按载荷方向分为两种，竹青在拉伸侧和竹青在压缩侧，如图 9.7（a）所示。香港城市大学的 Song 等（2017b）对竹材的抗弯疲劳进行测试，参考标准 ASTM D790—2003，应力比为 0.1，加载频率为 15Hz，应力水平为极限载荷的 80%、85%、

90%，并规定 100 万次为本次疲劳试验的上限。图 9.7（b）是两种加载模式下的 S-N 曲线，随着循环次数的增加，二者的疲劳寿命均呈线性趋势，斜率也近似。竹青在压缩侧的 A 模式下的竹条具有较优的抗弯强度和更大的疲劳极限。残余刚度是表征疲劳损伤的一个重要指标，三种应力水平下，A 模式下的竹条均表现出较大的残余刚度，如图 9.7（c）所示，应力水平越高，刚度下降越大，有些降幅高达 80%。在低应力水平下，刚度也有小幅度的下降，有些降幅仅有 10%。

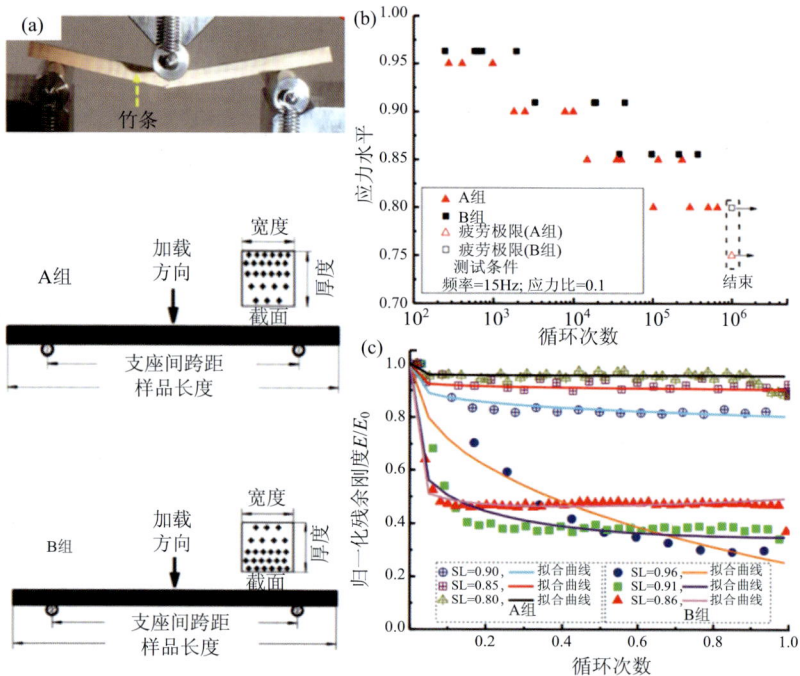

图 9.7　竹材在不同加载方向的抗弯疲劳示意图

SL. 应力水平

此外，两组试件也表现出截然不同的裂纹扩展模式，A 组的裂纹扩展呈典型的"之"字形，主要破坏模式是裂纹尖端后的纤维桥接、局部剥离和塑性变形；而 B 组则出现明显的层间断裂，压缩面的纤维出现更明显的屈曲，纤维之间也出现显著的撕裂现象。此外，与静载下破坏的试件相比，纤维屈曲现象在疲劳破坏中较少见到，但整体的破坏机理是相似的，都取决于竹材多尺度的复杂结构。

三、竹质复合材料疲劳性能的研究进展

鉴于疲劳性能对工程构件应用的重要性，研究人员针对性探讨了竹质工程构件的疲劳性能。湖南大学（Zhou et al., 2012）对胶合竹梁的抗疲劳性能进行了测试，载荷是静强度设计载荷（15kN）的 2/3，频率为 4.2Hz，循环次数为 $2×10^8$ 次，在进行 $2×10^6$ 次循环后，刚度几乎没有下降，极限承载力仅降低了 10%，预测可

以使用 50 年左右，验证了胶合竹用于桥梁工程的可行性。

　　风电叶片对原材料及叶片整体的疲劳性能要求很高，研究人员也在竹风电叶片领域进行了大量研究。丹麦的 John W. Holmes 和国际竹藤中心合作（Holmes et al., 2009），以竹帘和杨木单板为原材料，尝试制备竹木复合风电叶片，并对竹木复合材进行了 100 万次的拉伸疲劳测试，结果显示竹木复合材料的疲劳寿命优于木质材料。南京航空航天大学的 Wang 等（2016）探讨了竹层积材制备风电叶片的可行性，并进行了拉伸疲劳测试。竹层积材在 200 万次循环后，强度下降了 60%，疲劳寿命曲线见图 9.8（a），并提出有必要对竹材、胶黏剂及界面在多种环境下的性能变化一一进行研究。并以竹层积材为原料，设计了 1.5MW 的风电叶片，风电叶片的强度、挠度、稳定性及疲劳性能参考风机认证指南 GL2010，在极限载荷作用下，竹风机叶片尖端的最大变形量远小于玻璃纤维叶片。图 9.8（b）是叶片易破坏点在各种工况下的疲劳损伤曲线，损伤因子均小于 1，满足复合材料的疲劳性能要求。

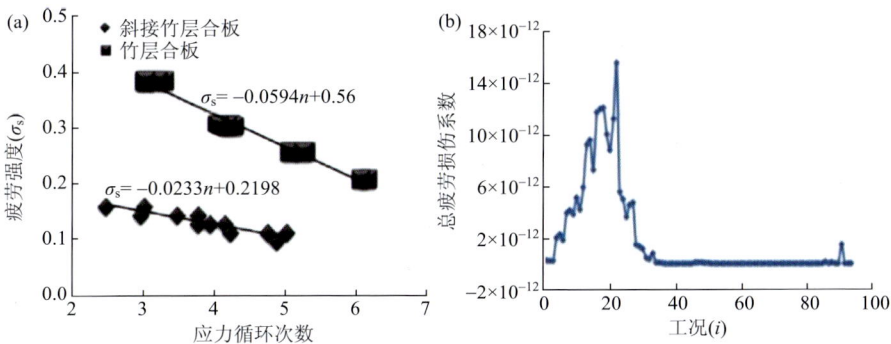

图 9.8　竹层积材的疲劳性能
（a）竹层积材的疲劳性能曲线；（b）各种工况下易破坏点的疲劳损伤

　　作为常用的工程材料，竹束单板层积材的疲劳性能非常重要。载荷频率设定为 0.3Hz，疲劳上限值设定为静力学最大载荷的 87%、90%、95%、97%、99%，应力比为 0.1。从应力水平 87%～99%，材料均发生破坏，而应力水平在 80% 时，只出现表面纤维撕裂等现象，内部并未完全破坏。图 9.9（a）是竹束单板层积材的疲劳寿命曲线，拟合方程式：

$$\log_{10}S = 2.34 - 0.02\log_{10}N_f \qquad (9.10)$$

式中，S 为应力；N_f 为破坏次数。经预测，在 80% 应力水平下，竹束单板层积材的破坏次数约为 10^7。

　　竹束单板层积材属于纤维增强复合材料，复合材料的疲劳损伤是一个渐进累积的缓慢随机过程，其损伤尺度、损伤类型等都比均质材料复杂很多，具有多种明显的失效破坏形式。其内部损伤可以分为单层层内损伤及层间损伤两种。单层

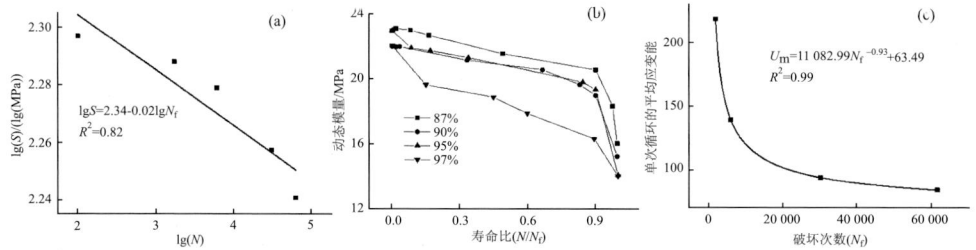

图 9.9　竹束单板层积材的疲劳性能

（a）疲劳寿命曲线；（b）动态模量的衰变规律；（c）平均应变能的衰变规律

层内损伤又称为弥散损伤，包括基体横向微裂纹、基体和纤维之间的界面脱黏及部分纤维断裂及拔出；层间损伤主要为层间边缘的裂纹扩展及局部分层等多种形式。竹束单板层积材的疲劳破坏过程主要包括：跨中附近的纤维首先出现纤维撕裂，继而出现界面脱黏现象，随着循环次数增加，界面脱黏沿垂直方向渐渐延伸，在内部出现上下贯通的竖向裂缝，直至破坏。疲劳破坏模式主要包含：纤维断裂、纤维和基体之间的界面脱黏、局部分层等。疲劳失效分为以下几个阶段：①初始损伤萌生阶段，竹束单板层积材中的胶层开始出现微裂纹，且裂纹之间尚无相互作用。例如，应力水平为 80% 时的试件在 100 万次循环时，仍处于此阶段。②进入缓慢的损伤累积阶段，微裂纹进一步扩展，同时出现了界面脱黏、层内及层间损伤等情况。一般在疲劳寿命的 50% 左右时出现局部分层，然后分层不断扩展并伴随纤维的折断或拔出。③快速失效破坏阶段，在该过程中多种损伤的累积及相互作用使得裂纹进一步扩展，材料失效破坏。

动态模量的退化可以作为损伤演化的一个度量，因此动态模量的衰减可以定义疲劳损伤。由于材料在不同应力水平下的疲劳寿命相差很大，取疲劳寿命比 $N/N_f=0.01$ 时的模量作为初始值。动态模量的衰变规律见图 9.9（b），图中自上往下依次是应力水平 87%、90%、95%、97% 的动态模量衰变曲线。竹束单板层积材动态模量的初始值非常接近，几乎不受应力水平影响，平均值在 22.48MPa 左右，比静载破坏时弹性模量值 24.15MPa 略小。动态模量的衰变可以分为两个阶段，第一阶段呈稳定的下降趋势；当寿命比达到 90% 左右时进入第二阶段，衰变速度加快，进入急剧衰变的阶段。随应力水平的增加，竹束单板层积材的衰减率呈递增的趋势。

疲劳极限是材料学中一个非常重要的物理量，表现的是材料对循环应力的承受能力。通过平均应变能可以计算出疲劳极限。从第一个滞回环的面积一直相加到最后一个滞回环的面积，就是材料的总能耗。平均应变能（W_m）是总能耗除以循环次数，该值与疲劳极限相关。在疲劳试验中，应力越大，循环次数越少；反之，应力越小，循环次数越多。当应力小于某一极限值时，材料在无穷次循环之后仍不发生疲劳失效，这个极限值被称为材料的疲劳极限。

总能耗的计算公式为

$$W_{ac} = \sum_{1st\ loading}^{N_f} W_c \tag{9.11}$$

$$W_m = a \times N_f^{-b} + c \tag{9.12}$$

式中，1st loading 为第 1 次加载；a，b 和 c 是正常数系数，当疲劳寿命趋于无穷大时，系数 c 就是与疲劳极限密切相关的应变能临界点。从拟合结果看，c 值为 63.49，即平均应变能 63.49 为疲劳临界损伤值，达到这个值的时候，竹束单板层积材达到疲劳极限。W_{ac} 为总应变能；W_m 为平均应变能；W_c 为每循环的应变能。

第十章 竹材断裂韧性

竹材是一种非均匀的高度各向异性的生物复合材料，可视为长纤维增强复合材料，基体为基本组织细胞，增强体为纤维细胞，基本组织起填充和传递、缓冲载荷的作用，竹纤维决定竹材的力学性能及其各向异性。竹材沿顺纹方向的拉伸强度非常高，但沿横纹方向的界面间抗拉强度和界面间剪切强度非常低，因此，作为结构材使用的过程中，竹材极易因横向力的作用引发顺纹向的层间裂纹进而导致竹材发生沿顺纹向的劈裂或开裂，衡量竹材抵抗裂纹扩展能力的指标是断裂韧性，一般用裂纹扩展的能量释放率或裂尖强度因子表示。竹材作为典型的长纤维增强复合材料，研究其断裂韧性对指导竹材工程应用及启发新型高强高韧性人工复合材料的设计与研发都具有重要的意义。

第一节 断裂韧性的基本概念

通常，工程结构材的安全设计依据传统的强度理论，即根据材料的屈服强度 $\sigma_{0.2}$（$R_{p0.02}$）确定结构材料的许用应力 $[\sigma]$，$[\sigma]=\sigma_{0.2}/n$，$n>1$，n 为安全系数，然后再考虑其结构特点及工作环境温度等的影响，根据材料使用的经验，对塑性、韧性、缺口敏感性等指标提出附加要求，据此设计的工程结构材按理是安全可靠的（王少刚等，2016；Shao and Wang, 2018）。然而，采用某些高强度材料制造的工程结构却经常在屈服应力以下发生低应力脆断（刘红，2019）。半个多世纪以来，世界上发生许多构件突然破断的事故，如大型铁桥、油船、发电机转子轴、飞机的机翼、发动机的压气机轴的突然破断及高压容器和导弹发动机壳的突然爆炸等。这些构件的工作应力远远低于材料的屈服强度，甚至远低于设计的许用应力，而且具有足够的冲击韧性和塑性，但仍不免发生断裂，这种断裂被称为低应力脆断（陆漱逸和王于林，1987）。低应力脆断即低应力脆性断裂，是指工作应力低于屈服强度时构件产生的脆性断裂。

低应力脆断的发生冲击了传统的设计思想——安全系数，人们不得不开始研究工程构件为什么会突然断裂，又应该如何预防。大量断裂事例分析表明，工程上出现的脆性断裂事故总是从构件自身存在的宏观缺陷或裂纹处开始。这种裂纹源在远低于屈服应力的作用下，因疲劳、应力腐蚀等原因而逐渐扩大，当裂纹扩展到一定的临界尺寸时，裂纹在应力作用下因失稳而扩展（自动迅速扩展），最后导致构件突然脆断；载荷的突然增加、环境与温度的变化也会使裂纹源迅速扩展而导致构件断裂（王磊，2014）。由于裂纹的存在破坏了材料的均匀连续性，改变了材料内部应力状态和应力分布，故构件的结构性能就不再与无裂纹试件的性能相似，这时传统的力学强度理论已不再适用（王少刚等，2016）。为了防止裂纹体的低应力脆断，不得不对其强度-断裂抗力进行研究，建立新的断裂判据，确定参量的计算与试验测定，总结提高材料抵抗断裂能力的途径，从而形成一个新学科——断裂力学（fracture mechanics）（朱艳，2018）。

断裂力学以材料或构件中存在宏观缺陷为理论问题的出发点，与 Griffith 理论的前提相一致。运用连续介质力学的弹（塑）性理论，研究材料或构件中裂纹扩展规律，建立材料的力学性能、裂纹尺寸和工作应力之间的关系，确定反映材料抗裂性能的指标及其测试方法，以控制和防止构件的断裂。在断裂力学基础上建立起来的材料抵抗裂纹扩展断裂的韧性性能被称为断裂韧性（fracture toughness）。断裂韧性与其他韧性性能一样，综合地反映了材料的强度和塑性，在选用材料时，为防止低应力脆断，根据材料的断裂韧性指标，可以对构件允许的工作应力和裂纹尺寸进行定量计算，因此，断裂韧性是断裂力学认为能够反映材料抵抗裂纹失稳扩展能力的性能指标，对构件的强度设计具有十分重要的意义（王磊，2014；练勇和王毓敏，2015）。

断裂韧性在工程中的应用可以概括为三个方面（张崇才和贺毅，2012）。第一是设计，包括结构设计和材料选择。根据试验测定材料的断裂韧性，计算结构的许用应力，针对要求的承载量，设计结构的形状和尺寸；可以根据结构的承载要求、可能出现的裂纹类型，计算可能的最大应力场强度因子，依据材料的断裂韧性进行选材。第二是校核，可以根据结构要求的承载能力、材料的断裂韧性，计算材料的临界裂纹尺寸，与实测的裂纹尺寸相比较，校核结构的安全性，判断材料的脆断倾向。第三是材料开发，可以根据对断裂韧性的影响因素，有针对性地设计材料的组织结构，开发新材料。

第二节　断裂韧性的判断准则及其测试方法

线弹性断裂力学研究裂纹的扩展规律有两种观点：一种是裂尖应力场强度的观点，认为裂纹扩展的临界状态是裂纹尖端的应力强度因子 K 达到材料的临界值，由此建立的断裂准则称为 K 准则；另一种是能量平衡观点，认为裂纹扩展的动力是构件在裂纹扩展中释放出来的能量（能量释放率 G），由此建立的断裂准则称为 G 准则。虽然这两种准则的出发点不同，但实际上是一致的。

一、裂纹特征

工程材料的裂纹与缺陷是难免的，可能是制造缺陷，也可能是在加工过程中产生的，或者在使用过程中形成的。在裂纹扩展的过程中，按裂纹的力学特征可将其分为以下三类（程秀全和刘晓婷，2015），如图 10.1 所示。

第一类为张开型裂纹（opening mode）。构件承受垂直于裂纹面的拉力作用，裂纹表面的相对位移沿着自身平面的法线方向，若受拉板里有一条垂直于拉力方

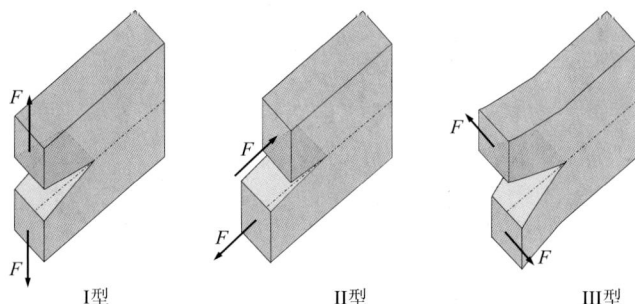

I型　　　　　　II型　　　　　　III型

图 10.1　复合材料三种类型层间裂纹

向而贯穿于板厚的裂纹，则该裂纹就是张开型裂纹，也称为 I 型裂纹。在工程结构中，I 型裂纹最危险，也最常见。

第二类为滑开型裂纹（sliding mode）。构件承受平行裂纹面而垂直于裂纹前缘的剪力作用，裂纹表面的相对位移在裂纹面内，并且垂直于裂纹前缘，如齿轮或花键根部沿切线方向的裂纹就是滑开型裂纹，也称为 II 型裂纹。

第三类为撕开型裂纹（tearing mode）。构件承受平行于裂纹前缘的剪力作用，裂纹表面的相对位移在裂纹面内，并平行于裂纹前缘的切线方向，如扭矩作用下圆轴的环形切槽或表面环形裂纹就是撕开型裂纹，也称为 III 型裂纹。

在一般情况下，裂纹通常属于复合型裂纹，可以同时存在三种位移分量，也可以是任何两个位移分量的组合，如构件内裂纹同时受正应力和剪切应力的作用，或裂纹面和正应力呈一定角度，这时就同时存在 I 型和 II 型（或 I 型和 III 型）裂纹。在工程构件内部，即使存在的是复合型裂纹，也往往把它视为张开型来处理，这样考虑问题更安全（王磊，2014）。

二、断裂韧性的判断准则

（一）应力强度因子 K 和 K 准则

由于材料中存在裂纹，在裂纹尖端前沿产生了应力集中，并且具有特殊分布，形成了一个裂纹尖端的应力场。按照断裂力学的观点分析，对于张开型裂纹（通常称为 I 型裂纹），其大小可以用应力场强度因子 K_I 来描述。K_I 与加载方式、试件几何尺寸、材料特性、裂纹形状和大小有关，可以表达为

$$K_I = y\sigma\sqrt{\pi a} \quad (\text{MN·m}^{-3/2} \text{ 或 MPa·m}^{1/2}) \quad\quad (10.1)$$

式中，y 为与裂纹形状、加载方式及试件几何尺寸有关的系数，称为形状系数，是个无量纲系数；σ 为外加的名义应力（MPa）；a 为裂纹的半长（m）。

K_I 是一个取决于 σ 和 a 的复合力学参量。K_I 随 σ 和 a 的增加而增大，当 K_I 增大到某一临界值 K_{IC} 时，材料中的裂纹将发生快速失稳扩展导致脆断。这个临界应力强度因子 K_{IC} 称为材料的断裂韧性，反映了材料有裂纹存在时，抵抗脆性

断裂的能力。

对于具有一定 K_{IC} 的材料，无论其外加应力 σ 和裂纹长度 a 为何值，只要 $K_I < K_{IC}$，材料均不会发生脆断而处于安全状态；反之，当 $K_I > K_{IC}$ 时，则发生脆断。根据应力场强度因子 K_I 和断裂韧性 K_{IC} 的相对大小，可以建立裂纹失稳扩展脆性断裂的判据，即

$$K_I \geqslant K_{IC} \tag{10.2}$$

裂纹体在受力时，只要满足上述条件，就会发生脆性断裂；反之，即使存在裂纹，也不会发生断裂，这种情况被称为破损安全。

应当说明，K_I 和 K_{IC} 是物理意义不同的两个概念。K_I 是一个取决于 σ 和 a 的复合力学参量，表示裂纹体中裂纹尖端的应力场强度的大小，它取决于外加应力、试件尺寸和裂纹类型；K_{IC} 则是材料的力学性能指标，它取决于材料的成分、组织结构等内在因素，而与外加应力及试件尺寸等外在因素无关（练勇和王毓敏，2015；张崇才和贺毅，2012；沙桂英，2015）。

三种类型的裂纹体对应的应力强度因子分别为 K_I、K_{II} 和 K_{III}。如果试件具有足够的厚度，属于平面应变状态，则裂纹发生失稳扩展时的应力强度因子的下限值 K_C 通常为常数，即材料的基本属性（Shao and Wang, 2018）。

（二）能量释放率 G 和 G 准则

任何物体在不受外力作用的时候，它的内部组织不会发生变化，其裂纹也不会扩展。要使其裂纹扩展，必须要由外界提供能量，也就是说裂纹扩展过程中要消耗能量。对于塑性状态材料，裂纹扩展前，在裂纹尖端局部地区要发生塑性变形，因此要消耗能量。裂纹扩展以后，形成新的裂纹面，也消耗能量，这些能量都要有外加载荷,通过试件中包围裂纹尖端塑性区的弹性集中应力做功来提供（王磊，2014）。

在绝热、静载条件下，设有一裂纹体在外力作用下裂纹扩展，外力做功 (∂W)，这个功一方面用于系统弹性应变能的变化 (∂U_e)；另一方面因裂纹扩展 ∂A 面积，用于消耗塑性功 (∂P) 和表面能 $(\partial \Gamma)$。因此，不考虑热量变化和惯性力，裂纹扩展时的能量转化关系为

$$\begin{aligned} \partial W &= \partial U_e + \partial P + \partial \Gamma \\ \partial W - \partial U_e &= \partial P + \partial \Gamma \\ -(\partial U_e - \partial W) &= \partial P + \partial \Gamma \end{aligned} \tag{10.3}$$

式（10.3）等号右端是裂纹扩展 ∂A 面积所需的能量，反映裂纹扩展的阻力；等号左端是裂纹扩展 ∂A 面积系统所提供的能量，表示使裂纹扩展的动力。

根据工程力学，系统势能等于系统的应变能与外力功之差，即 $U = U_e - W$，U 为系统的势能。因此，式（10.3）左端是系统势能变化的负值，表示裂纹扩展时，

系统势能是下降的。

通常，我们把裂纹扩展单位面积时系统释放势能的数值称为裂纹扩展的能量释放率，简称为能量释放率或能量率，并用 G 表示。

于是有：

$$G = -\frac{\partial U}{\partial A} = \frac{\partial W}{\partial A} - \frac{\partial U_{e}}{\partial A} \tag{10.4}$$

G 的量纲为[能量]×[面积]$^{-1}$，常用单位为 MJ/m^2。

如果裂纹体的厚度为 B，裂纹长度为 a，则式（10.4）可写成：

$$G = -\frac{1}{B} \cdot \frac{\partial U}{\partial a} \tag{10.5}$$

定义裂纹扩展单位面积所需要的能量为裂纹扩展阻力率，用 G_C 表示，则：

$$G_C = \frac{\partial \Gamma}{\partial A} + \frac{\partial P}{\partial A} \tag{10.6}$$

对于一定材料而言，裂纹扩展所消耗的裂纹表面能和塑性功都是材料常数，而与外载荷和裂纹几何形状无关，因此 G_C 反映了材料抵抗断裂破坏的能量，称为材料断裂韧性，可由实验测定。

当能量释放率 G 达到 G_C 时，裂纹将失去平衡，开始失稳扩展。所以，与断裂 K 判据一样，根据 G 和 G_C 的相对关系，也可建立裂纹失稳扩展的力学条件，即断裂 G 判据：

$$G \geqslant G_C \tag{10.7}$$

（三）K 与 G 的关系

尽管 K 准则和 G 准则的出发点不同，但实际上是一致的，它们都是应力和裂纹尺寸的复合力学参量，并且在线弹性条件下，K 与 G 之间存在一种确定的关系（沙桂英，2015）。

例如，对于 I 型裂纹体，由于裂纹可以在恒载荷 F 或恒位移 δ 条件下扩展，在弹性条件下可以证明，在恒载荷条件下系统势能 U 等于弹性应变能 U_e 的负值；而在恒位移条件下，系统势能 U 就等于弹性应变能 U_e。因此，上述两种条件下的 G_I 表达式为

$$\left.\begin{array}{ll} G_I = \dfrac{1}{B}\left(\dfrac{\partial U_e}{\partial a}\right)_F & （恒载荷） \\[3mm] G_I = -\dfrac{1}{B}\left(\dfrac{\partial U_e}{\partial a}\right)_S & （恒位移） \end{array}\right\} \tag{10.8}$$

对于典型的 Griffith 裂纹体，其模型属于恒位移条件，裂纹长度为 $2a$，且 $B=1$，在平面应力条件下，弹性应变能 $U_e = \dfrac{-\pi\sigma^2 a^2}{E}$；在平面应变条件下，弹性应变能

$$U_e = \frac{-(1-\mu^2)(\pi\sigma^2 a^2)}{E}$$ 其中，μ 为泊松比；σ 为应力；E 为弹性模量。

由式（10.8）可得：

$$\left.\begin{array}{l} G_I = -\left[\dfrac{\partial U_e}{\partial(2a)}\right]_s = -\dfrac{\partial}{\partial(2a)}\left(\dfrac{-\pi\sigma^2 a^2}{E}\right) = \dfrac{\pi\sigma^2 a}{E} \quad (平面应力) \\[4mm] G_I = \dfrac{(1-\mu^2)\pi\sigma^2 a}{E} \qquad\qquad\qquad\qquad (平面应变) \end{array}\right\} \quad (10.9)$$

则处于平面应变状态的具有中心穿透裂纹的无限大板，其 K_I 和 G_I 可分别表示为

$$\left.\begin{array}{l} K_I = \sigma\sqrt{\pi a} \\[3mm] G_I = \dfrac{1-\mu^2}{E}\sigma^2\pi a \end{array}\right\} \quad (10.10)$$

比较上式，可得平面应变条件下 G_I 与 K_I 的关系：

$$\left.\begin{array}{l} G_I = \dfrac{1-\mu^2}{E}K_I^2 \\[3mm] G_{IC} = \dfrac{1-\mu^2}{E}K_{IC}^2 \end{array}\right\} \quad (10.11)$$

三、断裂韧性的测试方法

（一）I 型断裂韧性试验方法

国家标准 GB/T 4161、美国材料与试验协会标准 ASTM E399、英国材料标准学会标准 BS 5447—1977 等均规定了材料的 I 型断裂韧性的试验标准（李庆芬，2008）。例如，国家标准 GB/T 4161 规定的用于测试 K_{IC} 的 4 种试件分别是三点弯曲试件、紧凑拉伸试件、C 型试件和圆形紧凑拉伸试件，其中三点弯曲试件较为简单，故使用较普遍（图 10.2）。ASTM D5528 和 ISO 15024 两个标准对用于测试材料 I 型层间断裂韧性的双悬臂梁（DCB）实验方法进行了标准化，除 ISO 标准

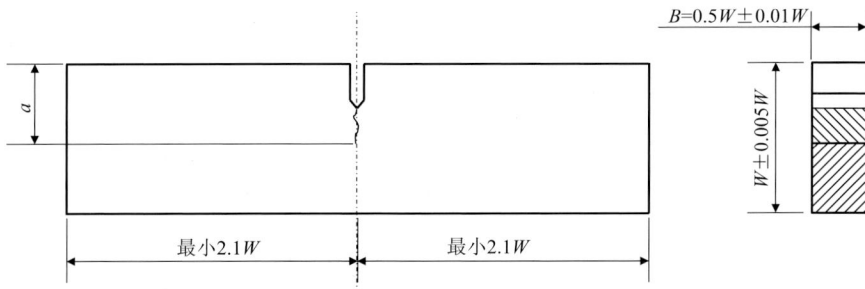

图 10.2　三点弯曲试件

a，裂纹长度；W，试件高度；B，试件厚度

限制更多外，两个标准是等效的。英国材料标准学会 BS 5447—1977 对三点弯曲和拉伸试验测试材料 I 型断裂韧性方法进行了规定。

（二）II 型试验方法

20 世纪 70 年代末，学者们相继展开了对复合材料 II 型层间断裂行为的研究，但是，由于受到试验方法的限制，研究不是很广泛，试验方法有端部切口弯曲（end notched flexure，ENF）法和端部加载劈裂（end loaded split，ELS）法，如图 10.3 所示。ENF 法中端部缺口 4 点弯曲（4ENF）试验，数据处理以柔度标定法最为可靠；端部缺口 3 点弯曲（3ENF）试验，目前尚无最好的数据处理方法，推荐的方法是柔度标定法。端部加载劈裂（ELS）试验，可采用的数据处理方法有修正的梁理论法（CBT）和实验柔度法（ECM）。由于 ENF 法较简易，这种方法被很多学者用于测试多种复合材料的 II 型层间断裂韧性，其中预制裂纹分层的扩展，4ENF 法较 3ENF 法稳定，因此通常以 4ENF 法为首选方法。

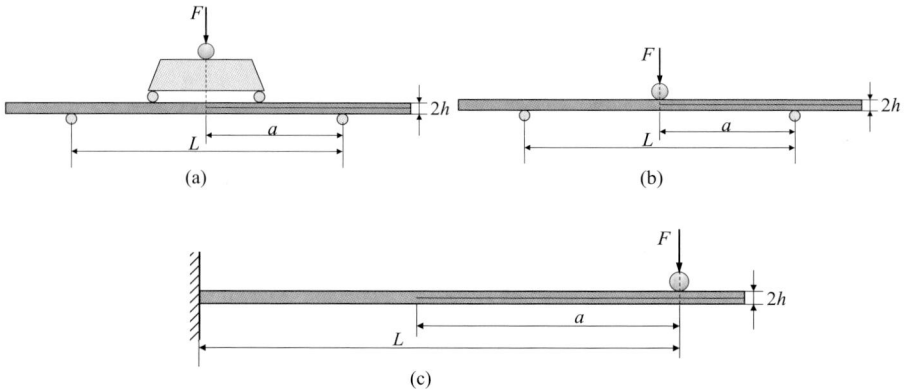

图 10.3　II 型层间断裂试验方法示意图

（a）端部切口四点弯曲法（4ENF）；（b）端部切口三点弯曲法（3ENF）；（c）端部加载劈裂法（ELS）。
a、L，间距；F，载荷；h，试样高度

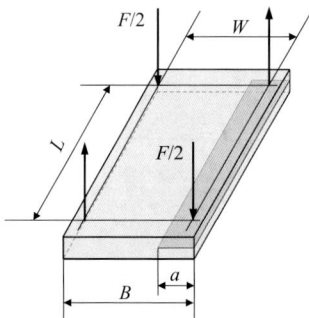

图 10.4　ECT 法示意图（Lee，1993）

B，试样宽度；a，初始裂纹长度；F，载荷；W，力臂；L，加载点之间距离

（三）III 型试验方法

通常复合材料的 III 型韧性较 II 型高，测试困难较大。目前，复合材料 III 型韧性的测试方法使用较多的有边缘裂纹扭转（edge crack torsion，ECT）试验法（Lee，1993）（图 10.4）、劈裂悬臂梁（split cantilever beam，SCB）试验法（Donaldson，1988；Donaldson et al.,1991；邵卓平，2012）及修正的劈裂悬臂梁（MSCB）试验法（Szekrenyes，2009，2010a，2010b）、裂纹迹线剪切（crack rail shear，CRS）

（Becht et al., 1988）试验法等。

（四）混合型试验方法

一般情况下，结构中的分层是在混合型状态下受载，断裂韧性随混合型载荷的分量变化而变化。混合型的试验方法有混合型弯曲（MMB）试验（ASTM D6671）、裂纹搭接剪切（CLS）试验法、边缘分层拉伸（EDT）试验法、Arcan试验法、非对称双悬臂梁（ADCB）试验法、单搭接弯曲（SLB）试验法及可变比例混合型试验法等。

四、断裂韧性的影响因素

作为评价材料抵抗断裂能力的力学指标，断裂韧性取决于材料的化学组成、组织结构等内在因素，同时也受到温度、应变速率等外部因素的影响（沙桂英，2015；周颖等，2015）。

（一）内因对断裂韧度的影响

对于金属材料、非金属材料、高分子材料和复合材料等，化学成分、基体相的结构和尺寸、第二相的大小和分布都将影响其断裂韧度，并且影响的方式和结果既有共同点，又有差异之处。

1. 化学成分的影响

对于金属材料，降低塑性有利于裂纹扩展而使断裂韧性降低。对于陶瓷材料，提高材料强度的组元，将提高断裂韧性。对于高分子材料，增强结合键的元素都将提高断裂韧性。

2. 基体相结构和显微组织的影响

基体相的晶体结构不同，材料发生塑性变形的难易和断裂的机理不同，断裂韧性也会发生变化。一般来说，基体相晶体结构易于发生塑性变形，产生韧性断裂，材料的断裂韧度就高。对于陶瓷材料，可以通过改变晶体类型，调整断裂韧性的高低。

基体的晶粒尺寸也是影响断裂韧性的一个重要因素。一般来说，细化晶粒既可以提高强度，又可以提高塑性，那么断裂韧性也可以得到提高。

3. 夹杂和第二相的影响

对于金属材料，非金属夹杂物和第二相（脆性第二相和韧性第二相）的存在对断裂韧性的影响非常复杂，第二相的形貌、尺寸和分布不同，将导致裂纹的扩展途径不同、消耗的能量不同，从而影响断裂韧性。

对于陶瓷材料和复合材料，目前常利用适当的第二相提高其断裂韧性，第二相可以是添加的，也可以是在成型时自蔓延生成的。例如，在 SiC、SiN 陶瓷中添加碳纤维，或加入非晶碳，烧结时自蔓延生成碳晶须，可以使断裂韧性提高。

（二）外界因素对断裂韧度的影响

1. 温度的影响

对于大多数材料，温度的降低通常会降低断裂韧性，随着材料强度水平的提高，断裂韧性随温度的变化趋势逐渐缓和，断裂机理不再发生变化，温度对断裂韧度的影响减弱。

2. 应变速率的影响

应变速率对断裂韧性的影响类似于温度，增加应变速率可使断裂韧性下降，当应变速率很大时，形变热量来不及传导，造成绝热状态，导致局部温度升高，断裂韧性又回升。

第三节　竹材断裂韧性的研究进展

竹资源是我国第二大森林资源，随着木材资源的匮乏和绿色低碳环保经济的发展要求及"双碳"目标的推进，竹资源的应用愈发受到各领域的关注，竹材的高值化利用亦成为研究热点。关于竹材断裂韧性的研究最早见于 20 世纪 90 年代，近 20 年国内外学者对竹材的断裂韧性开展了细致而丰富的研究。然而，目前国内外还没有针对竹材的断裂韧性测试标准，大部分研究主要是参照金属平面应变断裂韧性测试方法，以及复合材料的断裂韧性测试方法，常用的有中国国家标准 GB 4161—2007、美国材料与试验协会标准 ASTM E399—2006 和 D5528、英国材料标准学会标准 BS 5447—1977。对竹材断裂韧性的研究以 I 型裂纹的断裂韧性居多，而受试验方法和竹材形貌尺寸的限制，关于其 II 型和 III 型断裂韧性及混合型断裂的研究均较少（Shao and Wang, 2018；安晓静和余雁，2013）。

一、竹材的 I 型断裂韧性

竹材作为典型的长纤维增强复合材料，在工程应用中由于 I 型裂纹引起的断裂失效是最为常见的，因参考金属材料和复合材料 I 型断裂韧性测试方法简单易行，如学者们多采用单边裂纹三点弯曲（SENB）法、单边裂纹拉伸（SENT）法、紧凑拉伸（CT）法和双悬臂梁（DCB）法等测试竹材 I 型断裂韧性，目前，竹材 I 型断裂韧性的研究成果较为丰富。

目前，对竹材断裂韧性的研究大多以毛竹材为试材，竹材与木材在结构形貌上的差异非常大，因此两种材料在理化和力学性能方面也存在差异，研究表明竹材的 I 型层间断裂韧性高于木材。早在 1991 年，冼杏娟和冼定国采用 SENB 法测试了毛竹和篙竹的断裂韧性，表明竹材具有较好的断裂韧性，其断裂韧性一般比木材高 30%。Amada 和 Untao（2001）采用 SENT 法测试 2 年生毛竹材径切面的断裂韧性平均值为 $56.8MPa \cdot m^{1/2}$，远高于木材的断裂韧性。邵卓平等采用 DCB 法研究了毛竹节间材的 I 型层间断裂韧性（图 10.5），指出毛竹材的 I 型层间断裂韧性是其固有属性，采用柔度法获得其平均值为 $358J/m^2$，其值与试件所在竹杆高度无关，裂纹长度对其值影响不显著（邵卓平等，2008；Shao et al., 2009）。安晓静等（2012）应用 SENT 法获得 4 年生毛竹材及其纤维鞘横纹拉伸断裂韧性分别为 8.52MPa·m$^{1/2}$ 和 3.57MPa·m$^{1/2}$，纤维鞘中纤维与纤维之间界面结合较弱造成断裂强度降低，基本组织的存在增加了竹材的塑性变形从而提高韧性。徐敏敏等采用三点弯曲（SENB）法研究了带有预制裂纹的去青去黄的毛竹试件的弦向 I 型断裂行为，测得 K_{IC} 高达 17.10MPa·m$^{1/2}$，裂纹沿既定裂纹开口方向在纤维界面扩展（Xu et al., 2014）。

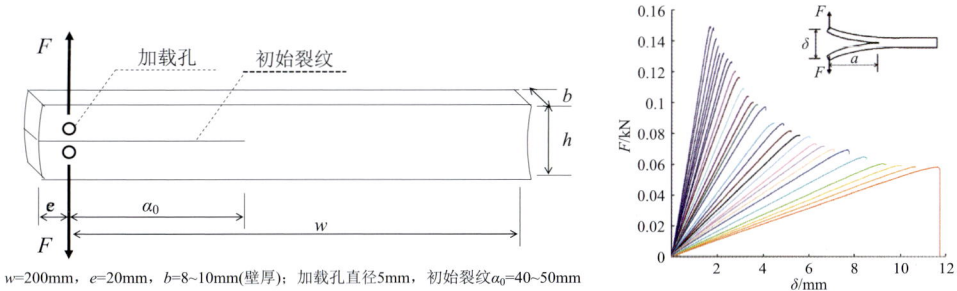

w=200mm，e=20mm，b=8~10mm(壁厚)；加载孔直径5mm，初始裂纹α_0=40~50mm

图 10.5　竹材节间材 DCB 试件及其典型载荷（F）-位移（δ）曲线（Shao et al., 2009）

B，试样厚度；h，试样高度；W，加载孔全试样末端距离；e，加载孔全试样前端距离；
a_0，初始裂纹长度；F，载荷；a，裂纹长度

　　竹材是一种功能梯度复合材料，维管束在竹材秆壁上呈内疏外密的梯度分布形式，致使竹材的物理、化学和力学性能在竹壁径向上存在差异，因此，学者们在研究竹材的 I 型断裂韧性及其行为时针对竹材的梯度结构及其两相组织展开了丰富的研究。Amada 和 Untao（2001）采用 SENT 法测试分析了 LR（L 为轴向，R 为径向）面上裂纹深度对 2 年生毛竹节间材断裂韧性的影响（图 10.6），结果显示，其断裂韧性从竹青至竹黄呈梯度下降，断裂韧性与纤维含量呈正比例关系，其平均值为 56.8MPa·m$^{1/2}$。徐曼琼等（2009）采用 SENB 法测得了预制径向裂纹分别位于竹黄和竹青处的 3 年生毛竹节间材试件断裂韧性为 0.2～1.2 MPa·m$^{1/2}$，

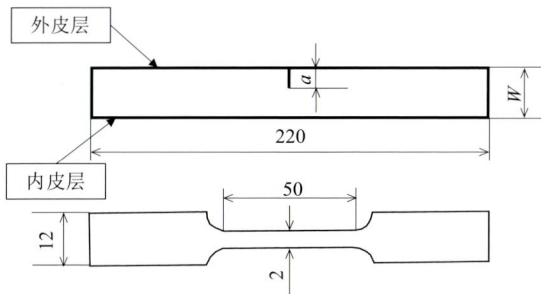

图 10.6　竹材 SENT 试件示意图（Amada and Untao, 2001）

a，裂纹长度；W，等于壁厚 t。图中数据的单位是 mm

竹黄处断裂韧性比竹青处低约 40%。随后刘焕荣（2010）采用 SENB 法（图 10.7）获得预制 LR 裂纹在竹青处的 4 年生毛竹断裂韧性为 9.810MPa·m$^{1/2}$，明显大于竹黄面的 5.486MPa·m$^{1/2}$，另外，预制裂纹在 LT（L 为轴向，T 为弦向）方向时竹黄、竹肉、竹青试件的断裂韧性依次增大，分别为 4.361MPa·m$^{1/2}$、6.533MPa·m$^{1/2}$ 和 9.636MPa·m$^{1/2}$。

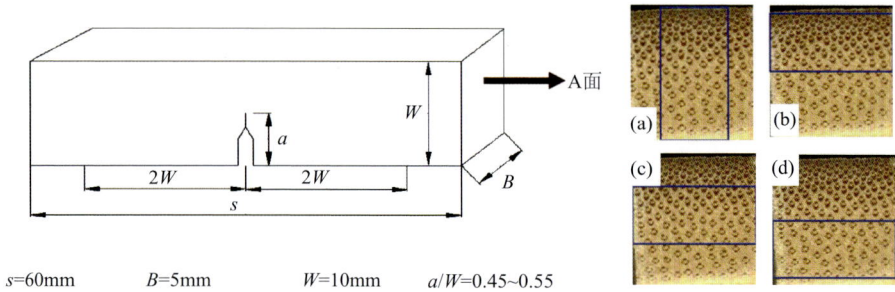

s=60mm B=5mm W=10mm a/W=0.45~0.55

图 10.7　竹材 SENB 试件（刘焕荣，2010）

（a）竹材 K_{IC}^{LR} 测试试件；（b）竹青 K_{IC}^{LT} 测试试件；（c）竹肉 K_{IC}^{LT} 测试试件；（d）竹黄 K_{IC}^{LT} 测试试件。LR，裂纹沿 LR 面，L 为轴向，R 为径向；LT，裂纹沿 LT 面，L 为轴向，T 为弦向；IC，I 型层间裂纹；W，试样高度；B，试样厚度；s，试样长度；a，裂纹长度

上述研究均以竹节间材为对象，主要是因为竹节间材竹纤维严格轴向排列，结构简洁，而竹节部材的结构相对复杂，因此涉及竹节部材的 I 型层间断裂研究并不多见。毛竹节部由秆环、箨环、节隔组成，起着加强竹杆直立和水分横向输导作用。除了最外层的维管束在笋箨脱落处中断外，节间维管束通过竹节时都有不同程度的弯曲。一部分维管束在向外或向内微曲后再按原来纵行方向直接穿过竹节；另一部分却改变了方向，竹壁内侧的维管束在节部弯曲伸向竹壁外侧，另一些竹壁外侧的维管束则弯向竹壁内侧，还有一部分维管束横向进入节隔，迂回曲折盘绕，或沿周向横卧或通过节隔交织成网状分布，再伸向竹杆的另一侧。Amada 和 Untao（2001）采用 SENT 法测试了 2 年生毛竹节隔部位的 I 型断裂韧性约为 18.4MPa·m$^{1/2}$。邵卓平等采用 DCB 法测试分析了毛竹材节间材与含节材的 I 型层间断裂韧性（G_{IC}），节间材采用单件多点法测试分析其 I 型层间断裂韧性，而对于节部材，由于竹材形貌尺寸的限制采用多件单点法测试分析其 I 型层间断裂韧性（图 10.8），结果显示毛竹材节间材的 I 型层间断裂韧性 300~500J/m^2，毛竹材节部材的 I 型层间断裂韧性平均值为 1431.45J/m^2，远高于节间材的 I 型层间断裂韧性（图 10.9），其差异源于毛竹材节部与节间的构造差异，节部横卧的维管束使得节部抵抗裂纹扩展的阻力增大，因此裂纹扩展需要吸收更多的能量（图 10.10）（Shao et al., 2009；邵卓平，2012；Wang et al., 2014；Shao and Wang, 2018）。

上述研究表明竹材形貌独特，结构简单，却具有优良的 I 型断裂韧性，其阻碍裂纹扩展的机制备受学者们的关注，因此学者们在细胞水平对竹材 I 型层间断裂过程中裂纹的扩展机制展开了深入的研究。邵卓平等在采用 DCB 法研究竹节间材的 I 型断裂韧性时，通过对其断裂面的 SEM 图像分析指出竹材的 I 型层间断

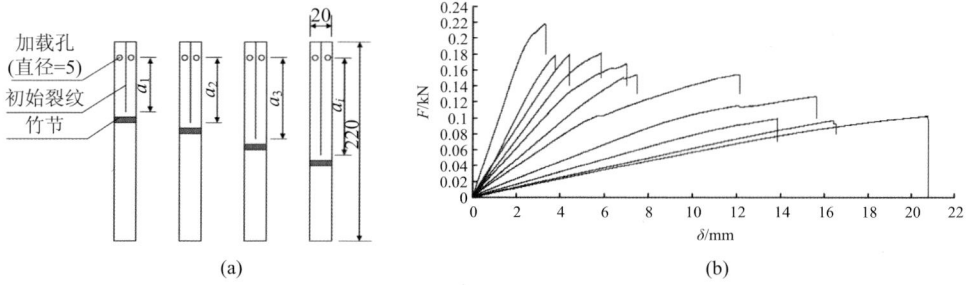

图 10.8 竹材含节材 DCB 试件及其位移（δ）-载荷（F）曲线（Wang et al., 2014）

（a）图中数据的单位是 mm；a，初始裂纹；a_1、a_2、a_3、a_i 分别为编号为 1、2、3、i 的试样的初始裂纹

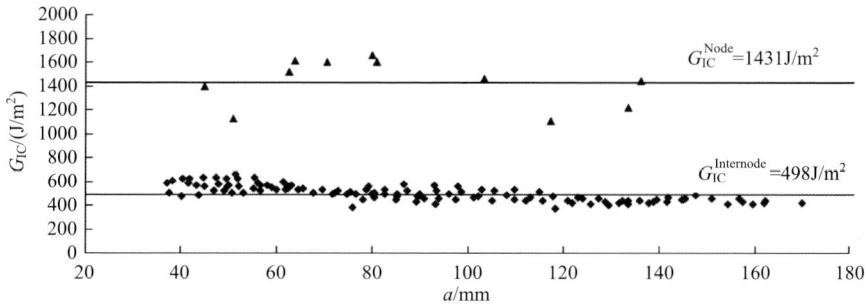

图 10.9 竹材节间材和含节材 I 型层间断裂韧性随裂纹长度分布规律（Wang et al., 2014）

G_{IC}^{Node}，含节试样的 I 型层间断裂韧性均值；$G_{IC}^{Internode}$，节间试样的 I 型层间断裂韧性均值

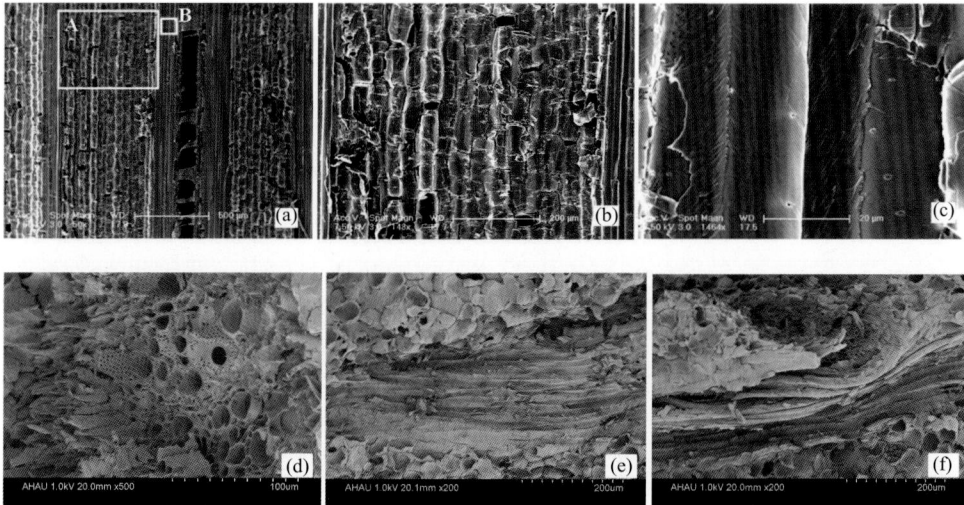

图 10.10 竹节间材（a～c）与节部材（d～f）I 型层间断面（Shao and Wang, 2018）

图（b）是图（a）中方框 A 中基本组织放大 148 倍下的扫描电镜图；图(c)是图（a）中方框 B 中纤维束在放大 1464 倍下的扫描电镜图

裂韧性主要来源于裂纹在基本组织细胞之间、纤维细胞之间及基本组织细胞和纤维细胞之间的界面扩展所消耗的能量，即裂纹穿越细胞组织的复合胞间层所消耗的能量，因此竹材的 I 型断裂面上基本组织细胞和纤维细胞均较为完整，断面比较平整、光滑，如图 10.10 所示（Shao and Wang, 2018）。Habibi 和 Lu（2014）采用侧边切口的竹材拉伸（SENT）试件，结合多尺度力学特征与 ESEM 技术研究了竹材断裂过程中裂纹沿竹壁径向的扩展路径，揭示裂纹起始于薄壁细胞逐渐扩展至纤维细胞，在薄壁细胞和纤维细胞中裂纹路径分别以一定的角度偏转，且中空的导管能够通过裂纹偏转和裂尖能量耗散的方式影响裂纹扩展路径（图 10.11）。Mannan 等（2018）从断裂容忍度的角度研究了竹材刚度与韧性梯度之间的关系。利用竹杆细观力学估值，结合数字散斑技术和有限元模拟获得竹杆整体刚度及刚度在竹壁径向的变异规律，通过 DCB 法、SENB 法和拱形试件拉伸法测试的竹壁断裂韧性值，分析了径向梯度刚度和韧性是如何促使竹材将所有方向的裂纹缺陷转化为沿纤维长度方向开裂的模式，并推测在弯曲载荷作用下，竹材不同方向的断裂韧性都将发生某种程度上的转化，如引发所有缺陷沿纵向扭曲等。另外，Mannan 等（2018）通过对纤维束密度不同的 DCB 试件的 I 型试验，得到断裂韧性随纤维束密度的增加而下降，并指出较软的基体控制了裂纹的发展模式，且所有的断裂试验结果均表明竹壁内侧的断裂韧性高于竹壁外侧的，这种变异则与刚度在竹壁径向上的变异相反。Chen 等（2019）根据 ASTM D5528 规定的试验方法，制作纤维和基本组织含量不同的位于竹壁外、中、内三个不同区域的试件，测试其 I 型层间断裂韧性，并采用 *in situ* SEM 技术在细胞水平探索其内在和外源韧性机制。结果显示，断裂过程中裂纹启裂和扩展能耗在纤维密度大的区域最小，在纤维密度中等的区域最高，竹材的内在韧性与塑性区尺寸和裂纹弯折相关，而塑性区尺寸和裂纹弯折由基本组织含量控制，外源韧性与纤维含量控制的纤维桥接相关（图 10.12）（Chen et al., 2019）。Chen 等（2019）指出具有最高断裂韧性的竹壁中部区域是用于制作高性能复合材料的最佳选择。

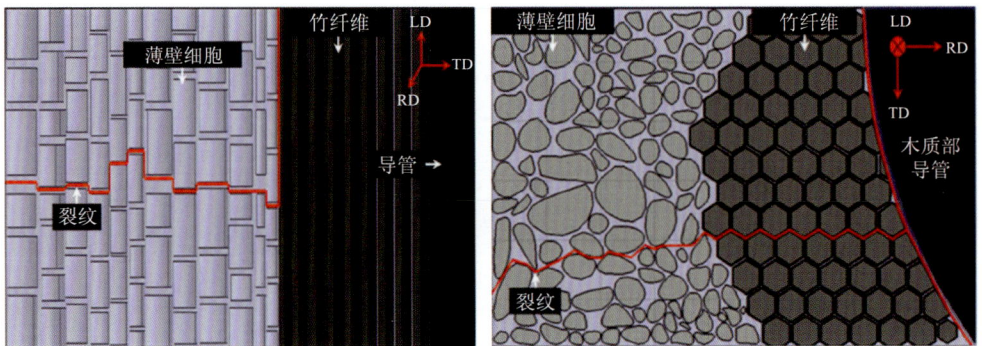

图 10.11 竹材断裂过程中裂纹扩展路径（Habibi and Lu, 2014）

（a）裂纹径向扩展；（b）裂纹轴向扩展。LD，纵向；RD，径向；TD，弦向

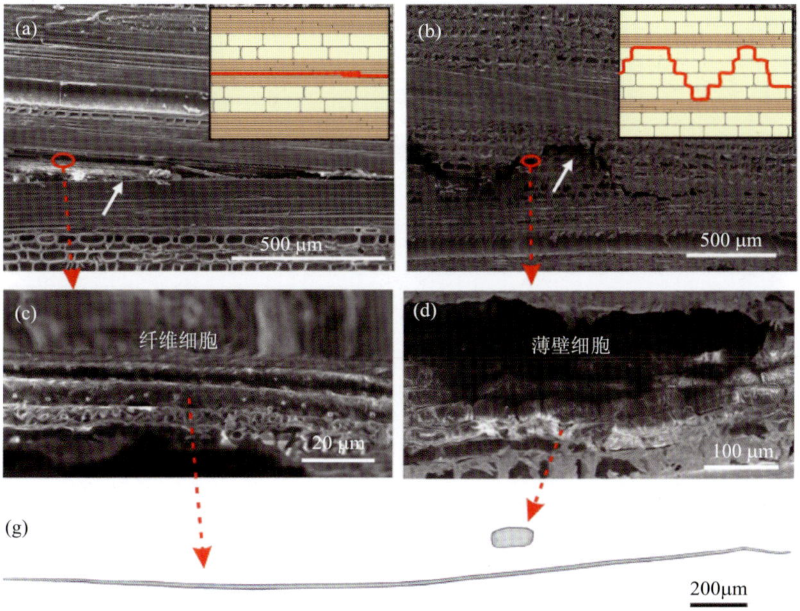

图 10.12　竹材 TL 面 I 型裂纹扩展路径（Chen et al., 2019）

白箭头指示裂纹；红箭头指示图中局部放大后的图

　　近年来，随着重组竹等竹质复合材料在工程结构领域的广泛应用，学者们对其断裂韧性及行为展开了研究。李霞镇等（2008）采用紧凑拉伸（CT）试件（图 10.13）测试了重组竹的 TL 和 RL 方向的 I 型断裂韧性，均值分别为 27.81MPa·m$^{1/2}$ 和 21.07MPa·m$^{1/2}$，同时指出试件厚度对 TL 试件的断裂韧性无显著影响，但 RL 试件的断裂韧性随厚度的增加而增大。为保证平面应变状态和测值的稳定性，最

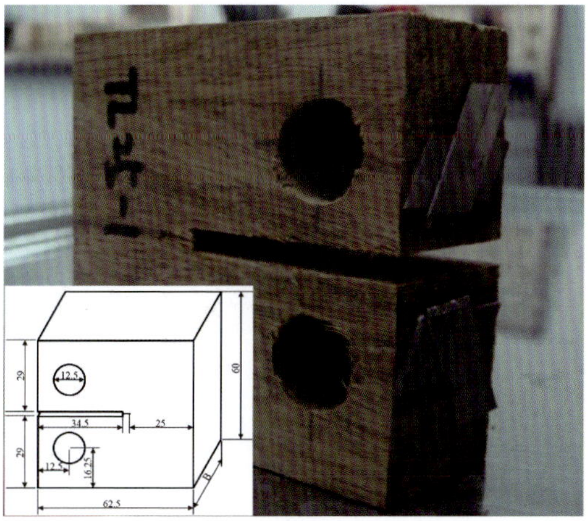

图 10.13　重组竹 CT 试件（李霞镇等，2008）

图中数据的单位是 mm；B，厚度

终建议的重组竹紧凑拉伸断裂韧性测试试件的厚度为 25mm（李霞镇等，2008）。Huang 等（2018）指出采用 DCB 试件进行纤维复合材料 I 型断裂试验时，裂纹尖端的准确识别较为困难，从而影响柔度法评价断裂韧性的结果。Huang 等（2018）采用内聚法对裂纹的分离构成进行建模，给出了考虑断裂过程区（FPZ）长度的 DCB 试件柔度方程，并通过重组竹的 DCB 试验验证了该模型的有效性。Liu 等（2021c）采用 DCB 试件来表征竹材层压复合材料的层间断裂行为，试验过程中未见明显纤维桥接现象，光滑的断口也证实了这一点，裂纹张开荷载-位移曲线在裂纹萌生前呈线性变化，采用修正梁理论计算得到的 G_{IC} 起裂值为 501.08J/m²，裂纹萌生后，出现了几次载荷的突然下降，伴随着裂纹的快速扩展，这种不稳定裂纹扩展表现出竹层压复合材料的脆性特征。

二、竹材的 II 型断裂韧性

目前，受限于天然竹材的几何形貌，对天然竹材的 II 型断裂韧性及其行为的研究较少，而对于形貌尺寸可控的重组竹等竹质复合材料的 II 型断裂行为研究较多。邵卓平等采用 ENF 试件测试了毛竹材节间材和节部材的 II 型层间断裂韧性 G_{IIC}（图 10.14），讨论了实验参数代入法、Timoshenko 梁理论法和柔度标定法这三种计算 G_{IIC} 方法，以实验参数代入法计算毛竹材 II 型层间断裂韧性为好，该值为 1303.18J/m²。采用 ENF 法测试所得竹材的 II 型断裂韧性值基本上与竹杆高度无关，当试件的裂纹长度（a）与试验半跨距（L）的比值在 0.25～0.75 时，其断裂韧性值基本为与裂纹长度无关的常数，因此竹材的 II 型断裂韧性可视为其固有属性。与竹材的 I 型断裂行为不同，竹材的 II 型断裂明显可见组织的剪切失效行为，其中基本组织区域展现出块状剪切失效，纤维束区域纤维细胞壁层受剪切后条状撕裂残片清晰可见。毛竹含节试件的 II 型层间断裂韧性高于节间试件的，采用实验参数法计算所得含节材的断裂韧性高达 1711.53J/m²，竹节的存在可使竹材

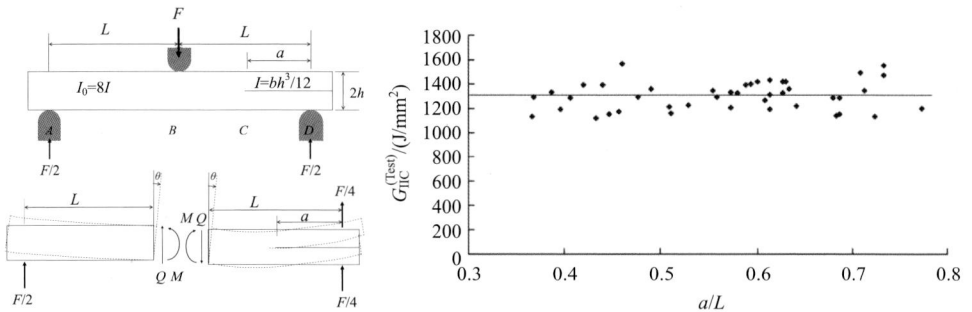

图 10.14 竹材 II 型层间断裂韧性试验原理示意图及 II 型断裂韧性与 a/L 之间的分布关系（Wang et al., 2013）

F，载荷；I，含裂纹梁段横截面的轴惯性矩；I_0，不含裂纹梁段横截面的轴惯性矩；M，横截面上的弯矩；Q，横截面上的剪力；L，半跨距；h，试样半高；b，试样宽度；a，初始裂纹长度；A、D，支撑点；B，试样中点；C，初始裂纹裂尖位置

的 II 型断裂韧性提高 24.79%，竹材节间材与含节材 II 型断裂韧性的如此差异主要还是归因于节间材与节部材的构造差异（图 10.15）（邵卓平等，2008；Wang et al., 2013; Shao and Wang, 2018）。

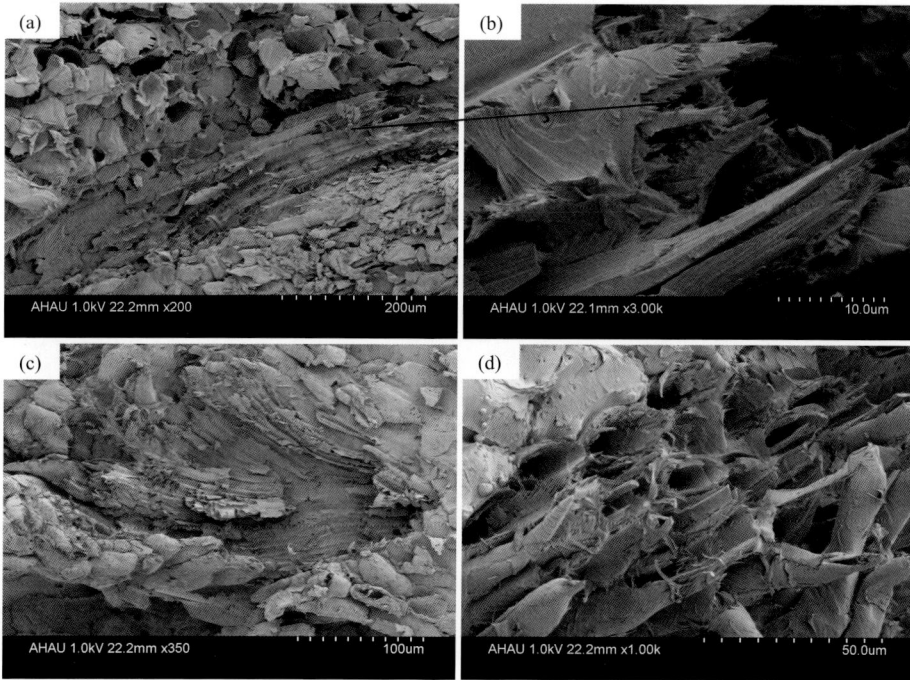

图 10.15　竹材含节材 II 型层间断裂韧性试验节部 SEM 图片（Shao and Wang, 2018）

Wu 等（2018）以应力强度因子 K_{IIC} 作为断裂指标，采用紧凑剪切（compact shear，CS）试件测试了含两种纹理模式裂纹和三种厚度的重组竹试件的 II 型断裂韧性，结果表明重组竹的 II 型断裂失效是由突发脆断引起的，因此线弹性断裂力学适用于其 II 型断裂的研究。就裂纹的纹理模式而言，F（纤维平铺方向）-L（长轴方向）纹理模式试件的 K_{IIC} 为 459.9MPa·m$^{1/2}$，高于 S（堆垛方向）-L（长轴方向）纹理模式试件的 K_{IIC}=358.0MPa·m$^{1/2}$（Wu et al., 2018）。就试件厚度差异而言，从 10mm 到 30mm 的厚度变化对 K_{IIC} 并无显著影响，推荐厚度为 10mm 试件可用于确定重组竹的断裂韧性。黄东升等（2018）通过 ENF 断裂试验研究了重组竹顺纹 II 型裂纹扩展条件，采用柔度标定法和修正梁理论计算了临界应变能释放率，得到重组竹顺纹 II 型裂纹扩展临界能量释放率 G_{IIC} 与初始裂纹长度无关的常数，断裂韧度 K_{IIC} 平均值为 4079kN/m$^{3/2}$，其值大约是常见木材的 2 倍，重组竹顺纹 II 型裂纹的扩展具有自相似性，构件破坏经历断裂过程区（FPZ）发展和裂纹扩展两个阶段，FPZ 的发展使得阻力曲线（R-curve，R 曲线）在加载初期表现出增长趋势，而裂纹扩展阶段 R 曲线基本保持水平（黄东升等，2018）。Reynolds 等（2019）

采用断裂力学实验结合显微技术对重组竹的断裂力学性能进行了研究，针对经过氧化氢漂白处理和高压蒸汽焦化处理的两实验组试件和未经处理的原材料对照组试件，做了裂纹平行纹理和垂直纹理的 I 型和 II 型试验，试件分别为 DCB 试件、ENT 试件和 ENB 试件，结果显示，在断裂过程中，焦化处理材的应变能释放率远低于漂白处理材的，而漂白处理材的断裂行为与原材料更接近。

三、竹材的 III 型断裂韧性

目前，MSCB 法和 SCB 法被用于测试毛竹材节间材的 III 型层间断裂韧性，其值分别为 2040J/m² 和 2.3810N/m，研究表明竹材的 III 型层间断裂韧性为材料的基本属性，在发生 III 型层间断裂时即横向剪切型或撕裂型断裂，竹材的层间裂纹扩展阻力主要来自于细胞壁的抗横向剪切强度与各组分细胞之间的界面强度的贡献（图 10.16）。与人工纤维增强复合材料相比，竹材的 III 型断裂韧性明显高于人工纤维增强复合材料的，而竹材在组织结构上与人工纤维增强复合材料的差异是导致上述结果的主要原因（王福利，2017）。采用 SCB 法测试得到毛竹节间材和含节材的 III 型层间断裂韧性平均值分别为 $G_{III 节间}$=2641.21J/m² 和 $G_{III 含节}$=7387.09J/m²，竹节可以提高 III 型层间断裂韧性 1.80 倍，主要归因于竹材节间材与节部材的构造差异（图 10.17）（王福利，2017；Shao and Wang, 2018）。

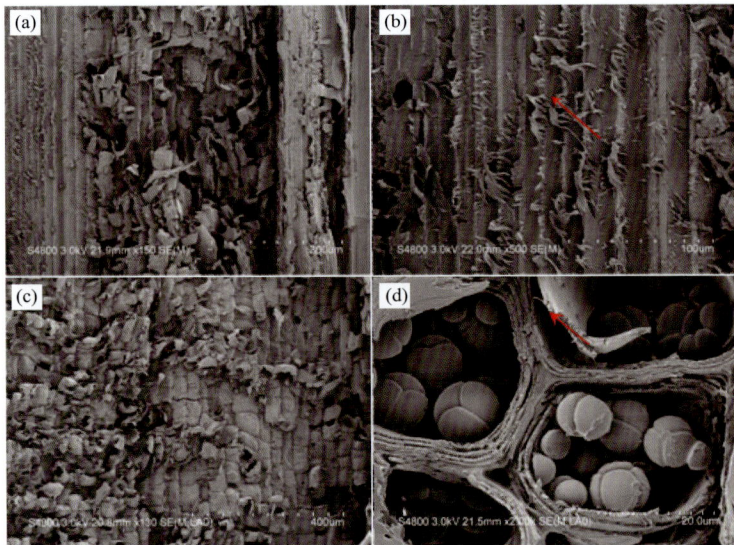

图 10.16 竹材节间材 III 型层间断裂韧性试件断面 SEM 图片（Shao and Wang, 2018）
上面的箭头指示纤维细胞壁剪切撕裂的方向，下面的箭头指示薄壁细胞剪切撕裂的方向

Shao 和 Wang（2018）根据多年对竹材层间断裂行为的研究结果指出：①竹材 I 型层间断裂韧性显著低于其 II 型层间断裂韧性，III 型层间断裂韧性 G_{IIIC} 平均值总体上较 G_{IC} 和 G_{IIC} 高；②竹含节材的层间断裂韧性明显大于节间材的层间断

图 10.17　竹材含节材 III 型层间断裂韧性试件节部断面 SEM 图片（Shao and Wang, 2018）

裂韧性，这源于竹材节部与节间的构造差异。竹节间材的裂纹扩展阻力来自于细胞间或壁层间的界面阻力，而竹含节材的裂纹扩展阻力不仅来自于细胞间或壁层间的界面阻力，还来自于节部横向纤维束断裂的贡献。

四、竹材的混合模式断裂

竹材用作结构材或工程材时，其断裂往往是混合型的，但是目前竹材混合型断裂的相关研究较少。Askarinejad 等（2016）研究了竹材的结构与断裂增韧机制之间的关系，以及混合模式的 R 曲线行为，采用四点弯曲断裂试验结合有限元模

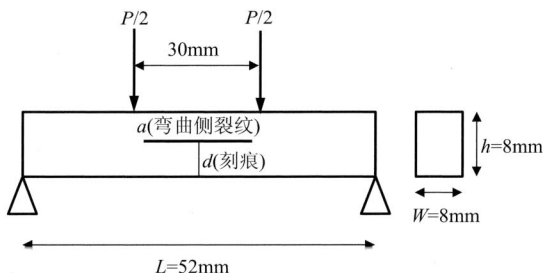

图 10.18　四点弯曲试验示意图（Askarinejad et al., 2016）

h，试样高度；W，试样宽度；L，跨距；P，载荷

拟来了解竹材的断裂和变形机制（图 10.18），结果表明 R 曲线与纤维方向相关，当遇到纤维垂直于裂纹方向扩展时，可以发现通过纤维桥接的增韧现象。根据有限元模拟结果，随着裂纹尺寸的增加，I 型和 II 型应力强度因子及引发的裂纹推动力（G），在试件的中部达到了一个平台。同时，在试件中部，所有裂纹尺寸对应的 III 型应力强度因子均为零。这些横截面中点的 I 型和 II 型应力强度因子被用于计算竹材的混合模式断裂韧性和 R 曲线行为（图 10.19）。

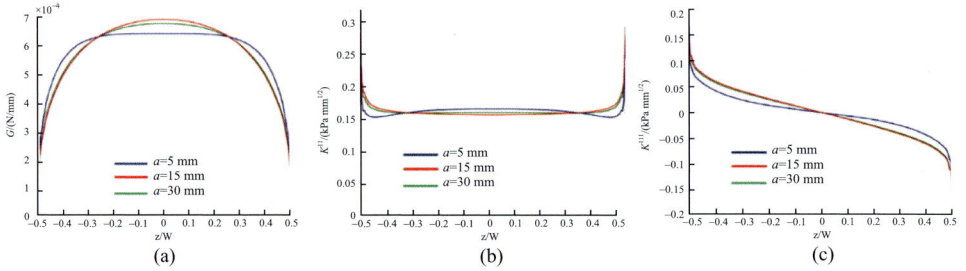

图 10.19　有限元模拟外部切口竹材四点弯曲试件的 I 型（a）、II 型（b）和 III 型（c）应力强度因子与梁厚度之间关系（Askarinejad et al., 2016）

z/W 是相对位置，W 是裂纹面宽，z 是距裂纹面宽度中心的距离，以裂纹面宽度中心为 0，z 取值 -0.5~$0.5W$；a，裂纹长度；G，裂纹推动力；K，裂尖强度因子

Liu 等（2021b）采用混合模式弯曲（MMB）法研究了重组竹的 I 型和 II 型混合型断裂行为（图 10.20），分别采用 William's 修正法和基于柔度的弯曲梁法计算分析了重组竹混合型断裂韧性，结果显示采用前者计算的结果较后者高 5.7%~28.2%，说明了断裂过程区（FPZ）对断裂韧性的增强作用，同时指出椭球面断裂准则能够很好地评价裂纹起始断裂韧性，而线性断裂准则较适用于评价裂纹扩展断裂韧性。

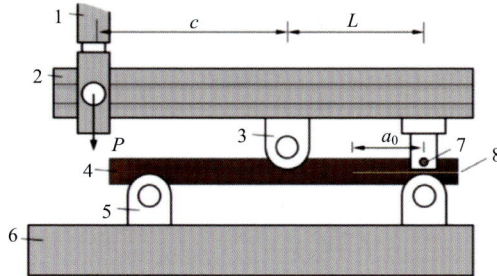

图 10.20　MMB 试验法测试重组竹 I 型/II 型混合型断裂行为示意图（Liu et al., 2021b）

P，载荷；L，半跨距；a_0，初始裂纹长度；c，杠杆长度。1. 加载杆；2. 杠杆；3. 中心加载头；4. 试样；5. 支撑头；6. 平台；7. 销；8. 初始裂纹

第四节　竹材断裂韧性的影响因素

一、维管束含量

Amada 和 Untao（2001）采用单边裂纹拉伸法测试分析 2 年生毛竹节间材 LR 方向的断裂韧性时，裂尖位于竹青部位的平均断裂韧性大于位于竹黄部位的，其值与纤维含量呈正比例关系。Tan 等（2011）在研究竹材层级结构的力学性能时，采用三种侧边切口的四点弯曲试件分析了竹材的 R 曲线及其断裂时的能量释放率 G，并采用有限元模型模拟竹材在断裂过程中的变形和断裂，结果表明高纤维密度区域基体间距的减小导致整体增韧效果较差，而纤维密度较低的内部区域整体

增韧效果较好，且韧性直接与桥接的类型和密度相关。徐曼琼等（2009）采用侧边切口三点弯曲试件，在不同面（竹青、竹黄）预制径向裂纹及改变裂纹深度的条件下，测得毛竹含径向裂纹试件断裂韧性随着裂纹深度的增加而减小，竹黄处断裂韧性比竹青处低约40%，且随竹节数的增大而呈现线性下降。同样，许敏敏等采用三点弯曲法测试所得竹材径向断裂韧性值呈梯度变异性，竹青处断裂韧性值最大，其次为竹肉处，竹黄处的断裂韧性值最小，并且竹肉处的断裂韧性值比较稳定，与毛竹弦向试件的 K_{IC} 接近（Xu et al., 2014）。Mannan 等（2018）采用双悬臂梁法研究纤维束密度对竹材 I 型层间断裂韧性的影响则显示断裂韧性随纤维束密度的增加而下降，所有的断裂试验结果均表明竹壁内侧的断裂韧性高于竹壁外侧的。由此可见，研究竹材断裂韧性时所采用的试验方法的不同，其断裂韧性机理不同，得到的结论亦有区别。

二、竹节

Amada 和 Untao（2001）用单边裂纹拉伸法（SENT）测试了 2 年生毛竹 LR 方向的断裂韧性，结果发现，竹青、竹黄部位的平均断裂韧性分别为 96MPa·m$^{1/2}$ 和 12MPa·m$^{1/2}$，竹节处节隔的平均断裂韧性为 18.4MPa·m$^{1/2}$。Shao 和 Wang（2018）基于能量原理，测试竹材节间材与节部材的 I 型、II 型和 III 型层间断裂韧性，结果显示竹节部材的层间断裂韧性明显大于节间材的层间断裂韧性，这源于毛竹材节部与节间的构造差异（表 10.1）。

表 10.1　竹节间材和含节材三种类型层间断裂韧性

类型	$G_{含节材}/$ (J/m^2)	$G_{节间材}/$ (J/m^2)	$\dfrac{G_{节间材}}{G_{含节材}}$
I	1431.45	498.48	2.87
II	1711.53	1371.54	1.25
III	7387.08	2702.79	2.73

资料来源：Shao 和 Wang, 2018

三、其他影响因素

作为天然生物质复合材料，竹材的力学性能与其含水率之间关系密切，竹材的断裂韧性势必受含水率的影响。Liou 和 Lu（2010）根据 ASTM E399 标准规定的试验方法，采用拱形三点弯曲试件，测试了毛竹的断裂韧性 K_{IC}，并研究了水分含量对 K_{IC} 的影响。结果显示，与气干材的 K_{IC} 相比，饱水试件的 K_{IC} 降低了39%。

Cui 等（2021）采用多尺度计算模型与实验方法研究竹皮上二氧化硅颗粒的分布对其断裂行为的影响，结果显示二氧化硅与纤维素纤维形成了完美的结合界面，与纯纤维素基体相比，在面对随机发生的裂纹时，其临界应力提高了6.28%。Cui 等（2021）指出竹皮中二氧化硅的分布是提高随机裂纹临界应力的重要因素。

参 考 文 献

安晓静. 2013. 竹子的多尺度拉伸力学行为及其强韧机制. 中国林业科学研究院硕士学位论文.

安晓静, 王昊, 李万菊, 等. 2014. 毛竹纤维鞘的拉伸力学性能. 南京林业大学学报(自然科学版), 2: 6-10.

安晓静, 余雁. 2013. 竹材断裂特性研究进展. 世界林业研究, 26(3): 70-73.

安晓静, 余雁, 王汉坤, 等. 2012. 毛竹基体与纤维鞘界面对其横纹断裂力学性能的影响. 南京: 第十届中国林业青年学术年会: 77-82.

卞雪桐, 蔡英春, 孔繁旭, 等. 2019. 糠醇树脂浸渍强化人工林速生杨树木材的性能. 东北林业大学学报, 47(2): 7.

曹金珍, 赵广杰, 鹿振友. 1998. 木材的机械吸湿蠕变. 北京林业大学学报, 20(5): 94-100.

曹双平. 2010. 植物单根纤维拉伸性能测试与评价. 中国林业科学研究院硕士学位论文.

曹双平, 王戈, 余雁, 等. 2010. 几种植物单根纤维力学性能对比. 南京林业大学学报(自然科学版), 34(5): 87-90.

陈冠军. 2019. 竹材力学性能的种间差异及其影响因子研究. 中国林业科学研究院硕士学位论文.

陈冠军, 袁晶, 余雁, 等. 2018. 竹材顺纹抗压性能的种间差异及其影响因子研究. 木材加工机械, (6): 23-27.

陈红. 2014. 竹纤维细胞壁结构特征研究. 中国林业科学研究院博士学位论文.

陈凯. 2014. 毛竹结构及材料梯度分布的力学性能研究. 北京工业大学硕士学位论文.

陈美玲. 2018. 毛竹材弯曲延性的研究. 中国林业科学研究院博士学位论文.

陈琦, 陈美玲, 费本华. 2018. 水分影响竹材力学性能研究现状. 竹子学报, 37(2): 84-89.

陈士英, 龙玲, 张宜生. 1999. 竹材刨花板蠕变性能的研究. 木材工业, 13(5): 3-5.

成俊卿. 1985. 木材学. 北京: 中国林业出版社.

程瑞香, 张齐生. 2006. 高温软化处理对竹材性能及旋切单板质量的影响. 林业科学, (11): 97-100.

程秀才, 张晓冬, 张齐生, 等. 2009. 四大竹乡产毛竹弯曲力学性能的比较研究. 竹子研究汇刊, 28(2): 34-39.

程秀全, 刘晓婷. 2015. 航空工程材料. 北京: 国防工业出版社.

刁倩倩, 杨利梅, 宋光喃, 等. 2017. 不同密度等级规格竹条力学性能研究. 林业机械与木工设备, 45(12): 15-21.

刁倩倩, 杨利梅, 宋光喃, 等. 2018. 密度分级规格竹条制备的竹层板性能. 东北林业大学学报, 46(2): 49-52, 58.

董敦义, 关明杰, 朱一辛, 等. 2009. 不同竹龄毛竹硬度的测试分析. 林业科技开发, 23(5): 48-50.

费本华. 2014. 木材细胞壁力学性能表征技术及应用. 北京: 科学出版社.

付倬, 张冬初, 陈枝晴, 等. 2012. PE-HD /硅灰石/POE-g-MAH 复合材料的断裂行为. 中国塑料, 26(7): 75-79.

葛建春, 宋氏凤, 孙敏洋, 等. 2012. 基于压痕加载曲线的毛竹硬度性能. 竹子学报, 31(4): 28-30.

郭志明, 杨庆生. 2018. 毛竹材细观与宏观力学性质研究. 北京: 北京力学会第二十四届学术年会会议论文集: 106-108.

黄爱月, 苏勤, 宗钰容, 等. 2022. 断层面积纤维比例对毛竹材拉伸剪切性能的影响. 东北林业大学学报, 50(7): 86-88, 98.

黄东升, 潘文平, 周爱萍, 等. 2018. 重组竹 II 型断裂特性试验研究. 东南大学学报(自然科学版), 48(6): 1076-1081.

黄艳辉. 2010. 毛竹纤维细胞力学性质研究. 中国林业科学研究院博士学位论文.

黄源, 王国全, 黄慧, 等. 2007. 用基本断裂功方法表征聚合物基纳米复合材料的韧性. 塑料, 36(6): 41-46.

江泽慧. 2008. 世界竹藤. 北京: 中国林业出版社.

江作昭, 潘增源. 1958. 竹材物理力学性能及 "试验方法草案" 研究报告之一. 清华大学学报(自然科学版), (2): 299-317.

蒋乃翔. 2011. 不同竹龄毛竹材组织细胞的化学特性研究. 东北林业大学硕士学位论文.

雷宏刚, 付强, 刘晓娟. 2010. 中国钢结构疲劳研究领域的 30 年进展. 建筑结构学报(增刊), (1): 84-91.

李安鑫, 吕建雄, 蒋佳荔. 2017. 木材细胞壁结构及其流变特性研究进展. 林业科学, 53(12): 136-143.

李玲, 李大纲, 徐平, 等. 2007. 托盘用竹木复合层合板在疲劳/蠕变交互作用下断裂损伤研究. 包装工程, 28(1): 4-6.

李梦林, 王涛, 黄志刚, 等. 2015. 木薯秸秆冲击韧性研究. 包装与机械, 31(1): 90-92, 189.

李庆芬. 2008. 断裂力学及其工程应用. 修订版. 哈尔滨: 哈尔滨工程大学出版社.

李世红, 周本濂, 郑宗光, 等. 1991. 一种在细观尺度上仿生的复合材料模型. 材料科学进展, 5(6): 543-547.

李万菊. 2016. 木竹材糠醇树脂改性技术及其机理研究. 中国林业科学研究院博士学位论文.

李霞镇. 2009. 毛竹材力学及破坏特性研究. 中国林业科学研究院硕士学位论文.

李霞镇, 姚斌, 徐金梅, 等. 2008. 重组竹 I 型层间断裂韧性研究. 木材加工机械, 29(4): 4-7.

李源哲, 张寿槐, 白同仁, 等. 1986. 中国七种竹材的物理力学性质. 中国林业科学研究院木材工业研究所研究报告, 木工, 4 号(总 18 号).

李忠明, 谢邦互, 杨鸣波, 等. 2002. 用基本断裂功表征聚合物的韧性. 中国塑料, 16(6): 1-9.

连彩萍. 2020. 毛竹材薄壁细胞超微构造研究. 中国林业科学研究院博士学位论文.

练勇, 王毓敏. 2015. 机械工程材料与成形技术. 重庆: 重庆大学出版社.

梁希, 周光荣. 1944. 竹材之物理性质及力学性质初步试验报告. 重庆: 中央工业实验所.

林朝阳, 费本华, 孙丰波, 等. 2021. 竹安全帽编织工艺及产品性能研究. 林产工业, 58(11): 27-31.

林兰英, 秦理哲, 傅峰. 2015. 微观力学表征技术的发展及其在木材科学领域中的应用. 林业科学, 51(2): 121-128.

林勇, 沈钰程, 于利, 等. 2012. 高温热处理竹材的物理力学性能研究. 林业机械与木工设备, (8): 22-24.

刘波. 2008. 毛竹发育过程中细胞壁形成的研究. 中国林业科学研究院博士学位论文.

刘波, 陈志勇, 殷亚方, 等. 2008. 两项竹材物理力学性质试验方法标准的比较. 木材工业, 22(4): 22-29.

刘苍伟, 苏明垒, 王思群, 等. 2018. 不同生长期毛竹材细胞壁力学性能与微纤丝角. 林业科学, 54(1): 174-180.

刘红. 2019. 工程材料. 北京: 北京理工大学出版社.

刘焕荣. 2010. 竹材的断裂特性及断裂机理研究. 中国林业科学研究院博士学位论文.

刘嵘. 2017. 毛竹材细胞壁的纹孔特征研究. 中国林业科学研究院博士学位论文.

刘亚迪, 桂仁意, 俞友明, 等. 2008. 毛竹不同种源竹材物理力学性质初步研究. 竹子研究汇刊, 27(1): 50-54.

刘炀, 曹琳, 李金朋. 2016. 中低温热处理对竹材材性的影响. 河北林业科技, (3): 14-17.

鲁顺保, 丁贵杰, 彭九生. 2005. 不同立地条件对毛竹力学性质的影响. 贵州林业科技, 33(4): 11-16.

陆漱逸, 王于林. 1987. 工程材料学. 北京: 航空工业出版社.

马芹永, 张志红, 蔡美峰. 2004. 冻土冲击韧度与凿碎比能关系的试验研究. 岩土力学, 2(1): 55-58, 63.

马欣欣. 2015. 结构用竹质工程材料的蠕变特性研究. 中国林业科学研究院博士学位论文.

莫弦丰, 关明杰, 朱一辛, 等. 2010. 毛竹冲击韧性及冲击试件断口形貌. 林业科技开发, 24(1): 45-47.

彭辉, 蒋佳荔, 詹天翼, 等. 2016. 木材普通蠕变和机械吸湿蠕变研究概述. 林业科学, 52(4): 116-126.

秦韶山, 殷丽萍, 李延军. 2017. 毛竹纤维细胞壁静态纵向纳米力学性能研究. 热带农业工程, 41(5-6): 57-61.

沙桂英. 2015. 材料的力学性能. 北京: 北京理工大学出版社.

尚莉莉. 2011. 毛竹维管束的形态特征及拉伸力学性能研究. 中国林业科学研究院硕士学位论文.

邵卓平. 2003. 竹材在压缩大变形下的力学行为 I 材应力-应变关系. 木材工业, 17(2): 12-14.

邵卓平. 2008. 竹材的层间断裂. 林业科学, 44(5): 122-127.

邵卓平. 2012. 植物材料(木、竹)断裂力学. 北京: 科学出版社.

邵卓平, 黄盛霞, 吴福社, 等. 2008. 毛竹节间材与节部材的构造与强度差异研究. 竹子学报, 27(2): 48-52.

石俊利, 黎静, 朱家伟, 等. 2018. 样品尺寸对竹材顺纹压缩力学性能的影响研究. 世界竹藤通讯, 16(4): 10-14.

宋光喃. 2016. 船舶用分级胶合竹层板的设计、制造及评价. 中国林业科学研究院硕士学位论文.

孙丰波. 2010. 竹材 Co^{60}γ 射线辐照效应及其机理研究. 中国林业科学研究院博士学位论文.

孙玉慧, 江泽慧, 孙正军, 等. 2018. 竹材定向刨花板的耐冲击性能. 森林与环境学报, 38(2): 252-256.

汤威. 2014. 竹质工程材力学性能及弹性模量测试方法研究. 中南林业科技大学硕士学位论文.

田根林, 江泽慧, 余雁, 等. 2012. 利用扫描电镜原位拉伸研究竹材增韧机制. 北京林业大学学报, 34(5): 144-147.

汪佑宏, 江泽慧, 费本华, 等. 2009. 木材冲击韧性含水率修正模型的研究. 南京林业大学学报, 33(3): 92-94.

王朝晖. 2001. 竹材材性变异规律及其与加工利用关系研究. 中国林业科学研究院博士学位论文.

王逢瑚. 2005. 木质材料流变学. 哈尔滨: 东北林业大学出版社.

王福利. 2017. 竹组织构造与强韧功能之间关系的研究. 安徽农业大学博士学位论文.

王戈, 陈复明, 程海涛, 等. 2010. 圆竹双轴向压缩方法的研究. 中南林业科技大学学报, 30(10): 112-116.

王汉坤. 2010. 水分对毛竹细胞壁及宏观力学行为的影响机制. 中南林业科技大学硕士学位论文.

王汉坤, 余雁, 俞云水, 等. 2010. 气干和饱水状态下毛竹 4 种力学性质的比较. 林业科学, 46(10): 119-123.

王磊. 2014. 材料的力学性能. 沈阳: 东北大学出版社.

王少刚, 汪涛, 郑勇. 2016. 工程材料与成形技术基础. 北京: 机械工业出版社.

夏雨, 牛帅红, 李延军, 等. 2018. 常压高温热处理对红竹竹材物理力学性能的影响. 浙江农林大学学报, 35(4): 765-770.

冼杏娟, 冼定国. 1991. 竹材的断裂特性. 材料科学进展, 5(4): 336-341.

羡瑜, 李海栋, 王戈, 等. 2015. 竹塑复合材料的冲击韧性. 东北林业大学学报. 43(4): 101-103, 136.

谢九龙, 齐锦秋, 周亚巍, 等. 2011. 慈竹材物理力学性质研究. 竹子研究汇刊, 30(4): 30-34.

徐福卫, 符蓉. 2017. 材料力学. 南京: 东南大学出版社.

徐曼琼, 赵红平, 黄虎, 等. 2009. 竹材断裂特性研究. 北京: 损伤、断裂与微纳米力学学术研讨会: 228-232.

许金泉. 2009. 材料强度学. 上海: 上海交通大学出版社.

许敏敏, 孙正军, 武秀明, 等. 2014. 毛竹径向断裂韧性的研究. 林业机械与木工设备, 42(12): 34-37.

杨利梅. 2017. 毛竹材性变异规律和解剖构造. 中国林业科学研究院硕士学位论文.

杨喜, 刘杏娥, 杨淑敏, 等. 2012. 梁山慈竹材质生成过程中的物理力学性质研究. 林业实用技术, 11: 94-96.

杨喜, 刘杏娥, 杨淑敏, 等. 2013. 5 种丛生竹物理力学性质的比较. 东北林业大学学报, 41(10): 91-93, 97.

杨喜. 2014. 梁山慈竹多尺度力学性能研究. 中南林业科技大学硕士学位论文.

尤龙杰, 尤龙辉, 涂永元, 等. 2017. 不同竹龄麻竹竹材气干密度、力学性质及燃烧性能的比较研究. 中南林业科技大学学报, 37(10): 124-132.

于金光, 郝际平, 田黎敏, 等. 2018. 圆竹的力学性能及影响因素研究. 西安建筑科技大学学报(自然科学版), 50(1): 30-36.

于文吉, 江泽慧. 2003. 早圆竹的力学性能特点及测试方法研究. 世界竹藤通讯, 1(2): 4.

于子绚, 江泽慧, 王戈, 等. 2012. 重组竹的耐冲击性能. 东北林业大学学报, 40(4): 46-48.

俞祁浩, 朱元林, 张健民, 等. 1997. 冲击速度对冻土冲击韧度的影响. 岩土工程学报, 19(4):

21-24.

俞友明, 方伟, 林新春, 等. 2005. 苦竹竹材物理力学性质的研究. 西南林业大学学报(自然科学), 25(3): 64-67.

虞华强. 2003. 竹材材性研究概述. 世界竹藤通讯, 4: 5-9.

曾其蕴, 李世红, 鲍贤镕. 1992. 竹节对竹材力学强度影响的研究. 林业科学, 28(3): 247-251.

张秉荣. 2011. 工程力学. 北京: 机械工业出版社.

张崇才, 贺毅. 2012. 工程材料. 成都: 西南交通大学出版社.

张丹, 王戈, 张文福, 等. 2012. 毛竹圆竹力学性能的研究. 中南林业科技大学学报, 32(7): 119-123.

张建, 李琴, 王波, 等. 2010. 甲醛捕集剂与芬兰太尔脲胶配制技术研究. 木材加工机械, 21(1): 17-19, 29.

张维, 郭日修. 1948. 国产竹材强弱性质之报告. 清华大学工程学报, (1): 103-115.

张文福, 江泽慧, 王戈, 等. 2013. 用环刚度法评价圆竹径向抗压力学性能. 北京林业大学学报, 35(1): 119-122.

张文福, 王戈, 程海涛, 等. 2011. 不同条件下圆竹径向抗压力学性能. 东北林业大学学报, 39(11): 19-21, 39.

张文福. 2012. 圆竹性能评价及其帚化加工技术的研究. 中国林业科学研究院硕士学位论文.

张晓冬, 程秀才, 朱一辛. 2006. 毛竹不同高度径向弯曲性能的变化. 南京林业大学学报(自然科学版), 30(6): 44-46.

赵广杰. 2001. 木材的化学流变学——基础构筑及研究现状. 北京林业大学学报, 23(5), 5: 66-70.

周芳纯. 1991. 竹材的力学性质. 竹类研究竹材培育与利用, 1: 212-219.

周颖, 贾晓林, 鲁占灵. 2015. 无机材料性能. 郑州: 郑州大学出版社.

朱辛, 关明杰, 张晓冬. 2005. 竹材增强杨木单板层积材冲击性能的研究. 南京林业大学学报, 29(6): 99-102.

朱艳. 2018. 材料化学. 西安: 西北工业大学出版社.

[日]竹内叔雄. 1957. 竹的研究. 张淳译. 北京: 建筑工程出版社.

Abdullah D A H, Saukani N. 2018. Effect of heating time to density, hardness, and resistivity againt fungus of yellow bamboo (*Bambusa vulgaris* Var Schard. Vitata), IOP Conf. Series: Materials Science and Engineering, 299: 012044.

Abdul-Wahab H M S, Taylor G D, Price W F, et al. 1998. Measurement and modelling of long-term creep in glued laminated timber beams used in structural building frames. Structural Engineer, 76: 271-282.

Adler D, Buehler M. 2013. Mesoscale mechanics of wood cell walls under axial strain. Soft Matter, 9: 7138-7144.

Åkerholm M, Salmén L. 2001. Interactions between wood polymers studied by dynamic FT-IR spectroscopy. Polymer, 42: 963-969.

Altaner C, Jarvis M. 2008. Modelling polymer interactions of the 'molecular Velcro' type in wood under mechanical stress. J. Theor. Biol., 253: 434-445.

Amada S, Untao S. 2001. Fracture properties of bamboo. Composites Part B: Engineering, 32(5):

451-459.

Andrade E N D C. 1910. On the viscous flow in metals, and allied phenomena. Proceedings of the Royal Society of London. Series A, Containing Papers of a Mathematical and Physical Character, 84(567): 1-12.

Aoyagi S, Nakano T. 2009. Effect of longitudinal and radial position on creep for bamboo. Journal of the Society of Materials Science. Japan, 58(1): 57-61.

Arce O O. 1993. Fundamentals of the design of bamboo structures. Master's thesis, Eindhoven University of Technology, The Netherlands.

Armstrong L D, Kingston R S T. 1960. Effect of moisture changes on creep in wood. Nature, 185: 862-863.

Askarinejad S, Kotowski P, Youssefian S, et al. 2016. Fracture and mixed-mode resistance curve behavior of bamboo. Mechanics Research Communications, 78: 79-85.

Askarinejad S, Youssefian S, Rahbar N. 2020. Toughening and strengthening mechanisms in bamboo from atoms to fibers. Handbook of Materials Modeling: 1597-1625.

Bahari S A, Ahmad M, Nordin K. 2010. Tensile mechanics of bamboo strips. AIP Conference Proceedings. American Institute of Physics, 1217(1): 457-461.

Bárány T, Czigány T, Karger-Kocsis J. 2010. Application of the essential work of fracture (EWF) concept for polymers, related blends and composites: a review. Progress in Polymer Science, 35(10): 1257-1287.

Barthelat F, Yin Z, Buehler M. 2016. Structure and mechanics of interfaces in biological materials. Nature Reviews Materials, 1(4): 1144-1147.

Becht G, Gillespie J W, Design Jr. 1988. Analysis of the crack rail shear specimen for Mode III interlaminar fracture. Composites Science and Technology, 31: 143-157.

Beldean E, Porojan M, Timar M C. 2016. Bamboo-A challenging material for romanian engineers. Part 2. An experimental study on its anatomy and some physical and mechanical properties. Bulletin of the Transilvania University of Brasov. Forestry, Wood Industry, Agricultural Food Engineering, Series II, 9(2): 37-44.

Bonfield P W, Ansell M P. 1988. Fatigue testing of wood composites for aerogenerator rotor blades. Part III: axial tension/compression fatigue. In wind energy conversion. Proceedings of the tenth BWEA Wind energy conference. March, London: 22-24.

Bonfield P W, Ansell M P. 1991. Fatigue properties of wood in tension, compression and shear. J Mater Science, 26: 4765-4773.

Bui Q, Anne-Cécile G, Hoang-Duy T. 2017. A bamboo treatment procedure: effects on the durability and mechanical performance. Sustainability, 9(9): 1444.

Chaowana K, Supanit W, Pannipa C. 2021. Bamboo as a sustainable building material—culm characteristics and properties. Sustainability, 13(13): 7376.

Chen L, Yu Z, Fei B, et al. 2022. Study on performance and structural design of bamboo helmet. Forests, 13: 1091.

Chen M, Ye L, Li H, et al. 2020a. Flexural strength and ductility of moso bamboo. Construction and

Building Materials, 246: 118418.

Chen M, Ye L, Wang G, et al. 2020b. *In-situ* investigation of deformation behaviors of moso bamboo cells pertaining to flexural ductility. Cellulose, 27(1): 9623-9635.

Chen Q, Dai C, Fang C, et al. 2019. Mode I interlaminar fracture toughness behavior and mechanisms of bamboo. Materials & Design, 183: 108132.

Chen Q, Fang C, Wang G, et al. 2021a. Water vapor sorption behavior of bamboo pertaining to its hierarchical structure. Scientific Reports, 11: 12714.

Chen Q, Razi H, Schlepütz C M, et al. 2021b. Bamboo's tissue structure facilitates large bending deflections. Bioinspiration & Biomimetics, 16(6): 065005.

Cui J, Jiang M, Nicola M, et al. 2021. Multiscale understanding in fracture resistance of bamboo skin. Extreme Mechanics Letters, 49: 101480.

Daud N M, Nor N M, Yusof M A, et al. 2018. The physical and mechanical properties of treated and untreated Gigantochloa Scortechinii bamboo. AIP Conference Proceedings, 1930(1): 020016.

Dawam A A H, Nasution S. 2018. Effect of heating time to density, hardness, and resistivity againt fungus of yellow bamboo (*Bambusa vulgaris* Var Schard. Vitata). Materials Science and Engineering Conference Series, 299(1): 012044.

Dixon P G, Ahvenainen P, Aijazi A N, et al. 2015. Comparison of the structure and flexural properties of Moso, Guadua and Tre Gai bamboo. Construction and Building Materials, 90(12): 11-17.

Dixon P G, Gibson L J. 2014. The structure and mechanics of Moso bamboo material. Journal of the Royal Society Interface, 11(99): 20140321.

Donaldson S L, Mall S, Lingg C. 1991. The split cantilever beam test for characterizing Mode III interlaminar fracture toughness. Journal of Composites Technology and Research, 13(1): 41-47.

Donaldson S L. 1988. Mode III interlaminar fracture characterization of composite material. Composites Science and Technology, 32: 225-249.

Fratzl P, Gupta H S, Paschalis E P, et al. 2004. Structure and mechanical quality of the collagen-mineral nano-composite in bone. Journal of Material Chemistry, 14: 2115-2123.

Gauss C, Savastano Jr H, Harries K A. 2019. Use of ISO 22157 mechanical test methods and the characterisation of Brazilian P. edulis bamboo. Construction and Building Materials, 228: 116728.

Gerhardt M R. 2012. Microstructure and mechanical properties of bamboo in compression. Massachusetts Institute of Technology Materials Science and Engineering Thesis.

Gibson L. 2012. The hierarchical structure and mechanics of plant materials. J. R. Soc. Interface, 9: 2749-2766.

Gottron J, Harries K A, Xu Q F. 2014. Creep behaviour of bamboo. Construction and Building Materials, 66: 79-88.

Habibi M K , Tam L H , Lau D, et al. 2016. Viscoelastic damping behavior of structural bamboo material and its microstructural origins. Mechanics of Materials, 97(Jun.): 184-198.

Habibi M K, Yang L. 2014. Crack propagation in bamboo's hierarchical cellular structure. Scientific Reports, 4: 5598.

Habibi M K, Samaei A T, Gheshlaghi B, et al. 2015. Asymmetric flexural behavior from bamboo's functionally graded hierarchical structure: underlying mechanisms. Acta Biomaterialia, 16: 178-186.

Harries K A., Sharma B, Richard M. 2012. Structural use of full culm bamboo: the path to standardization. International Journal of Architecture, Engineering and Construction, 1(2): 66-75.

Harris B. 2003. Fatigue in Composites: Science and Technology of the Fatigue Response of Fiber-reinforced Plastics. Abington: Woodhead Publishing Limited.

Holmes J W, Brondsted P, Sorensen B F, et al. 2009. Development of a bamboo-based composite as a sustainable green material for wind turbine blades. Wind Engineering, 33(2): 197-210.

Huang B, Jia H, Fei B, et al. 2022. Study on the correlation between the puncture impact performance of arc-shaped bamboo splits and bamboo ages. Industrial Crops & Products, 186: 115252.

Huang D, Sheng B, Shen Y, et al. 2018. An analytical solution for double cantilever beam based on elastic-plastic bilinear cohesive law: analysis for mode I fracture of fibrous composites. Engineering Fracture Mechanics, 193: 66-76.

Huang Y H , Fei B H, Wei P L, et al. 2016. Mechanical properties of bamboo fiber cell walls during the culm development by nanoindentation. Industrial Crops & Products, 92: 102-108.

Huang Y H, Fei B H, Yu Y, et al. 2012. Plant age effect on mechanical properties of moso bamboo(*Phyllostachys heterocycla* var. *pubescens*)single fibers. Wood and Fiber Science, 44(2): 196-201.

Huang Z, Huang D, Chui Y H, et al. 2019. A bi-linear cohesive law-based model for mode II fracture analysis: application to ENF test for unidirectional fibrous composites. Engineering Fracture Mechanics, 213: 131-141.

Jakovljević S, Lisjak D, Alar Ž, et al. 2017. The influence of humidity on mechanical properties of bamboo for bicycles. Construction and Building Materials, 150: 35-48.

Janssen J J, Boughton G, Adkoli N S, et al. 1981. Bamboo as an engineering material. The IDRC Bamboo and Rattan Research Network, Eindhoven University.

Jia H, Fei B, Fang C, et al. 2023. Research on the bending impact resistance and transverse fracture characteristics of bamboo under the action of falling weight. Journal of Renewable Materials, 11(1): 473-490.

Kanwaldeep S, Garg H, Pabla B S. 2019. Evaluation of mechanical properties of different bamboo species for structural applications. Int. J. Innov. Technol. Explor. Eng, 8: 2927-2935.

Kanzawa E, Aoyagi S, Nakano T. 2011. Vascular bundle shape in cross-section and relaxation properties of moso bamboo (*Phyllostachys pubescens*). Materials Science and Engineering (C), 31(5): 1050-1054.

Keckes J, Burgert I, Fruhmann K, et al. 2003. Cell‐wall recovery after irreversible deformation of wood. Nat. Mater., 2: 810-814.

Keogh L, O'Hanlon P, O'Reilly P, et al. 2015. Fatigue in bamboo. International Journal of Fatigue, 75: 51-56.

Lancha J P, Colin J, Almeida G, et al. 2020. *In situ* measurements of viscoelastic properties of biomass during hydrothermal treatment to assess the kinetics of chemical alterations. Bioresource Technology, 315: 123819.

Lee S M. 1993. An edge crack torsion method for Mode III delamination fracture testing. Journal of Composites Technology & Research, 15(3): 193-201.

Li H T, Zhang Q S, Huang D S, et al. 2013. Compressive performance of laminated bamboo. Composites Part B: Engineering, 54: 319-328.

Li L, Xiao Y, Yang R Z. 2012. Experimental study on creep and mechanical behavior of modern bamboo bridge structure. Key Engineering Materials, 517(6): 141-149.

Li X. 2004. Physical, chemical, and mechanical properties of bamboo and its utilization potential for fiberboard manufacturing. M. S. thesis Louisiana State University.

Lian C, Liu R, Zhang S, et al. 2020. Ultrastructure of parenchyma cell wall in bamboo (*Phyllostachys edulis*) culms. Cellulose, 27(13): 7321-7329.

Liou N S, Lu M C. 2010. Determination of fracturing toughness of bamboo culms. Proceedings of the SEM Annual Conference Indianapolis, Indiana, USA.

Liu H R, Jiang Z H, Fei B H, et al. 2015. Tensile behavior and fracture mechanism of moso bamboo (*Phyllostachys pubescens*). Holzforschung, 69(1): 47-52.

Liu H, Peng G, Chai Y, et al. 2019. Analysis of tension and bending fracture behavior in moso bamboo (*Phyllostachys pubescens*) using synchrotron radiation microcomputed tomography (SRμCT). Holzforschung, 73(12): 1051-1058.

Liu H, Wang X, Zhang X, et al. 2016. *In situ* detection of the fracture behavior of moso bamboo (*Phyllostachys pubescens*)by scanning electron microscopy. Holzforschung, 70(12): 1183-1190.

Liu P, Zhou Q, Fu F, et al. 2021a. Effect of bamboo nodes on the mechanical properties of *P. edulis* (*Phyllostachys edulis*) bamboo. Forests, 12(10): 1309.

Liu Y, Huang D, Zhu J. 2021b. Experimental investigation of mixed-mode I/II fracture behavior of parallel strand bamboo. Construction and Building Materials, 288: 123127.

Liu Y, Sheng B, Huang D, et al. 2021c. Mode-I interlaminar fracture behavior of laminated bamboo composites. Advances in Structural Engineering, 24(4): 733-741.

Low I M, Che Z Y, Latella B A. 2006. Mapping the structure, composition and mechanical properties of bamboo. Journal of Materials Research, 21(8): 1969-1976.

Low I M. 2006. Mechanical and fracture properties of bamboo. Key Engineering Materials, 312(15): 15-20.

Luo X, Wang X, Ren H, et al. 2022. Long-term mechanical properties of bamboo scrimber. Construction and Building Materials, 338: 127659.

Lux A, Luxov´a M, Abe J, et al. 2003. Silicification of bamboo (*Phyllostachys heterocycla* Mitf.) root and leaf. Plant and Soil, 255: 85-91.

Ma X, Liu X, Jiang Z H, et al. 2016. Flexural creep behavior of bamboo culm (*Phyllostachys pubescens*) in its radial direction. Journal of Wood Science, 62(6): 487-491.

Ma X, Luo Z Q, Ji C H. 2022. Flexural creep behaviors of bamboo subjected to different gradient variation directions and relative humidity. Industrial Crops and Products, 179: 114679.

Maaß M, Saleh S, Militz H, et al. 2020. The structural origins of wood cell wall toughness. Advanced Materials, 31(16): e1907693.

Mannan S, Parameswaran V, Basu S. 2018. Stiffness and toughness gradation of bamboo from a damage tolerance perspective. International Journal of Solids and Structures, 143: 1-13.

Meng Y, Wang S, Cai Z, et al. 2013. A novel sample preparation method to avoid influence of embedding medium during nano-indentation. Applied Physics A, 110(2): 361-369.

Meng Y, Xu W, Newman M R, et al. 2019. Thermoreversible siloxane networks: soft biomaterials with widely tunable viscoelasticity. Advanced Functional Materials, 29(38): 1903721.

Miner M A. 1945. Cumulative damage in fatigue. Trans. ASTM, (67): 159-164.

Mitch D R. 2009. Splitting Capacity Characterization of Bamboo Culms. Pittsburgh, Pennsylvania: University of Pittsburgh.

Mitch D, Harries K A, Sharma B. 2010. Characterization of splitting behavior of bamboo culms. Journal of Materials in Civil Engineering, 22(11): 1195-1199.

Morrow J D. 1965. Cyclic plastic stain energy and fatigue of metals. ASTM STP, 378(45): 45-87.

Mukudai Y. 1987. Modeling and simulation of viscoelastic behavior(bending deflection)of wood under moisture change. Wood Science and Technology, 21: 49-63.

Navi P, Stefanies S T. 2009. Micromechanics of creep and relaxation of wood. A review cost action E35 2004—2008: wood machining-micromechanics and fracture. Holzforschung, 63(2): 186-195.

Obataya E, Kitin P, Yamauchi H. 2007. Bending characteristics of bamboo (*Phyllostachys pubescens*) with respect to its fiber-foam composite structure. Wood Science and Technology, 41(5): 385-400.

Ochiai E I. 1991. Biomineralization: principles and applications in bioinorganic chemistry. J. Chem. Educ., 68(8): 62-71.

Oliver W C, Pharr G M. 1992. An improved technique for deterimining hardness and elastic modulus using load and displacement sensing indentation experiments. Journal of Materials Research, 7(6): 1564-1583.

Parameswaran N, Liese W. 1976. On the fine structure of bamboo fibres. Wood Science and Technology, 10: 231-246.

Peng H, Salmén L, Jiang J et al. 2020. Creep properties of compression wood fibers. Wood Science and Technology, 54: 1497-1510.

Ponter A R, Hayhurst D R. 2012. Creep in Structures: 3rd Symposium. Leicester, UK: Springer Science & Business Media.

Pritchard J, Ansell M P, Thompson R J H. 2001. Effect of two relative humidity environments on the performance properties of MDF, OSB and chipboard. Part 2: Fatigue and creep performance. Wood Science and Technology, 35: 405-423.

Rahim N L, Ibrahim N M, Salehuddin S, et al. 2020. Investigation of bamboo as concrete reinforcement in the construction for low-cost housing industry. IOP Conference Series Earth and Environmental Science, 476(1): 012058.

Reiweger I, Gaume J, Schweizer J. 2015. A new mixed-mode failure criterion for weak snowpack layers. Geophysical Research Letters, 42(5): 1427-1432.

Ren W, Zhu J, Fei G, et al. 2022. Estimating cellulose microfibril orientation in the cell wall sublayers of bamboo through dimensional analysis of microfibril aggregates. Industrial Crops & Products, 179: 114677.

Reynolds T P, Sharma B, Serrano E, et al. 2019. Fracture of laminated bamboo and the influence of preservative treatments. Composites Part B: Engineering, 174: 107017.

Ribeiro R A S, Ribeiro M G S, Miranda I P A. 2017 Bending strength and nondestructive evaluation of structural bamboo. Construction and Building Materials, 146: 38-42.

Richard M, Harries K A. 2012. Experimental buckling capacity of multiple-culm bamboo columns. 13th International conference on Non-Conventional Materials and Technologies: Novel Construction Materials and Technologies for Sustainability. Changsha, Hunan, China: Trans Tech Publications Ltd: 51-62.

Roszyk E, Moliński W, Jasińska M. 2010. The effect of microfibril angle on hygromechanic creep of wood under tensile stress along the grains. Wood Research, 55(3): 13-24.

Salmén L, Kerholm M, Hinterstoisser B. 2004. Two-dimensional fourier transform infrared spectroscopy applied to cellulose and paper. Polysaccharides: Structural Diversity and Functional Versatility: 159-187.

Shao Z P, Fang C H, Tian G L. 2009. Mode I interlaminar fracture property of moso bamboo (*Phyllostachys pubescens*). Wood Science and Technology, 43: 527-536.

Shao Z P, Wang F. 2018. The Fracture Mechanics of Plant Materials-Wood and Bamboo. Singapore: Springer.

Singh K, Garg H, Pabla B S. 2019. Evaluation of mechanical properties of different bamboo species for structural applications. International Journal of Innovative Technology and Exploring Engineering (IJITEE), 8(11): 2278-3075.

Smith I, Landis E, Gong M. 2003. Fracture and fatigue in wood. Chichester, England: John Wiley & Sons.

Song J, Gao L, Yu Y. 2017a. *In situ* mechanical characterization of structural bamboo materials under flexural bending. Experimental Techniques, 41(6): 565-575.

Song J, Surjadi J U, Hu D, et al. 2017b. Fatigue characterization of structural bamboo materials under flexural bending. International Journal of Fatigue, 100: 126-135.

Srot V, Wegst U G K, Salzberger U, et al. 2013. Microstructure, chemistry, and electronic structure of natural hybrid composites in abalone shell. Micron, 48: 54-64.

Stevanic J S, Salmén L. 2020. Molecular origin of mechano-sorptive creep in cellulosic fibres. Carbohydrate Polymers, 230: 115615.

Su J L, Zhou B K. 2002. Another calculation formula for longitudinal elastic modulus of unidirectional composite. J. Shenyang Inst. Aeronaut. Eng., 19: 7.

Szekrenyes A. 2009. Improved analysis of the modified split-cantilever beam for mode-III fracture. International Journal of Mechanical Sciences, 51: 682-693.

Szekrenyes A. 2010a. Development of an opening-tearing mode fracture system for composite materials. EPJ Web of Conferences, 6: 42008.

Szekrenyes A. 2010b. Fracture analysis in the modified split-cantilever beam using the classical theories of strength of materials. 15th International Conference on the Strength of Materials (ICSMA-15), Journal of Physics: Conference Series, 240: 012030.

Takashi T, Nakano T. 2010. Creep behavior of bamboo under various desorption conditions. Holzforschung, 64: 489-493.

Tan T, Rahbar N, Allameh S M, et al. 2011. Mechanical properties of functionally graded hierarchical bamboo structures. Acta Biomaterialia, 17(10): 3796-3803.

Taylor D, Kinane B, Sweeney C, et al. 2015. The biomechanics of bamboo: investigating the role of the nodes. Wood Science and Technology, 49(2): 345-357.

Toba K, Yamamoto H, Yoshida M. 2013. Crystallization of cellulose microfibrils in wood cell wall by repeated dry-and-wet treatment, using X-ray diffraction technique. Cellulose, 20(2), 633-643.

Torres L A, Ghavami K, Garcia J J. 2007. A transversely isotropic law for the determination of the circumferential young's modulus of bamboo with diametric compression tests. Latin American Applied Research, 37(4): 255-260.

Vorontsova M, Clark L G, Dransfield J, et al. 2016. World checklist of bamboo and rattan. International Network of Bamboo and Rattan & the Board of Trustees of the Royal Botanic Gardens, Kew.

Wang D, Lin L, Fu F. 2020. Fracture mechanisms of moso bamboo (*Phyllostachys pubescens*) under longitudinal tensile loading. Industrial Crops & Products, 153: 112574.

Wang D, Lin L, Fu F. 2021. The difference of creep compliance for wood cell wall CML and secondary S2 layer by nanoindentation. Mechanics of Time-Dependent Materials, 25(2): 219-230.

Wang F, Shao Z, Wu Y et al. 2014. The toughness contribution of bamboo node to the Mode I interlaminar fracture toughness of bamboo. Wood Science and Technology, 48: 1257-1268.

Wang F, Shao Z, Wu Y. 2013. Mode II interlaminar fracture properties of moso bamboo. Composites Part B: Engineering, 44(1): 242-247.

Wang G, Shi S Q, Wang J, et al. 2011. Tensile properties of four types of individual cellulosic fibers. Wood and Fiber Science, 43(4): 353-364.

Wang H, Tian G, Li W, et al. 2015. Sensitivity of bamboo fiber longitudinal tensile properties to moisture content variation under the fiber saturation point. Journal of Wood Science, 61: 262-269.

Wang L, Li H, Wang T. 2016. Application of bamboo laminates in large-scale wind turbine blade design. Applied Mathematics and Mechanics, 37(Suppl.): S11-S20.

Wegst U G K, Bai H, Saiz E, et al. 2014. Bioinspired structural materials. Nature Materials, 14: 23-36.

Wöhler A. 1870. Über die festigkeitsversuche mit Eisen und Stahl. Zeitschrift für Bauwesen, 20: 73-106.

Wu G F, Zhong Y, Gong Y C, et al. 2018. Mode II fracture toughness of bamboo scrimber with compact shear specimen. BioResources, 13(1): 477-486.

Xu M, Wu X, Liu H, et al. 2014. Mode I fracture toughness of tangential moso bamboo. BioResources, 9(2): 2026-2032.

Yang H S, Gardner D J, Nader J W. 2013. Morphological properties of impact fracture surfaces and essential work of fracture analysis of cellulose nanofibril-filled polypropylene composites. Journal of Applied Polymer Science, 128(5): 3064-3076.

Yang X, Shang L, Liu X, et al. 2017. Changes in bamboo fiber subjected to different chemical treatments and freeze-drying as measured by nanoindentation. Journal of Wood Science, 63: 24-30.

Yang X, Tian G L, Shang L L, et al. 2014. Variation in the cell wall mechanical properties of Dendrocalamus farinosus bamboo by nanoindentation. BioResources, 9(2): 2289-2298.

Yilmaz S, Yilmaz T, Kahraman B. 2014. Essential work of fracture analysis of short glass fiber and /or calcite reinforced ABS/PA6 composites. Polymer Engineering and Science, 5(3): 540-550.

Yu Y, Tian G, Wang H, et al. 2011. Mechanical characterization of single bamboo fibers with nanoindentation and microtensile technique. Holzforschung, 65(1): 113-119.

Yu Z X, Jiang Z, Zhang X, et al. 2016. Mechanical properties of silica cells in bamboo measured using *in-situ* imaging nanoindentation. Wood and Fiber Science, 48(4): 228-233.

Yuan T C, Han X, Wu Y F, et al. 2021. A new approach for fabricating crack-free, flattened bamboo board and the study of its macro-/micro-properties. European Journal of Wood and Wood Products, 79(6): 1531-1540.

Yuan T C, Yin X, Huang Y, et al. 2022. Hydrothermal treatment of bamboo and its effect on nano-mechanic and anti-mildew property. Journal of Cleaner Production, 380: 135189.

Zhan T, Jiang J, Lu J. 2018a. Influence of hygrothermal condition on dynamic viscoelasticity of Chinese fir (*Cunninghamia lanceolata*). Part 1: moisture adsorption. Holzforschung, 72(7): 567-578.

Zhan T, Jiang J, Lu J, et al. 2018b. Influence of hygrothermal condition on dynamic viscoelasticity of Chinese fir (*Cunninghamia lanceolata*). Part 2: moisture desorption. Holzforschung, 72(7): 579-588.

Zhang X, Li J, Yu Z, et al. 2017. Compressive failure mechanism and buckling analysis of the graded hierarchical bamboo structure. Journal of Materials Science, 52(12): 6999-7007.

Zhang X, Yu Z, Yu Y, et al. 2019. Axial compressive behavior of moso bamboo and its components with respect to fiber-reinforced composite structure. Journal of Forestry Research, 30(6): 2371-2377.

Zhao Z R, Fu W S., Han W, et al. 2014. Study on bamboo culm used for structure axial compression performance numerical simulation. Advanced Materials Research, 842: 13-17.

Zhou Q, Xiao Y, Zeng J, et al. 2012. Flexural fatigue study of glubam beams. Key Engineering Materials, 517: 158-163.

Zou L, Jin H, Lu W Y, et al. 2009. Nanoscale structural and mechanical characterization of the cell wall of bamboo fibers. Materials Science & Engineering: C (Materials for Biological Applications), 29(4): 1375-1379.